综采工作面复杂条件下
人与环境关系及安全性研究

景国勋 周 霏 段振伟 等 著

科学出版社
北京

内 容 简 介

本书针对综采工作面复杂条件下人与环境关系及安全性进行了详细研究。分析了综采工作面复杂条件下人与环境关系及安全性研究的背景，总结了国内外矿井作业环境对作业人员心理、生理指标影响的研究现状，阐述了综采工作面复杂环境条件下人与环境关系及安全性研究对煤矿安全生产的重要意义。对综采工作面环境对人体的影响进行了理论研究，包括综采工作面主要环境因素对人体的生理影响和心理影响。通过数值模拟和试验研究了综采工作面温度、湿度、噪声、照度等因素对作业人员影响的规律，以及作业时间对人员影响的规律。建立了综采工作面作业人员可靠度模型；基于生理指标的安全劳动时间计算模型，构建了煤矿作业人员生理指标安全预警系统，为减少人因失误、提高作业人员可靠度和煤矿安全管理水平提供理论基础和科学依据。

本书可供煤矿企业管理人员及职工阅读参考，也可作为安全工程、采矿工程专业的研究生和本科生及安全管理人员、生产技术和研究人员的参考书。

图书在版编目（CIP）数据

综采工作面复杂条件下人与环境关系及安全性研究 / 景国勋等著. —北京：科学出版社，2019.3
　　ISBN 978-7-03-060060-8

　　Ⅰ. ①综⋯　Ⅱ. ①景⋯　Ⅲ. ①综采工作面–人-机系统–安全评价–研究　Ⅳ. ①TD802

　　中国版本图书馆 CIP 数据核字（2018）第 285829 号

责任编辑：刘　冉　宁　倩 / 责任校对：杜子昂
责任印制：吴兆东 / 封面设计：北京图阅盛世

科学出版社 出版
北京东黄城根北街 16 号
邮政编码：100717
http://www.sciencep.com

北京中石油彩色印刷有限责任公司印刷
科学出版社发行　各地新华书店经销

*

2019 年 3 月第　一　版　开本：720 × 1000　1/16
2019 年 3 月第一次印刷　印张：21 3/4
字数：440 000

定价：138.00 元
（如有印装质量问题，我社负责调换）

本书编写人员

景国勋　周　霈　段振伟

李　辉　高志扬　程　磊

贾智伟

作 者 简 介

景国勋　1963 年生，教授，博士生导师，国务院政府特殊津贴专家，国家安全生产专家，国家煤炭行业"653 工程"安全管理首席专家。曾任河南理工大副校长、中原经济区煤层气（页岩气）河南省协同创新中心主任，现任安阳工学院校长。《国际职业安全与人机工程杂志》（*JOSE*）编委，《安全与环境学报》编委，《安全与环境工程》编委，《科技导报》编委。

主持国家自然科学基金、省（部）级及企业委托课题 40 余项，出版著作、教材等 10 余部，发表论文 170 余篇。曾获"中国煤炭工业十大科技成果奖"1 项，中国煤炭工业企业现代化管理部级优秀成果奖一等奖 1 项，河南省科技进步奖二等奖 2 项、三等奖 4 项，煤炭部科技进步奖三等奖 1 项；获河南省高等教育教学成果奖特等奖 1 项、一等奖 1 项。荣获中国青年科技创新优秀奖，中国科学技术发展基金会孙越崎科技教育基金"优秀青年科技奖"，河南省优秀中青年骨干教师，河南省跨世纪学术及技术带头人，河南省创新人才，河南省杰出青年科学基金，河南青年科技创新奖杰出奖，河南省高等学校教学名师奖，中国煤炭工业技术创新优秀人才，河南省优秀专家，河南省优秀共产党员，河南省高等学校优秀党员，河南省高等教育十大突出贡献人物，改革开放 40 周年影响河南十大教育人物等荣誉。

前　言

由于综采工作面环境复杂，对井下作业人员生理、心理产生较大的影响，进而导致人因失误，诱发事故，所以煤矿安全工作十分注重综采工作面人与环境关系研究。虽然人们已经意识到综采工作面人与环境关系对安全生产的重要性，并开展了相关的研究，但是偏重于对综采工作面环境的研究，对于人与环境耦合关系的研究较少，人因失误导致的事故还时常发生。

我国煤炭资源总量 5.97 万亿吨，其中 1000 m 以下占 53%，深部开采条件下的高温、高湿、高压力、高瓦斯等日趋严重，深部开采环境条件日益恶劣。目前，大多数作业人员的失误是由综采工作面温度高、湿度大、噪声大、照明不佳、作业空间狭窄等造成的，而煤矿事故中 80%左右是由人的因素造成的。虽然煤矿综采工作面环境已经有较大的改善，但是人因失误导致的事故仍有发生，说明还有许多本质的东西未被认识，对综采工作面人与环境关系的研究还存在许多问题亟待解决。

为了有效地改变目前的这种状况，必须应用现代科学理论和新技术以及多学科交叉，发展和完善已有的理论和技术，以求综采工作面人与环境关系及安全性研究取得新的突破。

综采工作面环境所包含的温度、湿度、噪声、照度等因素极大地影响作业人员的生理和心理，进而降低作业人员可靠度，导致事故的发生。因此，只有发现和掌握综采工作面各环境因素对作业人员影响的规律，才能准确地判定人因失误的原因，科学地预防人因失误。由此看来，针对综采工作面环境因素影响作业人员生理和心理指标的机理、不同因素（温度、湿度、噪声、照度）对作业人员的影响规律及作业人员的可靠度模型的研究具有十分重要的理论价值和实际指导意义，可以有效提高作业人员可靠度，减少人因失误，预防煤矿生产事故的发生。

本书系统研究了综采工作面环境温度、湿度、噪声、照度等主要因素对作业人员的影响，在此基础上基于安全预警理论建立了煤矿作业人员生理指标预警系统。书中主要采用理论分析、数值模拟和试验研究的方法，得出关于综采工作面人与环境关系及安全性的结果。首先，对综采工作面不同因素对作业人员生理、心理指标影响进行理论分析；其次，进一步进行数值模拟和试验研究，通过对综采工作面温度、湿度、噪声和照度进行模拟，得出各环境因素呈现的规律；再次，搭建试验平台，通过试验研究各单因素对作业人员生理指标的影响，进而分别对单因素和多因素对作业人员生理指标的影响进行数值模拟，得到作业人员生理指标与安全劳动时间的关系，建立基于功能函数的人的可靠度模型；最后，在理论研究和数值模拟以及试验研究的基础上，基于大数据思想，构建煤矿作业人员生理指标安全预警系统。

　　本书由河南理工大学景国勋教授、周霏博士、段振伟博士主笔，李辉副教授、高志扬博士、程磊副教授、贾智伟副教授参加相关章节的撰写，全书最后由景国勋教授统稿。

　　本书的研究工作得到了国家自然科学基金项目"综采工作面复杂环境下人-环关系与安全性研究"（项目编号：51474098）的资助，在此表示感谢！另外，本书的出版得到了科学出版社的大力支持和帮助，在此表示由衷的感谢！本书引用了大量参考文献，对所有参考文献的作者表示真诚的感谢！

　　在课题研究过程中，王远声博士和雒赵飞、张峰、赵攀飞、吕鹏飞等硕士参与了有关工作，在此一并表示感谢！

　　由于著者水平有限，书中不妥之处在所难免，敬请读者批评指正！

著　者

2018 年 10 月

目　　录

第1章 绪　　论

1.1　研究背景和意义

1.1.1　研究背景

煤炭作为我国主要能源之一，在国民经济中占有非常重要的地位。相对于石油和天然气，煤炭在储量和生产成本等方面都占有很大的优势。通过国家统计局的统计数据分析发现[1-4]，一次电力及其他清洁能源的比重虽然有所升高，但受国情的影响，远远不能满足国民需求。在我国一次能源结构中，煤炭能源消耗所占的比例仍有 60% 以上，仍占据最重要地位，并且在相当长的一段时间内，我国仍将保持以煤炭为主的能源结构不会改变[5-11]。2007～2016 年我国一次能源消费结构比例如图 1-1 所示。

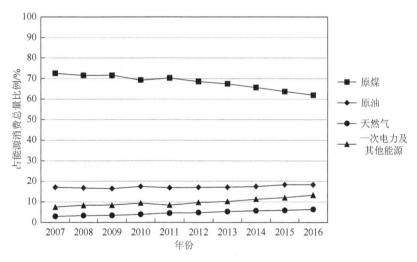

图 1-1　2007～2016 年我国一次能源消费结构比例

进入 21 世纪以来，我国的经济建设取得了飞速的发展，井下作业人员的煤矿安全生产意识在逐步增强。但随着开采强度的不断增加，地质条件越发复杂，煤矿的作业环境也更加恶劣。此外，由于工作时间长、劳动强度大，且作业场所存在粉尘、噪声、湿度等其他有害因素，对作业人员的身体健康造成了极大危害，为煤炭企业的安全生产带来严峻挑战。2007~2016 年煤矿事故死亡人数及百万吨死亡率如图 1-2 所示。从图中可以看出，近十年来百万吨死亡率和煤矿事故死亡人数呈下降趋势，安全形势逐年好转。据调查，2016 年我国煤矿的百万吨死亡率为 0.156%，而世界其他主要产煤国家，如美国煤矿的百万吨死亡率保持在 0.02% 左右，澳大利亚煤矿的百万吨死亡率低于 0.02%，甚至多年未出现人员伤亡事故。其他发展中国家，如南非煤矿百万吨死亡率也多年处于 0.1 以下。印度的伤亡事故也得到了有效的控制，近些年来，百万吨死亡率也保持在 0.2% 以下。由此可见，虽然我国煤矿安全生产水平有所提高，但与世界其他主要产煤国家相比还存在很大差距，安全形势依然不容乐观[12-19]。

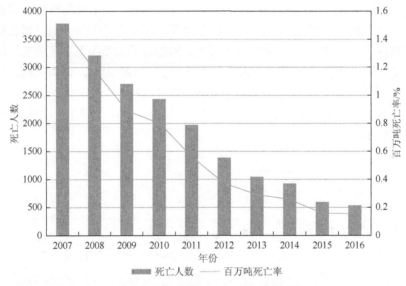

图 1-2　2007~2016 年全国煤矿事故死亡人数及百万吨死亡率

　　煤矿井下综采作业是煤炭开采的重要环节，也是煤矿事故多发环节。随着各种大型机械设备的投入使用，机械化程度逐渐加大，设备所引起的噪声污染也日益严重。随着开采深度的增加[20,21]，综采工作面温度受地热的影响也越发严重，且作业空间狭窄，湿度大，噪声强，照明往往不能满足安全生产的需求。作业人员在这样的条件下工作，接受和处理的信息过多，很容易疏忽大意，造成严重的后果[22-67]。此外，不舒适的环境也会使作业人员精神上产生压抑感，很容易导致厌烦情绪，不能有效接收和处理信息，进一步加大了作业的危险性[68-96]。

1.1.2　研究意义

　　综采工作面环境复杂，影响作业人员的因素众多。作业人员操作失误大部分是由环境变化引起的。由于环境是动态变化的，作业人员在井下工作过程中会受到众多环境因素综合作用，对作业人员的生理、心理造成影响，从而降低作业人员的工作效率。因此，需要对不同环境与作业人员之间的影响关系进行研究，确定在此环境中工作时人员的可靠性，以此降低环境因素对作业人员的不利影响，从而提高作业人员的舒适度和工作效率。井下复杂的生产条件、数据采集难度大等因素导致煤炭企业在以往矿井生产系统的研究过程中，主要以设备系统为主，对作业时人与环境系统之间的关系研究相对较少，尤其对综采工作面的人与环境关系研究更少。本书通过对综采工作面人与环境关系进行研究，对综采工作面影响作业人员的主要因素进行综合模拟与分析，确定了生理指标与环境之间的关系，建立了作业人员的可靠度计算方法，构建了作业人员生理指标预警系统。

本研究对于提高煤炭企业综采工作面人因事故的预防能力，减少失误，以及对作业人员可靠性的有效管控提供理论参考，且对降低煤矿事故的发生概率有较强的理论价值和实际指导意义。

1.2　国内外研究现状

1.2.1　温度场、湿度场、噪声场数值模拟

1. 国外研究现状

早在 1740 年，法国学者就在 Belfort 地区的金属矿山进行地温观测[97]。Heise Drekopt 较深入研究了围岩温度的周期性变化规律，定义了调热圈等内容概念，这些成果形成了矿井内部热环境的最初理论[98]。

南非学者 Biccard Jappe 曾发表过以"深井风温预测"为主题的论文，提出了风温计算的基本思想，建立了风温预测计算的雏形[99]。日本学者平松良雄建立了围岩与风流的传热模型，对风流温度随时间变化的分布规律进行了分析[100]。德国学者 Nottrot 等采用数值计算法描述调热圈温度场[101]。日本的内野健一运用差分法对不同巷道形状、岩性条件下围岩调热圈的温度场特征进行了研究，在考虑入口风温、水分情况下建立了风温预测公式[102]。Starfield 等建立了更为精确的不稳定换热系数计算公式[103]。Uchino 等于 1986 年提出了计算巷道风流温度与湿度的新方法，为计算复杂边界条件下的风温预测提供了新的途径[104]。

2. 国内研究现状

周西华等从质量守恒、能量守恒定律出发，建立了矿井风流场模型[105, 106]。

王海桥研究了掘进工作面射流通风流场特性的初步模拟[107]。邓军对工作面采空区温度场分布特征进行了模拟分析[108]。吴强等采用有限元法分析了掘进工作面散热规律[109]。宋纪侠对采煤机参数对工作面周围环境的影响进行了研究，建立了温度升高与采煤机参数、工作面噪声关系的数学模型[110]。李孝东运用软件 PHONENICS针对巷道风流温度的分布规律进行了分析[111]。高建良等模拟了掘进工作面围岩温度场，研究了工作面风流温度分布特征与不同断面形状对掘进面风流温度分布规律的影响[112-115]。

张树光研究了热害影响下呈现的巷道内温度场分布规律，继而对风流和渗流耦合作用下围岩温度场及温度矢量分布进行了分析[116]。李杰林等根据热舒适指标（PMV），采用数值方法对井下热环境进行了模拟评价[117]。李晓豁根据国内某种采煤机建立数学模型研究了工作面噪声与采煤机工作位置之间的关系曲线[118]。龙腾腾等对比研究了不同通风方式下的掘进面流场，得到温度随巷道走向分布曲线[119]。刘冠男等采用了标准 $K-\varepsilon$ 模型对高温高湿矿井风流温度特征进行模拟[120-122]。黎明镜通过地质学和热力学理论分析，以淮南地区某高温矿井作为实验地点，使用有限元软件 ANSYS 对巷道围岩的温度分布进行模拟[123]。樊小利等提出了解算巷道围岩温度场和调热圈半径的数学模型，并解算了围岩温度场的异步长半显式差分格式，编制了相关的计算机程序，得到了围岩温度分布规律[124]。

1.2.2   矿井作业环境对作业人员生理、心理指标的影响

1. 国外研究现状

早在 1972 年，Wigglesworth 就认为外界环境对人的刺激可能引起人的失误，提出"人失误一般模型"。Maiti 和 Bhattacherjee 运用二元多项式逻辑模型对印度一家煤矿的工伤事故进行危险性评价和预测，发现作业人员个体与环境特性对工伤事故都有着较大的影响[125]。Paul 和 Maiti 对 300 名井下作业人员进行了调查研究，研究结果表明，工作压力及环境的安全性是影响矿井工伤事故的两个最主要的因素[126]。Kunar 等通过对井下作业人员工作中的危险因素个体特征、工伤事故与风险的关系进行研究，发现了工伤事故与恶劣工作环境之间的联系[127]。Papadopoulos 等认为工作环境的改变会对工人的生理疲劳产生影响，还会引起工作压力，对工人的身心健康造成影响，这些都有可能增加职业事故发生的概率[128]。Fugas 分析了作业环境与员工遵守安全规范之间的关系，认为作业环境的改善可以有效促进员工积极遵守安全规范[129]。

国外研究人员关于环境的变化对人的影响也进行了大量的研究[130-169]。McLean 等研究了人体与周围环境之间的能量交换以及人体所产生的生理反应,同时统计了人体辐射和蒸发散热的机理，得出了热应力下人体的表现特征以及评估

工人的状态及控制环境的必要性[170]。热应力是由一系列因素所引起，最终造成了人体心率、体温、出汗量和血压等生理参数的变化。热应力易使工人们感到疲劳、意识模糊、乏力，很难集中精力进行作业，容易对安全问题疏忽，增加了工作现场事故发生的概率[171-174]。Nag 等试验研究了温度 38～49℃、相对湿度 45%～80% 范围内男性的热耐力，发现人体核心温度在 38～38.2℃时，环境温度在 39℃以下人体耐热时间为 80～85 min[175]。Minson 等总结了心脏血管与皮肤温度的增加对极高热调整的关系[176]。Sazama 研究两种不同工种形式的工人在作业时的疲劳程度和对不同热应力的生理反应，证明了人体在热应力水平越高时疲劳程度越重这一规律[177]。Brake 和 Bates 研究了处于显著热应力下较长时间工作班次工人的液体饮用、出汗和脱水问题[178]。Gillooly 等建立的基于生态学和生化反应动力学的通用能量代谢模型也表达了温度对人体能量代谢的影响[179]。Carter 等研究了热运动后人体脱水与心率变化之间的关系[180]。Vangelova 等研究了高温环境下工业工人血脂异常的现象[181]。Saha 等测量了地下煤矿支架工工作时的心率、净心脏负担和相对心脏负担等指标后来评价生理应激[182]。Yokota 等建立了基于心率和环境温度的实时体温调节模型来预测生理状态[183]。O'Neal 等对热湿环境对多种简单脑力工作表现的影响进行了研究[184]。Yuan 等对温度、pH 和肌醇六磷酸酯等对人体血液中氧合血红蛋白的影响进行了研究，从而进一步对温度与机体供氧间的关联进行了分析[185]。

Fanger 利用人工气候室（空气温度为 21.1℃、23.3℃、25.6℃、27.8℃；相对湿度为 30%、70%；风速约 0.1 m/s）对实验服装热阻约为 0.6 Clo①的 8 种工况进行实验，对湿度、热感觉的影响进行了分析[186]。Hayakawa 开展了不同活动强度下空气温湿度组合对人体热反应的实验，实验温度设置为 30℃、32.5℃、35℃，相对湿度分别为 30%、50%、70%、90%，代谢水平分别为 1 MET②、1.5 MET、2 MET，共有 36 个工况，风速不大于 0.2 m/s，服装热阻约为 0.03 Clo，实验结果指出，湿度在高活动强度和温度下对人体热舒适的影响较明显[187]。Moran 等基于不同环境下温度、心率和出汗率变化制定出了新的生理评价指标[188]。Iwase 等通过对缺氧条件下呼吸效果的研究，得出过度缺氧将导致呼吸效果减弱，而在缺氧程度不是很严重的情况下，呼吸效果可以部分增强的结论[189]。

以色列研究人员跟踪调查了 6000 多名工人，发现噪声会导致工人出现短暂性心肌缺血[190]。Kovalchik 等都认为过量的噪声会使人的听力受损，降低人的口头沟通能力和识别预警信号反应能力，也会使人更容易产生疲劳[191-195]。Peterson 等研究了噪声环境中人体的抵抗能力，发现噪声对心率的影响较大[196-198]。在噪声

---

① Clo 为服装热阻单位，1 Clo = 0.155 m·K/W

② MET 为代谢当量，1 MET = 耗氧量 3.5 mL/(kg·min)

环境中，短期内会使人心率增高，长时间会使人心率降低。噪声停息后，心率就会逐渐恢复到正常状态。

2. 国内研究现状

国内不少学者关于环境对人的影响做了研究[199-277]。唐志文等对船舶舱室内温度、湿度、照明、噪声四种环境因素的复合作用对人体功效的影响进行了试验分析[278]。叶义华、张志国分析了矿井各环境因素对人的生理、心理的影响，从而导致人因失误，运用模糊集理论建立评价模型，将环境对人的影响进行了分级[279]。邢娟娟采取实验发现高温井下工人血浆乳酸和热应激蛋白等指标高于对照组，认为井下高温作业环境对作业人员的健康影响较大[280]。朱能和赵靖通过改变环境舱的温度和湿度对人的耐受力进行研究，通过对人体生理测量数据分析发现口腔温度在38℃可以看作人体的耐受极限，口腔温度也最容易超出耐受极限，是判断耐受力界限的重要指标[281]。李静和张忠贤阐述了作业环境因素对现场生产安全的影响机理，并提出了改善环境的对策措施[282]。吴金刚等对井下温度、湿度、噪声、照明、风速等环境因素对人因失误影响过程进行了分析，定性说明了矿井各环境因素与人因失误之间的关系[283]。郑莹分析了在温度、湿度、噪声、照明等环境条件下，对作业人员行为的影响。工人作业都是在一定的环境中进行，而不良的环境会对工人的生理及心理造成影响，使事故发生的概率增高[284]。兰丽研究了环境对人员工作效率影响的生理机理，发现不舒适的环境使人员的疲劳感增加、认知能力下降[285]。景国勋等通过灰色关联分析的方法建立不同类型伤亡事故与环境因素之间的关系，研究发现在煤矿掘进工作面的温度、湿度、噪声、照度、粉尘五个环境因素中，温度是影响掘进工作面人因伤亡事故的最主要因素，其次是光照，再次是湿度[286]。赵泓超等运用行为痕迹追溯法、风险矩阵法将导致井下作业人员失误的影响因素分为环境、生理、心理、文化和管理五类，通过测量作业人员的生理、心理数据，得出引发作业人员失误影响程度较高的是环境因素与生理因素，心理、文化及管理等因素对作业人员有较低程度的影响[287]。

张武煌等对铜矿井下高温高湿作业工人心率进行测量，与非高温高湿作业工人相比，心电图异常率明显较高[288]。王宪章等研究得出，在高温环境中人体产热量受热负荷影响，当热负荷的值较小时，同时相对湿度增加，产热就会增加，当热负荷的值较大时，产热量反而会随着环境温度升高而减少。随着温度、相对湿度以及体力负荷的增加，人体的高温耐受能力就会显著下降，高温耐受的时间显著减少[289]。陈镇洲等对高温高湿环境下运动对生理指标的影响进行了研究[290]。李国建对低氧高温高湿环境下人体热耐性研究发现，氧气的体积分数对热耐受极限时的口腔温度、心率基本没有影响。不同程度的体力劳动对热耐受极限时的口腔温度、心率等存在一定影响[291]。崔文广通过实验方法对作业人员生理指标受深井热害的影响进行了分析[292]。丁克舫等通过对井下环境温度超过人体可耐受温度所造成的危害进行研究，分析了煤矿井下环境因素的重要性[293]。刘佳对相对湿度达到 90%情况下的高温高湿环境下人体生理参数进行研究，通过实验分析得出38.3℃可以看作男性热忍耐口腔温度极限值，170 次/min 可以看作男性热忍耐心率极限值，鼻腔温度和皮肤温度极限值都为 38.8℃[294]。孔嘉莉研究了不同湿度条件下，不同环境温度对人体的生理影响。研究发现口腔温度、心率与环境湿度、温度的上升呈正相关，湿度的变化对口腔温度的影响更大，温度对心率的影响更大，外界环境变化对人体血压影响不明显[295]。白煜坤采取实验研究的方法，将温度作为单因素变量，选取 30 名健康的人员分别在 20℃、30℃和 40℃条件下分析温度变化对人员生理和行为的影响。温度由 20℃升至 30℃时，人员的心电变化比较明显，而在温度由 30℃上升至 40℃时，心电变化相对平缓；随着温度的升高，人员的反应时间出现上升的现象[296]。

矿井工作面与地面相比，具有作业场所狭窄封闭，设备多且功率大，易形成混合噪声等特点[297, 298]。莫秋云等从噪声对人体心率影响的角度分析了噪声对人体生理、心理的影响[299]。在井下噪声环境中，作业人员听力损伤发生率高，发病工龄短，对作业人员心理、生理产生影响[300]。胡大庆等对噪声和高温共同作用下的人员听力影响进行了研究，发现噪声和高温共同作用下的工作人员的听力损失明显高于只有噪声作用条件下的工作人员[301]。胡军祥等通过实验研究认为长期处于噪声环境可能诱发应激性高血压、应激性心血管疾病[302, 303]。程根银等分析了井下噪声的特点，通过对某矿井下作业人员进行问卷调查，统计分析了井下噪声对作业人员生理和心理的影响。井下噪声使作业人员产生烦躁情绪，主要影响其心理；同时对作业人员的听觉、消化系统、神经系统、内分泌系统等产生生理作用[304]。王春雪等分析了噪声对施工人员的作业疲劳的影响，研究发现作业疲劳与环境噪声呈正相关，15 min 前的影响较小，15 min 后对作业疲劳影响程度较大，施工人员在噪声环境中更容易产生作业疲劳[305]。田水承等根据风险感知水平不同将被测人员分成两组测试眼手协调出错次数与平均心率、平均皮电反应水平的关系。发现噪声刺激后，风险感知水平较高的作业人员比风险感知水平较低的作业人员心率变化幅度小。结果表明噪声对风险感知水平较低的作业人员可靠度影响较大[306]。王春雪等分析噪声对人的安全注意力影响认为噪声在 50 dB 以下时，人员的注意力分配不受噪声的影响，噪声值大于 60 dB 时，人的注意力出现明显下降，噪声对人的安全注意力转移有明显的影响[307]。李敏等采用 Captive 生理指标采集系统研究了噪声水平对人的可靠性的影响。ANOVO 分析显示噪声在短时间内不会引起人的生理变化，但是会影响人的注意力；Duncan 多重比较显示中噪和高噪条件下的失败次数显著高于低噪和安静状态[308]。

1.2.3　作业人员的可靠性分析

1. 国外研究现状

人的可靠性分析（HRA）方法在 20 世纪 50 年代被第一次提出，是美国国家实验室开展的一项关于人的差错概率度量的工作，它标志着人因失误、人的可靠性分析这一新领域的诞生[309]。随着科技的发展，工作环境越趋复杂，对人的可靠性要求也越来越高，近些年来国内外对人的可靠性研究也更加深入，研究成果也得到不同程度的应用。

HRA 的发展分为两个阶段。第一阶段从 20 世纪 60 年代到 20 世纪 80 年代中后期。这一阶段主要以人的行为理论为基础，研究过程比较简单，且过度依赖专家的判断，没有足够数据作支撑。Embrey 和 Humphreys 等提出了成功似然指数法（SLIM），就是依赖专家判断的人因失误定量化分析方法[310]。20 世纪 80 年代之后对 HRA 的研究称为第二阶段，结合认知心理学、行为科学、人的可靠性模型等多学科，人的可靠性分析研究进入了新阶段。该阶段的研究方法主要是将人放在特定场景中分析人的不安全行为及人因失误的概率。在美国核管理委员会（NRC）资助下，Cooper 研发了人的失误分析技术（ATHEANA），该方法得出人的失误是由迫使失误的情景（EFC）引发人产生失误。这种方法由回溯性分析和定量分析两部分组成，分析事故环境的状态，人的不安全行为及发生原因，以及人误事件发生的概率[311, 312]。Hollnagel 得出了认知可靠性和失误分析方法（CREAM）[313]。Konstandinidou 对化工厂控制室人因可靠性分析中认为 CREAM 方法在人因可靠性应用中具有可靠性及安全性，且同样的模式对其他工业领域也具有适用性[314]。Bertolini 提出了模糊认知图（FCM）方法研究人的可靠性的影响因素及其之间的关系[315]。Groth 介绍了一种分层设置的可用于定性和定量分析 HRA 的实用性能影响因素（PIF），并对 PIF 层次的设置原则进行了说明[316]。Podofillini 采用贝叶斯方法对人的失误概率进行预测，以确定人的可靠性配置模式，通过算例表明该方法能够提高人因可靠性算法的准确性[317]。除上述提到的方法外，HRA 的发展历程中还有很多具有影响力的分析方法，如人误率预计技术（THREP）[318]、操纵员动作树（OTA）[319]、事故引发与进展分析（AIPA）[320]、成对比较法（PC）[321]、混淆矩阵（CM）[322]、事故序列评估程序（ASEP）[323]、多重序列失效模型（MSFM）[324]、人误评价与减少方法（HEART）[325]、系统化的人员行为可靠性分析程序（SHARP）[326]、估计人决策失误方法（INTENT）[327]、人误分析技术（ATHEANA）[328]、认知可靠性和失误分析方法（CREAM）[329]等。

随着计算机技术的发展，HRA 借助虚拟仿真技术不断完善和发展，形成了第三代 HRA 方法。该方法利用虚拟场景、虚拟环境和虚拟人来模拟特定环境中人的绩效。目前已经形成多种分析方法，如认知仿真模型（COSIMO）、认知环境仿真方法（CES）、操作员-电厂仿真模型（OPSIM）、信息、决策和行为响应模式（IDAM）等。这些方法相对于前两代强调情景对人因可靠性的影响，更加符合实际情况，分析结果更准确。

2. 国内研究现状

我国 HRA 的研究起步较晚，根据近些年来有关统计，我国对人的可靠性方面的研究主要是在核工业和石油化工方面，而对矿山方面研究较少[330-331]。人的可靠性研究方法主要是在第二代 HRA 的基础上，采用层次分析、灰色关联、模糊聚类等定量方法对人因可靠性进行研究[332-349]。

冯述虎运用模糊数学方法，提出了模糊综合评判模型，对煤矿作业人员的可靠性进行了综合分析[350]。张力等采用核电厂全尺寸模拟机对操纵员进行可靠性试验，得到了人员特性的 HRA/HCR（人的认知可靠性）模型与秦山核电厂系统的基本参数[351]。何旭洪等对 7 种常用的 HRA 分析方法进行比较，提出了 HRA 方法比较的 12 个标准[352]。

曹庆贵等提出煤矿作业中人因失误预测与评价方法体系，对作业人员操作可靠性进行评价[353]。王洪德等根据人因失误的模糊性、随机性以及不确定性特点，提出运用具有非线性映射能力和容错能力的径向基函数神经网络，分析人因失误非线性动力学过程，对起重作业人员的可靠性进行分析[354]。张锦鹏运用改造的三角白化权函数网络，对处于不同控制模式下的船舶驾驶员进行可靠性量化评估[355]。廖斌等应用 CREAM 方法追溯分析校车事故的人因失误[356]。王威等提出了一种基于认知可靠性和误差分析模型的变电站人员操作可靠性分析方法[357]。陆海波等运用 CREAM 方法对不同环境下某变电站倒闸操作人因可靠性进行定量分析[358]。王丹等运用生长理论曲线相关原理，整合灰色关联理论对认知可靠性与失误分析方法中的控制模式进行量化，建立人因失误概率（HEP）和灰色关联度关系函数模型[359]。徐培娟等基于 THERP 方法结合马尔科夫链原理，得出高铁列车调度员的静态压力影响下人因可靠性的动态变化规律[360]。高建平等采用随机组合群验理论，得到了数控机床人因可靠性评价模型，通过该模型来定量分析数控机床的人为差错，挑选出可靠性相对较差的操作工人[361]。吴海涛分别应用贝叶斯网络模型、证据理论、成功似然指数法对高铁列车调度员可靠性进行定量化评估[362]。张开冉等建立铁路出行调度作业人员人因失误的贝叶斯网络模型，定性辨识人因可靠性[363]。史德强等基于 CREAM 方法，通过实证得出煤矿井下掘进钻眼工作业失效概率为 0.025，认为通过降低钻眼的最大可能失效模式的概率值，可有效提高煤矿掘进作业的人因可靠性[364]。

1.2.4　安全预警研究

预警理论可以分为经济预警和非经济预警。1888 年巴黎统计学大会上，法国学者提出运用气象预报的方法来预测经济波动，标志着预警理论在经济领域运用的开始。后经过一个多世纪的发展，产生了多种预警理论方法，如哈佛指数法[365]、扩散指数法[366]、合成指数法[367]等，极大地推动了经济预警的发展。如今，经济预警领域已经相当成熟，因此非经济领域的预警主要是借助经济领域的思想，预警理论也得到了广泛的应用。

1. 国外研究现状

相对煤炭行业来说，发达国家煤矿生产投入高，法律法规完善，技术比较先进且对于危险性比较大的煤矿不予开采，因此发达国家的煤矿行业危险性比较低，对于煤矿方面的预警系统研究较少。我国煤矿方面的预警系统的研究起步较晚，主要也是借鉴国内外经济预警方面的研究成果。

预警模型可分为单变量、多变量、智能预警、系统动力学模型和综合模型五大类型。单变量模型主要是将指标值与以往平均值相比较进行预警，指标的权重一致，该模型相对简单，无法对发展趋势进行预测，也不能对非线性系统进行分析，因此，没得到广泛使用[368]。多变量模型以多个自变量指标进行预测分析，主要研究成果有主成因分析模型、多元回归分析模型、多元判别分析模型以及聚类分析模型等。Altman 根据多元判别法，得到了 Z 值判别模型，对公司经营失败的问题进行了研究[369]。在煤矿安全预警方面基于多元判别法预测模型也进行了广泛应用。智能预警模型是一种新型预警方法，主要是依托现代智能仿真技术建立的分析模型。该方面的预警模型主要是人工神经网络模型，在经济预警如客户信贷风险预警[370]、财务风险预警[371]等方面广泛使用。

系统动力学模型由福雷斯首先提出，广泛应用于复杂战略决策分析研究中。Fletcher 提出了多种方法融合的预警模型[372]；Duke Joanne 将神经网络和粗糙集理论结合建立的预警模型也取得了很好的效果。综合预警模型可以根据研究内容的需要，选取多种预警方法构建模型，使预警结果更加真实可靠，是未来预警系统研究的发展方向[373]。

2. 国内研究现状

黄光球等根据系统预警技术建立了矿山重大动态预警系统的计算方法[374]。王惠敏和陈宝书对煤炭行业预警指标体系的基本框架结构进行了研究[375]。曹金绪、张明、邵长安都对煤矿安全预警系统的构建方法进行了研究，为预警系统应用提供了思路[376-378]。宫运华等阐述了安全生产管理预警系统功能和工作流程,并说明了预警管理的相关制度[379]。宋杰鲲等利用供需、运输、灾变和环境等因素,基于主成分分析(PCA)-自回归模型(AR)和 K 均值聚类建立了 5 大类 12 项指标组成的煤炭预警安全指标体系[380]。基于危险源理论,李文等得出了煤矿风险预警与控制的流程,提出了煤矿危险源辨识、煤矿风险评价、煤矿监控与预警的方法,为开展煤矿安全信息管理提供了坚实的理论基础[381]。何国家等研究了煤矿事故隐患监控预警的理论方法并进行了具体的实践研究[382]。在风险预控、隐患治理、闭环管理的基础上,李贤功等构建了煤矿的安全管理信息化系统[383]。孟现飞等提出了煤矿风险预控统一体理论,形成了对危险源采取两极化管理的思路[384]。

牛强等运用自组织神经网络对煤矿安全预警的神经网络模型进行了研究[385]。基于远程监测模式,郭佳等建立了安全生产预警系统,将重大危险源的辨识模型、风险评价模型与远程监测技术相结合,在线辨识与评价煤矿生产环境下的危险源[386]。杨玉中等利用可拓理论建立了综合预警模型,该模型结合了参变量物元的动态评价模型、层次分析法来确定各预警指标的权重,综合关联度作为评价指标,避免了该预警模型的主观性[387]。刘小生等研究了基于神经网络的矿山安全预警专家系统[388]。胡双启等基于灰色理论建立了不同于传统灰色模型的 Elman 神经网络模型,并对具体的煤矿安全事故进行全面预测,从而验证了模型方法的合理性[389]。张治斌等研究了基于关联规则的数据挖掘技术并在煤矿预警中进行应用[390]。丁宝成建立了煤矿安全预警的理论体系、安全预警的指标体系以及安全预警模型,并从作业人员、设备设施、工作环境、管理状况等方面构建了基于模糊综合评判和补偿神经网络的煤矿安全预警管理系统[391]。杜振宇等建立了可拓优度评价模型,利用关联函数对某矿具体安全指标进行了评价和危险等级的划分,算例结果验证了所提出模型的合理性和可靠性[392]。孙旭东利用模糊数学对煤矿存在模糊信息的安全评价问题进行了建模和应用研究[393]。陈孝国等以安太堡露天矿为实例,运用直觉模糊数、直觉模糊评价矩阵、集成以及熵权等理论建立了混合型动态决策模型[394]。

颜晓将网络、监控、通信技术结合实现对矿井安全生产状况和环境状态进行分析和预测[395]。曹庆贵提出了安全行为管理预警技术并研制了基于局域网的安全行为管理预警系统[396]。郝成等提出了一种基于 GPRS 网络通信技术实现的地方煤矿安全监控监测系统,该系统由三部分构成:政府监控中心、GPRS 通信、矿井监控。通过升级 GSM 网络来实现无线分组交换,同时增加了三种网络节点,方便数据传输,为用户提供透明的 IP 通道[397]。李春民等建立了集安全监控监测、预警、应急管理和综合管理于一体的预警系统,该系统结合了 B/S 和 C/S 模式使系统更具有灵活性、扩展性[398]。何思远基于无线传感器网络(WSN)技术设计了由地面监控中心和传感器节点组成的煤矿安全监测系统[399]。郑晶研究了矿山安全预警信息系统，在预警系统中添加的知识库数据平台，使矿山安全状态的分析和预警更加有效[400]。刘香兰等基于物联网开发了煤矿瓦斯爆炸动态安全预警系统，实现对矿井安全信息系统管理、瓦斯爆炸危险性动态预警、安全信息共享、控制专家系统和灾害预防等功能。优化现有资源，实现对复杂环境下生产网络内的人员、机器设备以及基础设施的管理和控制[401]。刘盼红等依据矿山事故发生的原因，利用大数据技术开发了矿山安全预警信息系统[402]。

在预警系统应用领域，熊延伟根据 KJ90 综合检测系统和 ArcGIS 构建了煤矿井下瓦斯爆炸预警系统[403]。赵俊利用无线传感器网络提出了煤矿瓦斯监测系统的设计思想，并将系统分成采集与传输系统、监测与管理系统，得出了固定结点、移动结点这两类结点的实现方法，并对两类结点进行了软硬件设计[404]。张海峰采用瓦斯爆炸的风险评价方法，提出了采掘工作面瓦斯涌出量的预测预警模型：①建立综采工作面复杂条件下温度与人的生理特征间的数理关系；②从环境单因素变化出发，分析各环境因素对作业人员的影响；③在实验室条件下模拟研究不同人员的眼动特征；④现场实测一定时间间隔平顶山天安煤业股份有限公司（平煤）一矿综采工作面不同作业人员的生理参数，同时记录每个测定时刻的环境参数。运用 KJ101 监控预警系统的实时监控功能及数据库，研究了煤矿井下瓦斯爆炸[405]。李春辉等运用地理信息系统，研发了煤与瓦斯突出危险性预测管理系统，并将煤与瓦斯突出危险性预测和地理信息技术结合起来，实现了对煤与瓦斯突出的预测[406]。基于危险源理论，王艳平构建了煤矿瓦斯爆炸与涌出风险预警系统，结合矿山实际情况对其预警系统的合理性进行验证[407]。刘超儒运用模糊评价理论和瓦斯涌出量灰色预测、灰色关联分析方法对煤矿瓦斯爆炸危险性进行综合评价，并建立了相应的预警系统[408]。郭德勇运用 GIS 技术、人工神经网络，构建了煤与瓦斯突出预警模型，并验证了模型的实用性[409]。刘红霞基于无线传感器网络设计了矿井瓦斯浓度预警系统[410]。刘程等提出了一套瓦斯灾害预警体系，它集地质测量、生产、技术、调度、通风、防突、监控等各实体部门日常管理信息资料于一体，保障和支持了煤矿瓦斯灾害治理[411]。关维娟等根据 C/S 架构，根据多指标综合设计了煤与瓦斯突出实时预警系统，实现了预警信息多渠道表达，可以根据历史数据进行煤与瓦斯突出早期辨识[412]。姜福兴等根据煤与瓦斯突出主要影响因素，提出基于应力和瓦斯浓度动态变化特征的掘进面煤与瓦斯突出实时监测预警方法——SMD 法。在此基础上，研制掘进面煤与瓦斯突出监测预警系统，该系统能够实时监测掘进面围岩应力动态变化以及煤体瓦斯浓度动态变化情况，对煤与瓦斯突出危险区及其危险程度进行实时监测预警[413]。

肖全兴根据瓦斯、煤尘及煤层自然灾害可能产生的后果建立推理模型，并建立了矿井通风安全管理预警系统[414]。谭家磊建立了评判矿井通风系统可靠性的预警系统[415]。谭国文基于信息化技术建立了支持信息采集的通风在线监测及分析预警系统，进行了实际验证[416]。

胡琳琳运用煤矿突发水灾害机理，构建了煤矿突发水预警系统，并对系统的适用性进行了验证[417]。张春会和赵全胜基于 ArcGIS 平台开发了矿山开采深陷灾害预警系统[418]。蔡明锋根据矿井水害的诱导因素和矿山实际情况，建立了矿井工作面水害安全预警系统[419]。刘伟韬等对底板突水风险的评估方法进行了研究，根据模糊层次分析法和 D-S 证据理论建立了顶板突水风险评估模型，通过逐层次地融合证据源获得最终评估结果[420]。李昊旻等基于云计算设计了煤矿安全监测预警系统，实现了对井下瓦斯、机电、火灾、水害等事故的有效预报[421]。

王存权基于同煤集团煤矿借助 FAHP 法、可拓理论、熵权理论及梯形 Vague 集理论分别对同煤集团安全预警和煤矿应急救援能力等决策问题进行了系统研究，建立了基于三区间套下不确定型初等关联函数的可拓安全预警模型，并在同煤集团忻州窑矿进行了应用[422]。

纵观国内外研究成果，目前仍存在如下问题需要深入研究：

（1）煤矿井下条件复杂，环境变化因素多，环境因素对作业人员生理、心理影响的研究主要是结合实验研究进行分析，而实验大多在单一环境因素条件下进行，对多种环境综合影响研究较少，不能充分反映井下环境因素变化对作业人员的影响。

（2）对人的可靠性的研究主要是针对特定条件下人的可靠性进行研究，目前几乎还没有作业人员在复杂环境中作业的可靠性研究，已有的研究方法单一，不能准确反映真实情况。

（3）煤矿井下作业人员的可靠性的预警系统目前研究较少。

1.3　本书的主要内容

（1）综采工作面环境场数值模拟。根据井下综采工作面现场作业实际情况，分别对井下综采工作面内的风速场、风压场、湿度场、温度场、噪声场以及照明场进行了相应的数值模拟。

（2）综采工作面温度对人影响的试验研究。主要研究了实验室模拟温度变化条件下人体生理特征变化规律，介绍了试验平台的搭建情况以及仪器的选择，详细给出了试验的整个过程。用单因素方差分析对试验数据进行处理，并且拟合出不同温度条件下不同生理指标的变化曲线，得到了不同生理指标随温度变化的函数曲线，根据折线图和函数曲线得到各个生理指标随温度变化的规律，并得出了函数模型。通过分析讨论得到适宜的温度范围。

（3）综采工作面噪声不同暴露时间对人视觉认知影响的试验研究。通过现场采集分析综采工作面噪声的声压级大小与不同类型噪声的频谱，并在此基础上针对视觉认知随噪声暴露时间变化进行试验研究，利用 Eye Link Ⅱ眼动仪采集被试者的平均注视时间、平均眼跳幅度和眼跳次数 3 个眼动指标来衡量视觉认知能力随着综采工作面噪声暴露时间的变化情况，通过使用重复测量数据的方差分析方法处理试验数据进行统计分析，确定被试者的视觉认识随着综采工作面噪声暴露时间的变化规律。

（4）噪声对人注意力影响的试验研究。利用舒尔特方格试验原理设计了关于噪声对注意力影响的试验，选取受试者在实验室进行试验，记录试验数据，通过分析不同噪声等级对人的注意力水平的影响的试验数据，得到噪声对受试者的注意力影响的规律。

（5）噪声对人行为影响的试验研究。模拟矿山综采工作面作业环境噪声，选取矿工利用 E-Prime 行为实验软件进行试验，记录下受试者的试验数据，统计不同噪声级试验中受试者总的出错次数和超时次数，分析不同噪声等级对人的注意力水平的影响规律。

（6）照度对人影响的试验研究。首先，运用眼动追踪技术，从平均注视时间和注视点个数两个方面，对人在不同局部照明照度下对警戒用仪表的识别性进行研究；其次，运用舒尔特量表，从平均反应时间和失误次数两个方面，对人在不同照度下的反应时间和操作可靠度进行研究；最后，运用照明计算软件 DIALux，对煤矿运输大巷进行了照明模拟和照度分析。

（7）作业时间对人影响的试验研究。现场实测一定时间间隔综采工作面煤矿作业人员的心率、体温、血压，用单因素方差分析对试验数据进行处理，得到不同生理指标随工作时间变化的折线图，根据折线图得到各个生理指标随工作时间变化的规律，通过多因素方差分析，得到体重指标和工龄对各个生理指标的影响，得出了井下作业人员合理劳动时间为 5.8 h 的结论。

（8）综采工作面环境对人的综合影响研究。结合矿井作业环境的特点，在模拟环境试验的基础上，运用正交试验理论，研究矿井温度、湿度、噪声和照明等环境因素耦合的影响。构建预测人体生理指标的数学模型，并验证该预测模型的准确性，为煤矿作业环境对人体的影响提供量化分析依据。

（9）建立作业人员可靠度函数模型。建立综采工作面不同环境下作业人员生理指标的功能函数。利用蒙特卡罗思想，通过 Matlab 对功能函数进行数千次随机试验，得到作业人员各生理指标功能函数均大于零的概率值，进而得到作业人员可靠度，并以此为基础来判定和评价作业人员可靠状态。

（10）生理指标与安全劳动时间关系的数学模型研究。实测煤矿井下作业环境，利用生理学指标采集仪器对作业人员下井前、升井后的多项指标进行采集，分析作业人员敏感生理指标。采集作业人员作业过程中多项生理学指标，选择灰色 GM（1, 1）预测模型，建立作业人员生理学指标与时间关系的数学模型，并对模型的拟合程度进行检验。

（11）作业人员安全预警系统研发。针对作业人员安全预警系统进行需求分析、系统设计、系统运行与维护等。

第 2 章　综采工作面环境对人体影响基本理论

为了开展针对综采工作面环境与人体生理和心理之间本质联系的研究，从而分析综采工作面环境对人的可靠度影响，本章融合了安全生理学和安全心理学的理论和方法，以安全生理学及安全心理学中作业环境对人体生理与心理的影响为指导，研究了环境因素对作业人员可靠度的影响。

2.1　综采工作面主要环境因素

人体在不同的外界环境条件下，各器官由于受到不同环境因素刺激产生不同的应激性，表现出不同的反应。这些反应是经神经系统的整合所表现出来的不适宜或者适宜的程度，又被称为人体舒适性。

所谓环境，广义上是指人所处的空间以及其中可以影响人们生产、生活的各种自然因素和社会因素的总和。环境因素在整个人-环工作系统中起着重要的作用。劳动环境属于自然因素。显然，人们在劳动过程中所处的环境因行业、地点及工作性质的不同而有所差异，归纳起来综采工作面环境因素主要包括温度、噪声、照度、粉尘、湿度。

根据人的主观感受以及环境对人的影响程度将环境分为不能忍受的劳动环境、不舒适的劳动环境、舒适的劳动环境和最舒适的劳动环境，人们在不能忍受的劳动环境中从事作业时会使人的生命难以长期维持，虽然可以暂时生存，但是存在生命危险。在不舒适的作业环境中，人们不能够长期坚持，人的生理和心理对这种环境很不适应，容易产生疲劳，甚至会导致职业病。在舒适的劳动环境中工作，心理和生理都能大部分适应，人与设备、环境的关系基本协调，环境对人也无伤害，人可以在这种环境中长时期工作而不感到疲劳。最舒适的作业环境是最理想的工作环境，它完全符合人的生理和心理要求，人与环境关系达到充分协调，即达到了动态平衡。人们在这种环境中可以长时间自如地进行工作，体力能耗小，工作效率不受环境影响。最舒适的环境虽好，但是回到自然环境中反而难以适应，而且造价很高。因而作业环境的研究是针对不能忍受、不舒适和舒适三种进行研究。

对于综采工作面而言，从自然环境来说，工作面与地面不同，除了有水、瓦斯等自然灾害外，还存在工作空间狭窄、噪声严重污染、视觉环境差等问题，同时存在温度高、湿度大的热害，加之劳动艰苦、劳动强度大，在这样的环境下从事采煤作业活动，作业人员的工效低，发生事故的概率高。因此，本章对劳动环境进行分析，并针对综采工作面这一环境系统进行聚类分析，以期确定其环境状况，并在今后工作中采取切实可行的措施，改善工作环境，减少事故的发生。

2.1.1　温度

不管是高温还是低温，对人体和工作都有不利的影响。

人在高温下工作，除了高温使人体出现生理功能改变甚至对人体造成伤害外，同时工作效率将不同程度地降低，差错率随之增加，致使事故更容易发生。据对日本北海道 7 个煤矿的调查，30～37℃的工作面事故率较 30℃以下增加 1.5～2.3倍。根据对平煤一、四、六矿的调查，一年中气温较高的 7 月和 8 月，事故率占全年的 23.5%。

低温的界限并没有明确的规定，但是对人体和工作有不利影响的低温通常是在 10℃以下。与高温环境一样，低温环境同样会使人感到不舒服，低温主要加强了人体的散热作用，除对人体生理功能造成伤害外，受低温影响最敏感的是手指的精细动作，当手的温度降至 15.5℃的时候，手的操作效率明显降低。更广泛的研究表明，当环境温度为 7℃时，手工作业的效率仅为舒适温度时的 80%。

2.1.2　湿度

湿度也是一个相对的物理量，描述的是大气的干燥程度，即一定的温度条件下一定体积的空气中所含水分的多少，含有的水分越多，则空气相对越潮湿，反之越干燥。

综采工作面由于处于生产工作面，在生产过程中喷洒大量的水来降低粉尘以及防止发生爆炸，这将致使综采作业面湿度达到 90%以上，直接影响煤矿作业人员的人体散热效果。长期处于这种环境下作业的煤矿作业人员，由于人体散热较慢，体内产生的热量不能及时扩散出去，会出现体温升高、心跳加快、身体感觉不舒适等症状，情况严重时会中暑，甚至发生死亡，所以湿度对人的可靠性与健康的影响不可以忽视。

经研究发现，湿度与温度的关系比较密切，人们对湿度的敏感度要低于对温度的敏感度。所以，单研究湿度对综采工作面来说没有太大的意义，结合温度来进行研究更有现实意义。

2.1.3　噪声

生理学对噪声的定义是影响人们正常休息、学习和工作的声音以及对人们想要听的声音产生干扰的声音。通常我们所研究的噪声以及所提及的噪声污染都是生理学上的定义。对于综采工作面，噪声主要是割煤机、刮板输送机、运煤机等作业时发出的混杂声响。

噪声对作业人员产生的影响也是不容忽视的，在复杂的环境中，噪声容易引起作业人员的听觉疲劳，严重的会引起作业人员耳聋。噪声对作业人员的心理也有直接的危害，强烈的噪声使人难以忍受，注意力也无法集中，在正常的较为舒适的环境中，作业人员的情绪比较稳定，然而在噪声的影响下，作业人员容易烦躁，工作效率下降，影响工作质量。据相关研究，噪声每增加 5%，劳动效率就相应地下降 5%，噪声与烦躁程度的关系如下：

$$I = 0.1058L_A - 4.798$$

式中，I 表示烦躁程度，当 $I \leqslant 1$ 时，不烦躁；当 $1 < I \leqslant 2$ 时，稍烦躁；当 $2 < I \leqslant 3$ 时，中等烦躁；当 $3 < I \leqslant 4$ 时，很烦躁；当 $4 < I \leqslant 5$ 时，极度烦躁；当 $I > 5$ 时，精神崩溃。L_A 表示环境噪声，dB（A）。

因为有些危险信号采用的是声音信号，噪声对这些信号有遮蔽作用，常常会给生产带来不良后果，甚至有时候分辨不出危险信号，很容易造成事故甚至人身伤亡。另外，噪声的干扰容易增大作业人员对信息的接收、加工、处理的差错率。

在综采工作面，噪声尤其严重，煤矿作业人员长期处于恶劣的噪声环境中，他们的健康安全受到十分大的影响，特别是听力上的损伤，不可修复。煤矿作业人员所经受的噪声损伤要远远比其他工矿企业严重。在国外，即使技术先进的美国，50 岁以上的煤矿作业人员中有一半以上的人员听力损失超过 25 dB，大概有三成的作业人员具有大于 40 dB 的听力损伤。在苏联，工龄为 10 年以上的采煤机作业人员中，听力降低的占八成，主要表现为听力障碍，剩下的严重者患有职业性耳聋等疾病。我国目前综采作业面的噪声级别大多超过国家标准规定，处于此环境中的作业人员比例较大。据调查显示，某矿暴露在 70 dB 以上的噪声级的作业人员占在籍矿工人数的 40%，占生产矿工人数的 59%，其中有 76% 处于接近 100 dB 的环境下，更有 56% 的作业人员处于高于 100 dB 的噪声环境中。很多作业人员患有噪声引起的耳聋，据相关事故统计，与噪声有关的占 10% 左右，说明噪声对煤矿作业人员的安全影响不能忽视。

2.1.4　照度

照度是一个物理学上的定义，它是指物体被照明程度的大小。

在人-环系统中，光照环境也很重要，同时也很特殊。因为在综采工作面上，视觉显示装置是人-机交互的重要部分，良好的视觉是作业人员在周围环境中正确作业的十分重要的前提条件，煤矿作业人员在工作时，大部分的信息都是通过视觉直接获得的，这对作业行动具有不可轻视的作用。能否正确接收视觉信息和观察到机器的运转情况，环境的照明是一个重要的条件。在一定照度范围下，生产率随照度的增强而提高，视觉疲劳随照度的增强而降低。

综采工作面的照度大小与事故的发生也有关系，在合适的照度环境下，人的眼睛辨别能力可以提高，则可减少认识色彩的失误率；可以增强人眼对物体立体轮廓的视觉感知，有利于辨识物体的大小以及空间位置，降低失误率；同时，还可以营造良好的视野，防止工伤事故的发生。虽然事故产生的原因有很多种，但相关资料统计表明，照度的不足是一个很重要的原因。根据美国研究者的统计，由企业照明环境比较差引起的事故占事故总数的 5%，优化照明环境后，事故总数能够减少将近 20%。

对于综采工作面而言，作业现场的合适照明条件对安全生产是必需的，不合适的照明条件对作业人员的心理会产生直接的不利影响。如果光线不足，则会使煤矿作业人员视觉不清，无法作出准确判断，甚至摸黑进行操作，不按操作规程作业，进而引发事故。目前我国煤矿井下作业空间照明主要是依附于作业人员佩戴的矿灯，在综采工作面虽然有几个白炽灯，但是破坏严重，起不到很好的效果。再加上特殊的环境条件，大部分物体是深颜色，对比度很低，分辨起来也很困难，需要高度集中精力，这会影响作业人员的操作准确性、动作的协调性与工作效率，也是导致事故发生的一个间接原因。因井下光线不清作为直接或间接原因造成的事故占总量的 40%以上，因此，照度不够会严重影响作业人员的工作效率，引起视觉疲劳，而且会使作业人员作出错误的判断和行动，导致事故的发生。

2.2　综采工作面环境对人体生理影响综述分析

2.2.1　安全生理学概述

人体作为一个开放的、占有主导地位的系统，能与外界进行物质、能量和信息的交流。人体具有完整的个体功能和数量庞大的多层次的子系统，并且各个子系统具有独立性和统一性，各子系统都具有各自的活动模式和特定功能，此功能会对整体系统和其他子系统产生影响。生理学作为自然科学的重要分支之一，其研究的范畴非常广泛，与许多学科交叉形成了一些令人瞩目的新兴研究领域，如涉及生命起源和演化的生理学，各类型生物的结构、功能，各种生理现象的本质和规律，以及生物与环境密切而复杂的相互关系等。

生理学认为人体的生理状态具有一定的起伏波动性，生理状况能够直接影响一个人的行为。经研究发现，人的体温、大脑记忆以及思维的最佳状态在一天中可以持续 4 h，最佳状态过后，体温降低，生理上会出现两个低潮阶段。当生理状态处在低谷阶段时，人会出现眼涩耳鸣、四肢乏力、腰酸背痛、思维迟钝、精神恍惚等不良症状，对安全生产有极大的危害。人们为了深入研究人的生理特征与安全生产、生活之间的联系，从而诞生了安全生理学。

安全生理学是安全科学与人体生理相互影响渗透的学科，它主要分析人体生理规律、心理特征、外界环境和人体生理系统之间的相互作用对人的安全行为产生的影响[423]。它是分析人体在生产生活过程中，各类不安全因素对人体生理的影响、生理变化规律和人体呈现出来的生理响应变化特征的学科。其原理是研究人体对于外界不安全事物的感觉特性、适应性以及警觉性的机理；各种不安全环境因素对人体生理特征影响机制；环境发生改变时，人体各个生理心理功能和环境因素之间的联系；人体内、外环境之间维持彼此平衡的过程及其机制等。通过研究生产工艺、劳动条件与作业环境因素等对作业人员健康影响的规律和危害的程度，从而提出改善的方案，起到保护作业人员的健康和提高工作能力的作用。安全生理学原理主要是研究和分析各种不安全环境因素怎样影响人体的健康，生产劳动过程中作业环境因素对人体生理的作用响应，进而影响人体生理心理安全等问题。

安全生理学原理的研究内容主要包括以下三个方面：

（1）研究人体在接收外界环境的刺激信息时，通过感觉器官获取周边环境中各种关于安全因素的信息，如温度、湿度、噪声、照明、风速、空气压力、有毒有害气体等。环境对事故因素的安全特征的感觉、知觉特性，其中包含人体的视觉、听觉、嗅觉、味觉、皮肤感觉、深部感觉和平衡感觉，是人们了解自身的生理状态和识别安全行为的开端。

（2）研究人体对安全环境因素的生理适应性，对安全信息的传递、加工和控制能力，其中包括人体的条件反射、疲劳以及各类生理指标变化，如心率、血压、体温、呼吸率等，以及人体对外界的适应能力，工作强度和劳动条件对劳动者机体特征的影响。

（3）研究人体在接收各种内、外环境信息之后，不安全的环境因素对人体生理健康的危害，以及机体呈现出的生理特征对安全决策和行为的影响，对劳动效率和人体承受负荷能力的影响。

2.2.2　综采工作面作业人员个性特征

煤矿工人全部是男性，所以不用考虑性别特征。考虑到个体的差异性，结合前人研究的成果，本研究考虑的煤矿工人的个体特征包括年龄、工龄、受教育程度和体重指标。

1. 年龄

研究表明，不同年龄段对伤亡事故有显著的影响作用。

相对于人来说，年龄是指从出生时到计算时的时间长度，通常用岁来表示。年龄是一种具有生物学基础的自然标志，不具有主观能动性，对个体而言具有客观性。随着时间的推移，人的年龄是逐渐增长的，这是客观规律。对于一个群体，总是由不同年龄的个体所组成，与此同时，人口自身再生产也进行着年龄的增长。此外，各种现象如结婚、生子、求学、就业、迁移、死亡等，都与每个人的年龄息息相关。

在本书中，所研究的对象是矿工，属于特殊群体，自然年龄是个体特征很主要的一个因素，考虑它的影响对本书的研究具有现实意义。年龄大小的背后也有很多社会家庭因素，这也为进一步讨论奠定理论基础。

2. 工龄

景国勋通过研究井下运输人与事故关系动态关联，经分析得到工龄对事故人数影响程度的大小依次为：4～10 年、11～20 年、3 年以下、20 年以上，基本上符合矿工的工龄越大，发生人员伤亡事故的可能性越小，人的可靠性越强。但是对于工龄对综采工作面矿工生理特征随环境变化的影响没有人做过研究，工龄从侧面反映出对企业及工作的熟悉程度的高低，标志着工人参加工作的时间长短，是不严格依托于年龄的个体因素，同样是客观因素。

在本书中主要考虑工龄对综采工作面作业人员心率、血压等生理特征的影响是否显著，将其作为一个不可忽略的客观因素进行相关性分析。

3. 受教育程度

受教育程度即文化程度，文化程度标志着一个国家的发展程度和文化教育普及性。对于工矿企业，受教育程度的高低直接影响煤矿作业人员的整体素质，有可能会影响人的自身生理特征。煤矿工作人员作为特殊群体，受教育程度从半文盲到研究生层次，在煤矿作业规程的理解与执行能力上存在显著差异性，研究其对生理特征的影响很有意义。

4. 体重指标

这里所指的体重指标是 BMI 指数，BMI 指数即身体质量指数，是反映人的身高体重的一个中立又可靠的指标。主要用于统计分析，对比不同身高体重人的个体差异，因为身高相同的人体重不一定相同，反过来，体重一样的人身高也是参差不齐。当需要比较及分析人体自身对生理特征的影响的时候，BMI 指数是一个中立而可靠的指标。

国际标准显示，正常体重：BMI 18～25；超重：BMI 25～30；轻度肥胖：BMI 30～35；中度肥胖：BMI 35～40；重度肥胖：BMI 40 以上。

2.2.3　综采工作面作业人员生理特征

本书主要研究温度变化对人体生理特征的影响研究，所涉及的生理特征主要有血压、心率、体温和眼动。

1. 血压

血压指血管内的血液对于单位面积的血管壁的侧压力，即压强。通常所说的血压是指动脉血压。收缩压（systolic blood pressure，SBP）俗称高压，正常范围在 90～139 mmHg[①]；舒张压（diastolic blood pressure，DBP）俗称低压，正常范围值在 60～89 mmHg。通常，理想血压小于 120 mmHg/80 mmHg，达到或者超过 140 mmHg/90 mmHg 为高血压，130 mmHg/85 mmHg 为临界高血压。

通常，影响血压变化的因素主要是身高、体重、年龄、血管质素、血黏度、姿势、环境因素等。

身高越高，心脏所需泵出血液的压力越大，才易使血液能流遍全身。随着年龄的增长，血压会有上升的趋势。血黏度越大，心脏所需泵出血液的压力越大。血管如果变窄，血液难通过，心脏所需泵出血液的压力自然更大。环境也会影响人的血压。

血压升高对人体有很大的危害，据临床研究，高血压是动脉硬化的主要因素之一，可能产生冠心病、心绞痛或心肌梗死。脑动脉硬化会出现脑溢血和脑梗死；眼动脉硬化会造成眼底出血甚至失明。长时间处于恶劣环境中，可能会使血压升高，对煤矿作业人员的安全构成严重的威胁。

研究不同温度变化条件下人体血压的变化有很重要的意义，其原因有两个：一是因为综采工作面的环境复杂，各种因素都会对人的状态产生较大的影响，而影响人体血压；二是矿工的工作时间延长，体能消耗增大，也会对他们的血压产生较大的影响。同时，研究综采工作面的作业人员血压的变化规律将有助于了解工人的劳动负荷强度，有利于研究矿工的安全行为，对为他们缔造安全的作业环境提供理论支持，为综采工作面实现高效生产提供保障。

2. 心率

心率即人的心脏一分钟跳动的次数，平均 75 次/min，大概在 60～100 次/min

---

① 1 mmHg = 133.322 Pa

之间。心率可因年龄、性别及其他生理状况而不同，但正常个体的心率会在一个稳定的范围内波动。影响人体心率的因素有很多，如体力活动、情绪的波动、饮酒、喝咖啡、吸烟等。综采工作面作业环境复杂多变，光照严重不足，粉尘浓度过大，湿度过高，噪声影响正常作业，都影响人体的心率变化。这些复杂的因素综合起来对人体的心率产生严重的影响，从而影响作业人员的健康和安全。

3. 体温

健康人的体温是相对恒定的。由于测试部位不同，体温的正常值会略有差异。常用的体温包括口腔温度、直肠温度和腋窝温度。

4. 眼动

眼动测试，就是通过视线追踪技术，监测用户在看特定目标时的眼睛运动和注视方向，并进行相关分析的过程。警示语标识属于安全标志，而安全标志被广泛应用于工业生产、交通、生活等领域。在环境相对比较恶劣的煤矿井下，煤矿作业人员通过识别和感知警示语标识所传递的危险信息来指导自己的行为，从而有效避免可能发生的各种事故。作业人员看到警示语标识安全作业过程分为发现、识别、信息判断与决策、遵守操作四个阶段。在整个过程中，发现阶段是遵守操作的前提，即人对警示语标识的视觉注意程度直接影响作业人员的安全性。因此，研究警示语标识的视觉注意特征，对提高警示语标识的识别性和减少事故的发生具有重大意义。

煤矿作业人员的自身因素也是煤矿安全事故发生的主要因素，研究发现煤矿事故的受害群体大部分为工龄少于 10 年的作业人员。在钢铁行业中，研究发现事故发生频数与受伤害人员的工龄存在显著的指数关系。截至目前，国内外关于视觉注意的研究主要集中在图片、人工智能、动态分析、产品测试、场景研究和人机交互等各种领域。但是，关于煤矿作业人员对警示语标识的视觉注意研究较少，尤其对眼动特征的研究很少。

本研究利用眼动追踪技术，通过 Eye Link II 型眼动仪采集煤矿作业人员在警示语标识的不同字体颜色和字体形状的视觉刺激条件下的眼动数据，基于视觉注意理论和数理统计理论进行数据分析，得出不同工龄煤矿作业人员对警示语标识的眼动特征，为煤矿警示语标识的设计提出合理化建议，从而尽量避免事故的发生。

2.2.4　综采工作面环境对作业人员生理的影响

综采工作面环境因素主要包括温度、湿度、噪声和照明。因采矿行业的特殊性，综采工作面的地质特征、机械设备、生产作业工序会造成矿井作业空间环境的不安全性。矿井作业空间主要环境因素对作业人员生理层面的危害见表 2-1。

表 2-1 综采工作面环境因素及其对人体生理危害

因素	原因	危害
高温	造成矿井高温恶劣环境的因素主要包括空气的自压缩、地表大气、围岩导热、机电设备放热、氧化热、爆破热、内燃机废气放热、人体散热等[194]	体温调节系统、体内水盐调节和神经系统紊乱，并可能出现口渴、头晕、心跳加速、热不适应等症状，威胁人体的生理健康
高湿	矿井中的高湿环境主要是由于地表水、生产过程中产生的水在井下高温环境条件下产生大量的水蒸气，从而形成高湿环境	高湿环境对人体生理的危害主要表现在会对人体产生热应力。热应力会使工作人员感到疲劳、乏力、意识模糊，难以集中精力认真工作，容易疏忽安全问题，从而增加工作现场事故发生的概率
噪声	在井下的运输、生产、爆破作业过程中，由于机械设备的运作、水体的流动和空气的涡动等原因会产生大量的噪声	持续的噪声不仅对人体的听觉造成危害，对人体的心血管系统、神经系统、消化系统、视觉系统、内分泌系统等也会造成不同程度的影响
照度	在矿山井下生产作业过程中，在运输、凿岩、顶板支护等作业过程中，存在照度不良情况	照明过高过低都会使作业人员的视觉能力变低，导致产生视觉疲劳，使可靠度降低，对安全生产造成危害

1. 温度环境

高温是矿井作业空间中一种常见的灾害。当矿井开采的深度增加时，矿井中的高温热害问题变得更加突出。造成综采工作面内部环境产生高温的主要原因包括围岩导热、机电设备放热、氧化热、空气的自压缩、人体散热等。依据人体生理特点，当外界气温达到 40℃ 以上时，人体就会感到酷热难当；当达到 35℃ 以上时，感觉到很热，此时有中暑的可能；当达到 30~35℃ 时，感觉暖和，排汗会增加，稍有不适；21℃ 左右时人体感觉最舒适。

作业环境的温度也会影响事故发生率。当作业环境的温度在 20℃ 左右时，事故发生率最低，当环境温度高于或低于 20℃ 时，事故发生率就会相应增加。相关矿井事故统计资料表明，当井下温度接近 30℃ 时，事故发生率比井下温度在 17℃ 时增加 3 倍。可能是因为在温度较高的环境下，作业人员会感觉到不舒服。

2. 湿度环境

空气的干湿程度也称作湿度，常用相对湿度来表示，相对湿度在 70% 以上称作高气湿，在 30% 以下称作低气湿。矿井的高气湿环境将使人体产生不适感，人体长时间处于高湿环境中，环境制冷作用增强，人体散热机能加快，加剧了对潮湿环境的不适应感；反之，当矿井环境温度较高时，周围的高温高湿热空气对人体的热作用增强，从而导致人体蒸发散热更加困难，此时人体热平衡遭到破坏，会出现闷热、昏迷、浑身乏力、精神不振等不良症状，从而导致劳动效率降低，影响到安全生产。长期在潮湿环境中工作的人员，容易得风湿等疾病，机体免疫能力降低，工作能力下降，甚至对人身安全构成威胁。

3. 噪声环境

近年来伴随着工业、交通的快速发展，噪声污染越来越严重，现已经成为工作中对人体健康影响较大的公害。随着人们对工作环境舒适度日益增长的需求，对工作环境中噪声因素的考量显得尤为重要。噪声的生理心理效应主要体现为烦躁、工作效率降低、听力干扰、通信不畅甚至引起疾病。

噪声最初影响人的听觉器官，主观感觉为内耳发胀、耳鸣、耳闷。噪声影响作用于人的中枢神经系统，能使大脑皮质的兴奋和抑制平衡失调，从而导致条件反射异常。人体如果长时间接触噪声会形成牢固的兴奋，进而引起头痛、头晕、眩晕、耳鸣、多梦、心悸、乏力、记忆力减退等神经衰弱症状。若人体长期暴露于噪声环境中，更有可能对心脏功能及神经体液系统产生负面影响。人能在短时间内忍受强噪声，但长时间持续超过 80 dB 的噪声就会影响人体生理健康，当声压级达到 120 dB 时，人的耳膜会感到压痛，更高的声强则会有振动感。噪声也会干扰睡眠，影响人的睡眠质量，易出现神经兴奋、呼吸频繁、脉搏跳动加剧等症状，进而出现疲倦、易累的现象，工作效率也会降低。长期下去会引起失眠、疲劳乏力、耳鸣多梦、记忆力衰退等症状。

4. 照明环境

照明是人视觉感知的必要条件，约有 80% 的信息都是通过视觉来获取的。视觉获取信息的质量和效率也主要取决于照明环境。良好的照明环境可以降低作业人员的视觉疲劳，提高工作效率，减少差错率和事故的发生。照明对人体的影响主要表现在能否使视觉系统功能得到充分发挥。良好的照明条件可以改善人的视觉条件和视觉环境，从而提高工作效率。

从照明条件与事故之间的关系来看，不良的照明环境，需要作业人员注意力更加集中，对外界事物需要反复辨识，耗费更多的能量，很容易造成视觉疲劳，降低工人的可靠度。照明条件的改善可以提高主体视觉的识别速度，不仅可以减缓视觉疲劳，而且也会提高作业人员的工作效率和准确度，进而达到增加产量、减少差错的效果。关于照明对工作的影响，一般认为，在低于临界照度值时，增加照度值，工作效率快速提高，效果非常显著；在高于临界照度值时，增加照度对工作效率的提高影响较小，或者根本没有改善。事故发生的次数与工作环境的照明条件相关，适宜的照度可以提高眼睛辨别颜色的能力，从而降低辨别物体颜色的失误概率；同时也可以增强物体形状的立体视觉，有利于辨认物体的温度高低、远近、深浅及其相对位置，便于扩大视野范围，减少错误和工伤事故的发生。

2.3　综采工作面环境对人体心理影响综述分析

2.3.1　安全心理学概述

安全心理学是以生产劳动中的人为对象，从保证生产安全、防止事故、减少人身伤害的角度研究人的心理活动规律的一门科学，是介于社会科学与自然科学之间的一门交叉学科。安全生理学主要从心理学的特定角度，运用心理学的原理和方法，分析社会环境、自然环境、规章制度、机器系统、劳动群体等外界因素如何影响人的心理，进而影响人的安全，并在此基础上提出有效的安全措施，达到预防事故发生的目的。因此，首先，安全心理学原理既有心理学原理试验性、发展性、伦理性等特征，又兼具安全学原理科学性、实践性、综合性等特征；其次，由于安全心理学原理在工程实践中的现实性意义，其还具有特定目标性、条件性、边界优化性等特征；最后，作为一门交叉性综合学科的通用原理，其还具有系统的整体性、相关性、有序性、动态性等具体特征。

安全心理学核心原理可以划分为七条，根据心理现象的具体划分可以提炼出感觉阈值有限、知觉差异、情绪作用、行为激励、素质培养、个性匹配六条核心原理；由于安全心理活动是在特定的生产环境中产生的，安全心理学还有环境刺激原理，一共七条核心原理。具体介绍如表 2-2 所示。

表 2-2　安全心理学核心原理

分类	内容
环境刺激原理	人的心理过程是从对环境的认识开始的，它离不开环境的影响。环境刺激原理是指外界环境中的各种刺激通过阻碍或促进安全心理状态的形成，影响个体的安全能力
感觉阈值有限原理	人类只能感受到感觉阈限以内的外界刺激，感觉阈限因个体差异和环境改变而有所不同，感觉阈限的不同使得个体间的感受也存在着差异
知觉差异原理	个体对事物的知觉受到其本身的经验、人格、情绪状态、需要和态度、认知和思维方式等的影响，存在着较大的差别
情绪作用原理	情绪是由客观现实引起的一种体验，它反映的是客观现实和主体需要之间的关系。情绪不仅影响人的认识过程和结果，制约人的活动效率和效果，而且与人的安全有着密切的关系，给生产安全带来积极或消极的作用
行为激励原理	意志对行为起着重要的调节作用。意志行动是有意识、有目的，并通过克服困难和挫折实现的行动。行为激励原理是指适时地运用恰当的激励方式促使人们通过克服困难和挫折达到既定的目的

续表

分类	内容
素质培养原理	安全心理素质的培养是人们纠正错误行为和树立正确观念的过程。素质培养原理是指个体通过学习心理学知识和心理活动规律，锻炼心理调节和行为控制的能力，达到提高安全心理素质的目的
个性匹配原理	个性匹配是指个体从事某项工作时必须具备相适应的生理、心理特征。因此，人的生理特征和心理特征要与所从事的工作匹配合理、科学，才能达到提高效率、减少事故的目的

认知、情绪、情感和意志、需要和动机、能力和人格这些心理现象是彼此联系、密不可分的，由此安全心理学核心原理之间同样相互融合、渗透，成为一个不可分割的整体。如图 2-1 所示，七条原理之间相互作用，感觉阈值有限可以直接导致知觉差异的产生，知觉差异会使人产生不同的情绪变化，这是因为人的情绪依赖于认知。情绪作为人的一种需要，具有动机的作用，属于行为激励原理的范畴。在安全心理素质培养过程中，善于运用行为激励原理可以激发个体学习的自觉性，达到教育高效的目的。个性匹配原理并不是指一味地淘汰不匹配的个体，合理运用素质培养原理，通过教育和培训提高个体的安全心理素质，可以在一定程度上改变个体与工作的匹配性。运用个性匹配原理，有时也会涉及感觉阈值有限原理。因为个性匹配不仅与心理特征有关，也与人的认知过程有关。而外界环境原理通过作用于以上六条核心原理改变个体的安全心理状态。

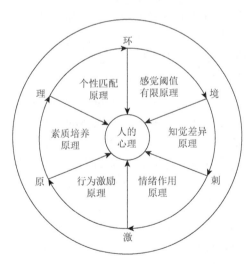

图 2-1　安全生理学核心原理体系结构

2.3.2　综采工作面环境对作业人员心理的影响

综采工作面环境下，作业人员不仅生理上容易受到损害，而且在心理上也容易受到损伤。综采工作面环境对作业人员的心理影响见表 2-3。

表 2-3　综采工作面环境因素及其对人体心理危害

因素	危害
高温高湿	使人负面情绪增加，对工作表现消极。长期高温高湿环境下，不仅极易引起作业人员产生心理疾病，而且会使人判断力降低，工作中会出现盲从现象，对矿井安全生产危害极大
噪声	持续的噪声会使人变得情绪不安、精神烦躁。噪声的心理效应主要为引起烦恼、干扰言语通信、影响工作效率、降低听力甚至引起疾病、烦躁不安、心情变坏、注意力不集中、影响休息和造成睡眠障碍，最终会影响煤矿安全生产
照度	过高强度的照明环境会使人感到紧张、振奋；而过于昏暗的照明环境容易使人进入松弛状态，使人容易大意、失误

1. 高温高湿对人心理的影响

正常情况下，人体情绪分为正性情绪和负性情绪两种，前者表现积极，而后者表现消极。高温高湿环境对人情绪所表现出来的影响主要体现在以下三个方面：首先，当人体处于高温高湿环境下，很自然地会增加消极的负性情绪，主要包括紧张、焦虑、抑郁、恐惧及愤怒等。这些负性情绪如果不能得到有效的调节，会对人体的生理功能带来更进一步的消极影响。其次，高温高湿环境还会对人体的意志力带来不良的影响，出现盲从、被暗示等现象。意志品质是依据某一种目的，支配人类的思维、行动、身体去克服困难，达到预期目标的一种心理过程。但是在高温高湿的环境下，人的生理代谢速度会开始慢慢加快，从而加重人的疲劳程度，负性情绪显著增加，即使没有出现较大的生理不良反应，也会造成人体的自制力、决策力等的降低，在处理问题时往往犹豫不决，遭遇困难时有逃避心理。最后，人体处于高温高湿环境下的唤醒水平也非常不稳定，会给其生产绩效水平带来较大的影响。在负性情绪的影响之下，人体的认知能力也会降低，使其自控能力减弱。认知能力则是指人脑加工、储存和提取信息的一种能力。有关数据表明，当人体处于高温高湿环境时，其认知能力会受到明显的干扰和损害，可能显现出短时记忆量变小、注意力分散、思维想象困难、稳定性差、警觉水平降低等问题。有学者通过探索发现，温度高于 32.2℃会使平均绩效衰减 15%。因此，如果人体长时间地处于高温高湿环境之中，生产任务又非常重，在二者的共同作用之下，对其情绪的危害程度将进一步提升，甚至会出现严重的心理问题或者精神类疾病，阻碍了生产活动的正常运行。

2. 井下噪声对人心理的影响

噪声有低强度和高强度之分，由于井下机械设备众多，噪声多为高强度噪声。高强度的噪声会使得大脑皮层兴奋，长期在高强度噪声的环境下会造成心脑血管功能紊乱，使得心理上产生一种被压制、烦躁不安的感觉，甚至会产生幻觉，严重危害作业人员身心安全并对煤炭安全开采产生威胁。

3. 井下照明度对人心理的影响

井下的光源都是人造光源。通过对大脑皮层的作用，人造光源对人的心理活动和情绪等方面有间接影响。例如，光色、色温、光的闪烁等均会对人的心理产生作用，因而对人们的身心健康造成影响。假如作业人员在长时间照明不足的环境下工作，会引起视觉紧张，造成机体疲劳、注意力分散、记忆力衰退、抽象思维和逻辑思维能力减低。在人工照明过程中，强光照会干扰大脑中枢的正常活动，扰乱人体平衡状态，使人们烦躁不安、全身乏力、头晕目眩等，对矿井安全生产造成危害。

2.4　小　　结

本章基于安全生理学、安全心理学，系统地论述了综采作业环境中的温度、湿度、噪声、照明四种环境因素对人体生理和心理的影响：

（1）矿井中的高温环境会影响人体的体温调节、水盐调节和神经系统，可能使作业人员出现口渴、头晕、心跳加速、热不适应等症状，威胁人体的生理健康。长期处于高温高湿环境，会使作业人员负面情绪增加，面对工作产生消极心理。不仅极易引起作业人员心理疾病，而且会使人判断力降低，工作中会出现盲从现象，对矿井安全生产危害极大。

（2）当矿井作业环境的湿度过高时，会导致矿井环境中温度降低，高湿度空气对人体的致冷作用增强，人体会感觉到阴冷，从而使人体加快散热，致使人产生寒冷潮湿的不适感；当矿井环境温度较高时，周围的高温高湿热空气对人体的热作用增强，从而导致人体蒸发散热更加困难，此时人体机体热平衡遭到破坏，导致劳动效率降低，进而影响到安全生产。

（3）持续的噪声不仅会对人体的听觉造成危害，而且会对人体的心血管系统、神经系统、消化系统、视觉系统、内分泌系统等造成不同程度的影响。持续的噪声还会使人变得情绪不稳定、精神烦躁。噪声的心理生理效应主要为引起烦恼、干扰言语通信、影响工作效率、降低听力甚至引起疾病，引起人们的烦躁不安，使人心情变坏，注意力不集中，影响休息和造成睡眠障碍，最终会影响煤矿安全生产。

（4）照明过高或过低都会使作业人员的视觉能力变低，导致产生视觉疲劳，使得作业人员可靠度降低，对安全生产造成危害。过高强度的照明环境会使人感到紧张、振奋；而过于昏暗的照明环境容易使人进入松弛状态，使人容易大意、失误。

第 3 章　综采工作面环境场数值模拟

综采工作面内的作业环境场，包括湿度场、温度场、噪声场、照明场等，这些环境场会对综采工作面作业人员的工作状态产生重要的影响。适宜的环境条件会增强井下作业的安全性，并且提高工作效率。此外，充分了解综采工作面内的环境状况，还会对煤矿井下安全生产措施、安全规程的制定以及后期安全事故的应急处理提供合理的依据。因此，本章主要根据井下综采工作面的实际情况，分别对井下综采工作面内的风速场、风压场、湿度场、温度场、噪声场和照明场进行相应的数值模拟。

3.1　综采工作面温度环境数值模拟

3.1.1　高温矿井综采工作面热环境分析

一般认为，矿井的高温热害是由井下高温和高湿环境共同导致的结果，常见的原因有：煤矿开采深度的不断增加导致地温增高；井下大功率机电设备在综采工作面上使用，大量热量释放在有限的作业空间，不能及时散热；由于受到地温、地下热水、采煤工艺、巷道布置等多种因素的影响，高温矿井热湿分布条件剧变。本节从理论上分析矿井环境的温度分布情况并根据理论模型对工作面热湿分布进行仿真分析。

1. 综采工作面高温产生的原因

矿井热害最为严重的区域为综采工作面，有五种常见热源，如图 3-1 所示，五种热源均可导致综采工作面温度升高，其按照升温机理主要分为两类，即相对热源和绝对热源。相对热源指的是散热量与其周围温度差值相关的热源，如高温岩层和设备运行期间的热废水；绝对热源指的是散热量受周围温度差值影响较小的热源，如采掘机电设备、矿物及其他有机物化学反应、人员放热等热源散热。

综采工作面的相对热源中，高温岩层散热影响区域大，因此是影响综采工作面空气温度升高的重要原因。矿井巷道岩壁的冒落、运输中的矿岩与空气进行热交换都会造成矿井巷道内部温度升高；另外当综采工作面中有高温设备时，为设备降温采用的加湿措施会产生高温蒸汽，也将影响综采工作面的微气候。综采工

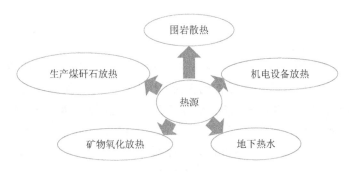

图 3-1 综采工作面常见热源

作面的绝对热源主要为采掘机电设备运转放热、运输中矿物和煤矸石放热,而人放热在综采工作面占比较小,常常忽略不计。

2. 综采工作面各热源散热分析

1)围岩放热

围岩原始温度是指井巷内未被通风冷却的原始岩层温度。在许多深矿井中,围岩原始温度高,往往是造成综采工作面高温的主要原因。井巷围岩和风流之间的传热形式多样,计算过程也非常烦琐,相关研究人员提出了多种不同的计算方法,但要准确地计算出围岩传递给井下空气的热量需要的参数十分复杂,只能做出一些简化的假设条件后理想化,进行近似的计算。

巷道围岩传递给井下空气的热量的计算式为

$$Q_{\mathrm{R}} = k_t UL(t_{\mathrm{gu}} - t) \tag{3-1}$$

式中,Q_{R} 为围岩的放热量,kW;t_{gu} 为巷道原岩温度,℃;t 为巷道内风流平均温度,℃;U 为巷道断面周长,m;L 为巷道长度,m;k_t 为风流与围岩不稳定热交换系数,W/(m²·℃),它表示的物理意义是围岩与空气温差为 1℃时,单位时间内从 1 m² 巷道壁面上向空气放出的热量。

对于主要进风巷道围岩不稳定传热系数,可以通过下式确定:

$$k_t = \cfrac{1.163}{\cfrac{1}{3+2v} + \cfrac{0.0216}{k_\alpha} + 0.0992} \tag{3-2}$$

$$k_\alpha = 0.76 \frac{\mathrm{e}^{-0.072}}{1 - \varphi_0} \tag{3-3}$$

对于采区进风巷道和回采工作面:

$$k_t = \cfrac{1.163}{\cfrac{1}{9.6v} + 0.0441} \tag{3-4}$$

式中，v 为风速，m/s；φ_0 为地面大气年平均湿度，%。

2）机电设备放热

现代化矿井中的机械化水平不断提高，采掘工作面的装机容量急剧增大，机电设备放热已成为矿井中不容忽视的主要热源之一。工作面的主要机电设备包括采煤机、链板机及运输巷道中的皮带运输机等。机电设备的散热量由两部分组成，一部分是电动机运行时转化的热量，另一部分是机械做功过程中转化的热量（摩擦生热等），两者总散热量可用下式进行计算：

$$Q = \frac{\eta_1 \eta_2 \eta_3 N}{\eta} \tag{3-5}$$

式中，N 为电动设备用于发热部分的功率，一般取安装功率，kW；η 为电动机效率，可由产品的样本中查得，一般取 75%～92%，功率较大的电机效率取值较高；η_1 为利用系数（安装系数），即电动机的最大实耗功率与安装功率之比，一般可取 0.7～0.9；η_2 为同时使用系数，即井下同时使用的电动机功率与总安装功率之比，一般为 0.5～0.8；η_3 为负荷系数，每小时的实耗功率与设计最大实耗功率之比，它反映负荷达到最大负荷的程度，一般可取 0.5 左右。

3）生产割煤过程中煤炭及矸石的放热

在正常生产割煤过程中，新割出来的煤炭及矸石的放热是一种比较重要的热源。其在生产运输中，不断放出大量的热散发到风流中，引起综采工作空间风流温度的升高。煤炭和矸石放热量与风流温度、运输距离、破碎程度、含水量等有关。理论放热量可用下式进行计算：

$$Q_k = m C_m \Delta t \tag{3-6}$$

式中，Q_k 为生产过程中煤炭或矸石的放热量，kW；m 为单位时间内煤炭或矸石的产生量，kg/s；C_m 为煤炭或矸石的比热容，kJ/(kg·℃)；Δt 为割下的煤炭或矸石运输到综采工作面出口皮带机上时，煤炭或矸石被冷却的温度，℃。

Δt 可由实际确定，也可按下式估算：

$$\Delta t = 0.0024 L^{0.8} (t_r - t_{rm}) \tag{3-7}$$

式中，L 为运输距离，m；t_r 为运输中煤炭或矸石的平均温度，一般较工作面的原始温度低 4～8℃；t_{rm} 为综采工作面出口皮带机处巷道风流的湿球温度，℃。

4）氧化放热

煤炭的氧化放热过程复杂，封闭条件下的煤炭散热释放较难，容易引起自燃，综采工作面属于开放环境，释放热量会被迅速释放在风流中，当煤中的硫化铁含量很高时，热量会对巷道升温有一定的影响，极端情况下会产生自燃发火。对于各种巷道，煤、煤尘、坑木氧化的总放热量可按下式估算：

$$Q_y = q_0 v^{0.8} S \tag{3-8}$$

式中，Q_y 为氧化散热量，kW；q_0 为折算到巷道风速为 1 m/s 的条件下氧化的单位放热量，kJ/(h·m^2)，一般裸体岩层巷道和砌碹、锚喷巷道取 0～2，综采工作面取 4～6，煤层巷道或运煤巷道取 3～5；v 为巷道内的风速，m/s；S 为巷道内的氧化表面积，m^2。

对于综采工作面而言，如果不含瓦斯，其 q_0 值可以按采准巷道取值，对于含瓦斯的煤层，可视煤层瓦斯含量的大小取（0.5～0.9）q_0，瓦斯含量越高，取值越小。

3.1.2　综采工作面热源与对流换热系数的确定

流体与固体表面之间的换热能力，指的是物体表面与附近空气温差 1℃时，在单位时间、单位面积上通过对流与附近空气交换的热量。表面对流换热系数的数值与换热过程中空气的物理性质、换热表面形状、表面与流体之间的温差以及空气的流速等密切相关。其中表面附近气流速度越大，那么表面对流换热系数也就越大。如人在风流速度较大的环境中，由于皮肤表面的对流换热系数较大，其散热（或吸热）量也较大。

对流换热系数也称对流传热系数。对流换热系数的基本计算公式是牛顿冷却定律，即

$$Q = \alpha \times S \times (T_{固} - T_{流}) \tag{3-9}$$

式中，$T_{固}$、$T_{流}$ 分别为固体表面和流体的温度，℃；S 为壁面面积，m^2；Q 为面积 S 上的换热热量，kJ；α 为表面对流换热系数，W/(m^2·K)。

如上所述，α 与影响换热过程的诸因素有关，并且可以在很大的范围内变化，所以牛顿公式只能看作是换热系数的一个定义式。它既没有揭示影响对流换热的诸因素与 α 之间的内在联系，也没有给工程计算带来任何实质性的简化，仅仅是把问题的复杂性转移到了换热系数的确定方面。因此，在工程传热计算中，主要的任务是计算 α。计算 α 的方法主要有实验求解法、数学分析解法和数值分析解法。

在井下风流过程中，工作面巷道壁面粗糙度越大，断面形状越不规则，回采空间内杂物堆放越乱，井下风流流动就越复杂。在不同的情况下，传热强度会发生成倍直至成千倍的变化，对流换热是一个受许多因素影响且其强度变化幅度又很大的复杂过程。但其换热过程都要遵循顺管内受迫流动换热规律。

1. 管内风流受迫流动换热特性

1）对流换热

管内受迫流动换热是对流换热。在工程上经常会发生流体流过固体表面，而

与固体表面发生热交换，即对流换热。一般情况下对流换热的热量计算可采用牛顿冷却公式：

$$q = \alpha(T_{\mathrm{w}} - T_{\mathrm{f}})　　　　　　　　　　　(3-10)$$

式中，T_{w} 为固体壁面温度，℃；T_{f} 为流体温度，℃；α 为对流换热系数，W/(m²·K)；q 为对流换热热流密度，kJ/(m²·h)。

2）近壁面的边界层

在式（3-10）中，最难确定的是对流换热系数 α。对流换热是流体与固体壁面之间的换热，α 与壁面处的热边界层有很大关系，而热边界层又与速度边界层关系密切；因此 α 与壁面处的流体流动状况有关。

如图 3-2 所示，由于黏滞力的作用，靠近壁面气流速度很低，壁面上的速度几乎降为零。流体流动区域可分为边界层区域和边界层以外的流动区域。速度边界层的厚度 δ 很小，在这个区域速度梯度 $\partial u / \partial y$ 很大，δ 的确定是通过下式：

$$\frac{u}{u_{\infty}} = 0.99　　　　　　　　　　　(3-11)$$

式中，u 为近壁面流体的速度，m/s；u_{∞} 为流体主流速度，m/s。

使上式成立的近壁面的距离就是 δ。

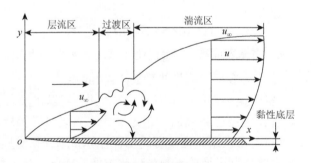

图 3-2　流体沿壁面的流动情况

3）管内湍流流动的黏性底层

实际情况下，流体在管内的流动多为湍流流动。湍流的边界层可分为速度呈抛物线分布的层流区、速度分布比较杂乱的过渡区和速度分布比较平坦的湍流区。在湍流区紧靠壁面的薄层内，在垂直壁面的方向上流体微团没有明显波动，在这一层中速度近似为线性分布，并有很大的速度梯度，黏性作用相当大，称之为黏性底层。研究表明在这层内的热质交换是典型的扩散关系。黏性底层对速度边界层的动量扩散有很大的影响。

管内流体流动时，环状的边界层不断变厚，最终汇合到一起。速度边界层汇合之前的区域称为流动进口段，汇合点之后称为流动充分发展区，也称定型区；

同样热边界层汇合之前的区域称为流动进口段，汇合点之后称为热充分发展区。如图 3-3 所示。

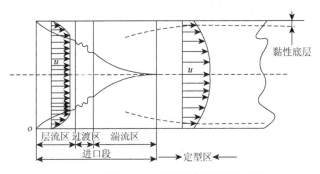

图 3-3　管内受迫流动边界层的发展过程

对流换热是流体与接触壁面间的换热，因此对流换热的热气流必然要经过黏性底层。而在这一层中的热质交换是纯粹的扩散交换。根据傅里叶定律，热流密度为

$$q = -\lambda \left(\frac{\partial T}{\partial y}\right)_{\mathrm{w}} \tag{3-12}$$

式中，λ 为流体的导热系数，W/(m²·K)；$\left(\dfrac{\partial T}{\partial y}\right)_{\mathrm{w}}$ 为近壁面处的温度梯度。

因此，对流换热过程实际上是热对流和热传导的综合作用。由式（3-10）和式（3-12）可得

$$\alpha = -\frac{\lambda}{T_{\mathrm{w}} - T_{\mathrm{f}}} \left(\frac{\partial T}{\partial y}\right)_{\mathrm{w}} \tag{3-13}$$

从式（3-13）分析可见对流换热系数并不是一个很简单的常数，它取决于流体的物性和温度分布的函数，而后者又与流体的运动状态有着密切的关系，以致对流换热系数受很多因素的影响，如流体的流动状况、流体的物理性质、壁面的形状和大小、表面粗糙度等。

在巷道与风流的热交换过程中，一般情况下井巷壁面向风流放热，所以井下常把式中的对流换热系数 α 称为放热系数。在理论上很难给出确定的计算公式，通常用式（3-14）来表示 α 物性参数。它表征了 α 与井巷风流速度、温度、围岩的导热系数、空气的比热容、密度、动力黏性系数、壁面几何尺寸及形状等有关的复杂函数。

$$\alpha = f(\rho, C_p, \lambda, v, u_\infty, R, T_\infty, T_{\mathrm{w}}) \tag{3-14}$$

2. 换热系数确定

矿井风流受迫流动一般为紊流状态，计算换热系数 α 的准则只与努塞特数 Nu、

普朗特数 Pr 及雷诺数 Re 有关，其准则方程式可用如下函数式表达：

$$Nu = CRe^m Pr^n \qquad (3-15)$$

计算换热系数 α 常用的准则方程如下所示：

$$\alpha = 5Nu_f + 0.015Re_f^a Pr_f^b \qquad (3-16)$$

式中，$a = 0.88 - 0.24 / (4 + Pr_f)$，$b = (1.5e^{-0.6Pr_f} + 1) / 3$。其中 a, b 使用范围条件是：$Re_f = 10^4 \sim 10^6$，$Pr_f = 0.1 \sim 10^4$。

$$Re = \frac{\rho v d}{\eta} \qquad (3-17)$$

式中，v 为流体的流速，m/s；ρ 为流体的密度，kg/m^3；η 为流体的黏性系数，Pa·s；d 为管道的当量直径，m。

$$Pr = \frac{v}{\alpha} = \frac{\mu C_p}{k} \qquad (3-18)$$

式中，α 为换热系数，W/(m^2·K)；v 为运动黏度，m^2/s。

根据实测数据，矿井采面的回采时，巷道断面积为 14.21 m^2，巷道周长为 16.3 m，经过一系列计算，煤壁对空气换热系数为 22.34 W/(m^2·K)，岩壁对空气换热系数为 15.09 W/(m^2·K)。

3.1.3 综采工作面热环境数值模拟

井下风流与工作面中各热源的相互作用是一个包含流体流动、传热传质的复杂物理过程，同时是涉及物质质量守恒、动量守恒和能量守恒的三维、多尺度、多相、非线性、非平衡态动力学过程。本书采用 COMSOL Multiphysics 软件对工作面风流热环境进行数值模拟研究，可以很好地揭示风流热力过程中风流流场的分布及温度场的分布情况等。

1. COMSOL Multiphysics 多物理场耦合分析软件简介

COMSOL Multiphysics 通过有限元方法模拟在科研和工程中用偏微分方程（PDE）描述的各种物理现象，是将科学研究与工程模拟密切结合的分析软件，可以非常方便地定义和求解任意多物理场耦合问题。它是集前处理、求解器和后处理为一体的分析软件，有着广泛的应用领域和强大的建模功能，可以实现多个求解器同时求解，该软件还可以实现与众多软件的接口和二次开发，满足更多的计算要求。

COMSOL Multiphysics 非常适合工程、科研和教学中的数值模拟分析，良好的图形用户界面方便用户输入各种物理参数，开放的模拟过程可以显示任一模式下的物理方程，用户不但可查看，还可以根据自己的需要修改这些方程和输入自己的物理方程来解决各种复杂的问题。

COMSOL Multiphysics 的应用领域非常广泛，它能分析传统有限元中有关结构力学、数学等问题，还能很好地解决化学、声学、电磁学等领域的问题，可以实现多物理场的耦合计算，为交叉学科的模拟开辟了一个全新的途径。COMSOL Multiphysics 有着许多扩展模块，涉及数学、力学、化学、电磁学、传热学、生物、地球科学等多个模块。

三维巷道内风流与热源作用的热湿过程计算比较复杂，涉及流体力学、对流换热、热传导、物质扩散等多种现象，属于流动与传热传质耦合的范畴，因此在本书中利用 COMSOL Multiphysics 软件，对该过程进行计算分析。

2. 数学物理模型

1）热交换数值计算方程

井下风流与巷道热交换的形式主要是传导和对流，同时风流流动对换热有重要影响，实际换热情况比较复杂，为使问题简化，作如下假设：①在水平巷道内，认为空气是不可压缩气体，不考虑气体压缩热；②回采巷道内风流质量不变，不考虑气体消耗与生成；③假定巷道温度与风流的初始温度一致。在以上假定前提下，流体与热源进行换热，传导与对流换热方程数值计算的基本方程为

$$\nabla \cdot (-k\nabla T) = Q - \rho C_p u \nabla T \qquad (3\text{-}19)$$

式中，k 为流体导热率，$\text{W}/(\text{m}^2 \cdot \text{K})$；$\rho$ 为流体物质密度，kg/m^3；C_p 为流体的比热容，$\text{J}/(\text{kg}\cdot\text{K})$；$Q$ 为热源的放热量，W/m^3；u 为流体的流速，m/s。

2）风流的运动方程

湍流流动极其复杂，通常情况下，采用雷诺时均方程来考虑湍流的流动，这种处理方法是把湍流看作由两种不同性质的运动叠加而成的，第一种是时间平均流动，第二种是瞬时脉动。湍流时均控制方程如下：

湍流时均连续性方程：

$$\frac{\partial \rho}{\partial \tau} + \frac{\partial}{\partial x_i}(\rho u) = 0 \qquad (3\text{-}20)$$

湍流时均运动方程：

$$\frac{\partial}{\partial \tau}(\rho u_i) + \frac{\partial}{\partial x_i}(\rho u_i u_j) = -\frac{\partial p}{\partial x_i} + \frac{\partial}{\partial x_i}\left(\mu \frac{\partial u_i}{\partial x_i} - \rho \overline{u_i' u_j'} \right) + S_i \qquad (3\text{-}21)$$

湍流其他变量输运方程：

$$\frac{\partial}{\partial t}(\rho\varphi) + \frac{\partial}{\partial x_i}(\rho u_j \varphi) = \frac{\partial}{\partial x_j}\left(\varGamma \frac{\partial \varphi}{\partial x_j} - \rho \overline{u_j' \varphi'} \right) + S \qquad (3\text{-}22)$$

方程中的雷诺应力项为 $\tau_{ij} = -\rho\overline{u_i'u_j'}$。

工程流体实际模拟计算过程中常用的湍流模型主要包括一方程模型、两方程模型和零方程模型三类。

a. 标准 k-ε 两方程模型

湍动能 k 的数学表达式为

$$k = \frac{\overline{u_i'u_j'}}{2} = \frac{1}{2}(\overline{u'^2} + \overline{v'^2} + \overline{w'^2}) \qquad (3-23)$$

湍动能耗散率 ε 的数学表达式为

$$\varepsilon = \frac{\mu}{\rho}\overline{\left(\frac{\partial u_i'}{\partial x_i}\right)\left(\frac{\partial u_j'}{\partial x_k}\right)} \qquad (3-24)$$

湍动黏度 μ_t 可表示为 k 和 ε 的函数：

$$\mu_t = \rho C_\mu \frac{k^2}{\varepsilon} \qquad (3-25)$$

式中，C_μ 为经验常数。

在标准 k-ε 两方程模型中 k 和 ε 是两个基本未知量，湍动能 k 的运输方程：

$$\frac{\partial}{\partial t}(\rho k) + \frac{\partial}{\partial x_i}(\rho k \mu_i) = \frac{\partial}{\partial x_i}\left[\left(\mu + \frac{\mu_t}{\sigma_k}\right)\frac{\partial k}{\partial x_j}\right] + G_k + G_b - \rho\varepsilon - Y_M + S_k \quad (3-26)$$

湍动能耗散率 ε 的运输方程：

$$\frac{\partial}{\partial t}(\rho\varepsilon) + \frac{\partial}{\partial x_i}(\rho\varepsilon\mu_i) = \frac{\partial}{\partial x_i}\left[\left(\mu + \frac{\mu_t}{\sigma_k}\right)\frac{\partial\varepsilon}{\partial x_j}\right] + C_{1\varepsilon}\frac{Pr_\varepsilon}{Pr_k}(G_k + C_{3\varepsilon}G_b) - C_{2\varepsilon}\rho\frac{Pr_\varepsilon^2}{Pr_k} + S_\varepsilon$$

$$(3-27)$$

式中，Pr_k 和 Pr_ε 分别为湍动能 k 和湍动能耗散率 ε 对应的普朗特数；S_k 和 S_ε 为源项；$C_{1\varepsilon}$，$C_{2\varepsilon}$，$C_{3\varepsilon}$ 为经验常数；G_k 为平均速度梯度引起的湍动能 k 的产生项，其表达式为

$$G_k = \mu_t\left(\frac{\partial u_i}{\partial u_j} + \frac{\partial u_j}{\partial x_i}\right)\frac{\partial u_i}{\partial u_j} \qquad (3-28)$$

G_b 为由浮升力引起的湍动能 k 的产生项，对于不可压缩的流体，$G_b = 0$，对于可压缩的流体来说，其数学表达式为

$$G_b = \beta g_i \frac{\mu_t}{Pr_t}\frac{\partial u_i}{\partial x_i} \qquad (3-29)$$

式中，Pr_t 为湍动普朗特数；g_i 为重力加速度在 i 方向的分量；β 为热膨胀系数，数学表达式为

$$\beta = -\frac{1}{\rho}\frac{\partial p}{\partial T} \qquad (3-30)$$

Y_M 是可压缩湍流中脉动扩张的贡献，对于不可压缩的流体，$Y_M = 0$；对于可压缩流体，其表达式为

$$Y_M = 2\rho\varepsilon M_t^2 \tag{3-31}$$

式中，M_t 为湍动马赫数。

通过以上方程的分析，当流体为不可压缩且不考虑源项时，$G_b = Y_M = S_k = S_\varepsilon = 0$。标准 k-ε 两方程模型简化为

湍动能 k 的运输方程：

$$\frac{\partial(\rho k)}{\partial t} + \frac{\partial(\rho k\mu_i)}{\partial x_i} = \frac{\partial}{\partial x_j}\left[\left(\mu + \frac{\mu_t}{\sigma_k}\right)\frac{\partial k}{\partial x_j}\right] + G_k - \rho\varepsilon \tag{3-32}$$

湍动能耗散率 ε 的运输方程：

$$\frac{\partial(\rho\varepsilon)}{\partial t} + \frac{\partial(\rho\varepsilon\mu_i)}{\partial x_i} = \frac{\partial}{\partial x_j}\left[\left(\mu + \frac{\mu_t}{\sigma_\varepsilon}\right)\frac{\partial\varepsilon}{\partial x_j}\right] + C_{1\varepsilon}\frac{\varepsilon}{k}G_k - C_{2\varepsilon}\rho\frac{\varepsilon^2}{k} \tag{3-33}$$

b. RNG k-ε 模型

湍动能 k 的运输方程：

$$\frac{\partial(\rho k)}{\partial t} + \frac{\partial(\rho k\mu_i)}{\partial x_i} = \frac{\partial}{\partial x_j}\left[\alpha_k\mu_{\text{eff}}\frac{\partial k}{\partial x_j}\right] + G_k - \rho\varepsilon \tag{3-34}$$

湍动能耗散率 ε 的运输方程：

$$\frac{\partial(\rho\varepsilon)}{\partial t} + \frac{\partial(\rho\varepsilon\mu_i)}{\partial x_i} = \frac{\partial}{\partial x_j}\left[\alpha_\varepsilon\mu_{\text{eff}}\frac{\partial\varepsilon}{\partial x_j}\right] + C_{1\varepsilon}\frac{\varepsilon}{k}G_k - C_{2\varepsilon}\rho\frac{\varepsilon^2}{k} \tag{3-35}$$

RNG k-ε 模型适用于计算流线弯曲程度较大以及高应变率的流体模型。

c. Realizable k-ε 模型

湍动能 k 的运输方程：

$$\frac{\partial(\rho k)}{\partial t} + \frac{\partial(\rho k\mu_i)}{\partial x_i} = \frac{\partial}{\partial x_j}\left[\left(\mu + \frac{\mu_t}{\sigma_k}\right)\frac{\partial k}{\partial x_j}\right] + G_k - \rho\varepsilon \tag{3-36}$$

湍动能耗散率 ε 的运输方程：

$$\frac{\partial(\rho\varepsilon)}{\partial t} + \frac{\partial(\rho\varepsilon\mu_i)}{\partial x_i} = \frac{\partial}{\partial x_j}\left[\left(\mu + \frac{\mu_t}{\sigma_\varepsilon}\right)\frac{\partial\varepsilon}{\partial x_j}\right] + \rho C_{1\varepsilon}E\varepsilon - C_{2\varepsilon}\rho\frac{\varepsilon^2}{k + \sqrt{v\varepsilon}} \tag{3-37}$$

3）质量守恒方程

在巷道内，风流的风速不发生变化，风流的流量也不发生变化，风流的质量守恒方程为

$$\rho_1 v_1 S_1 = \rho_2 v_2 S_2 \tag{3-38}$$

式中，ρ_1, ρ_2 为流体进口和出口的密度，kg/m^3；v_1, v_2 为流体进口和出口的流速，m/s；S_1, S_2 为巷道进口和出口的断面积，m^2。

4）物理模型

综采工作面实际长为 175 m，高度为 3 m，宽度为 5 m。机巷和风巷宽度为 5 m，高为 3 m。本研究主要是为了模拟工作面中的风流分布情况，在机巷相关参数测试时，15 m 处的风流稳定且位置方便，因此进风回风巷道长度均选择 15 m，以便与实际风速测试结果对应。

其建立的实际模型见图 3-4，模型包括工作面主要热源刮板输送机、割煤机、碎煤机、转载机等主要机械设备，其中端头支架与液压支架仅有极小发热量，但支架的存在对风流的流动情况影响很大，且随着割煤机的移动，通过设置部分液压支架失效，以实现液压支架随割煤机移动的效果。

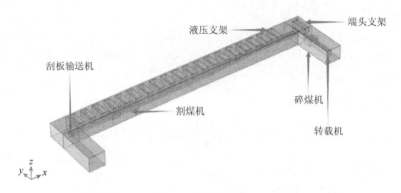

图 3-4　物理模型

3. 边界条件

取速度进口边界条件，给定进口处风流速度为 2 m/s，空气湿度为 82%。取压力出口边界条件，给定出口静压为当地大气压，约等于标准大气压。在固体壁面上，速度满足无滑移条件；近壁区处理采用标准壁面函数法。采煤机和液压支架作为两处湿度源点，分别设定湿度为 88.5% 和 98%。综采工作面围岩及现场机械设备热边界条件包括温度和与风流的热交换系数的参数值，如表 3-1 所示。

表 3-1　综采工作面围岩及现场机械设备参数值及与风流的热交换系数

名称	热交换系数/[W/(m²·℃)]	温度/K
顶板	15.09	300.15
底板	15.09	300.15
煤壁	22.34	297.15
采空区	22.34	308.15

同时在模拟过程中对模型做出以下假设：①回采空间的围岩是均质且各向同性的；②围岩温度均匀且等于该处岩石的原始岩温；③工作面内气流为不可压缩的流体，忽略由风流黏性力做功引起的耗散热，仅在计算浮升力时考虑密度的变化；④风流的紊流黏性具有各向同性。

3.1.4　模拟结果及分析

由于井下综采工作面处空气热湿情况与综采工作面内气体流动状态密切相关，而相对湿度又影响了空气的气体参数，为了充分模拟井下综采工作面现场实际温度场情况，本着科学计数原则，并结合实际条件，选取采煤机一次切割过程进行数值模拟。将采煤机距进风口 25 m、50 m、75 m、100 m、125 m 和 150 m 六个典型工作位置，分别记为采煤机 A 点、采煤机 B 点、采煤机 C 点、采煤机 D 点、采煤机 E 点和采煤机 F 点，分析回采工作面的流场及热湿状态。

图 3-5（a）～（f）为采煤机距进风口不同位置时综采工作面风速及风压情况，采煤机与刮板输送机对巷道截面影响较大，缩减了风流从巷道流通的截面积，因此在距离进风口不同位置的模型中，速度的最大值总出现在采煤机附近区域。在距离进风口 25 m 时，液压支架数量较少，速度最大值为 2.96 m/s，随着采煤机推进，液压支架前移，速度的最大值逐渐稳定在 3 m/s 附近。从综采工作面的压力云图中也可以看出，设备的密集程度对风压的影响很大，在采煤机距出风口 25 m

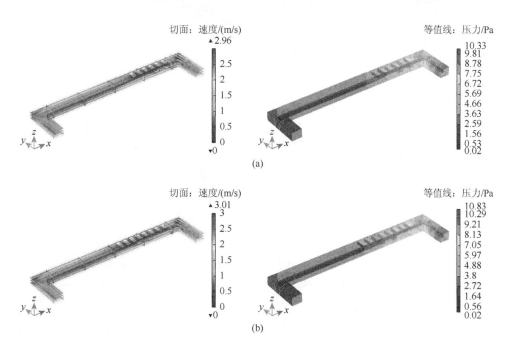

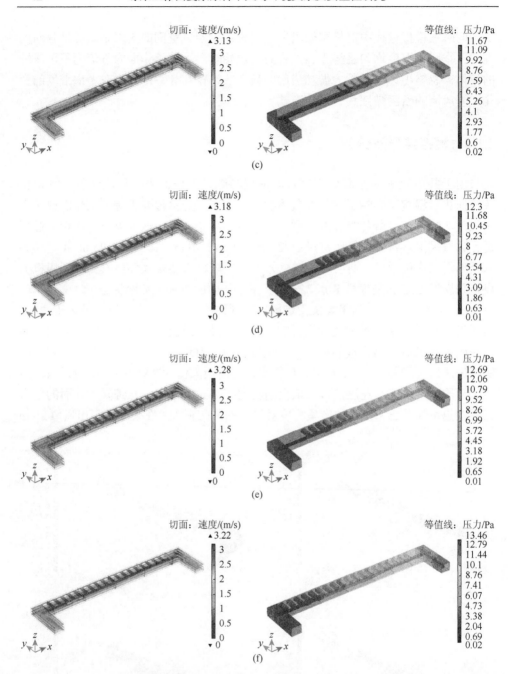

图 3-5　采煤机距进风口不同位置时综采工作面风速及风压情况

采煤机与进风口距离：（a）25 m；（b）50 m；（c）75 m；（d）100 m；（e）125 m；（f）150 m

时，进风巷道与回风巷道间的风压降低区域主要出现在进风口至采煤机位置，随着采煤机推进，风压降低区域逐渐在巷道内平缓展开，同时由于液压支架设备增多，风压降低逐渐由采煤机距进风口 25 m 时的 10 Pa，增大到采煤机距进风口 150 m 时的 13 Pa。

对于综采工作面现场温度场情况，结合实际条件，选取距进风口 25 m、50 m、75 m、100 m、125 m 和 150 m 共六种情况，分别记为采煤机 A 点、采煤机 B 点、采煤机 C 点、采煤机 D 点、采煤机 E 点和采煤机 F 点，以该 6 组模拟结果分析综采工作面的温度情况，如图 3-6 所示。

图 3-6　采煤机距进风口不同位置时综采工作面温度场情况

采煤机与进风口距离：（a）25 m 和 50 m；（b）75 m 和 100 m；（c）125 m 和 150 m

由图 3-6 可以看出，综采工作面温度最高的位置出现在采煤机及碎煤机位置处，两种机械设备的功率较大，单位时间释放在巷道空间的热量多。对于碎煤机，进风巷道没有水分源，降温效应弱，但进风巷道的风温较低，对带走碎煤机的热量有利；而割煤机处于水分源作用下，水分蒸发带走大量热，但巷道内的风温经过煤岩巷道加热，以及输送机上的碎煤放热综合后，整体温度较高，风流的降温效果降低，而巷道内设备复杂，风流随着割煤机所在的位置变化很大，因此温度最高点要在两种降温效果的综合作用下比较，但最高温度的范围一般在 70～80℃。

空气流动对温度场同样有着比较明显的影响，在采煤机后方，空气对流带走大量热，后方形成明显的高温区域，高温区域随着采煤机的移动而移动，且出风口位置的温度场数值明显要高于进风口处温度场数值。

为了更加明显地对整个综采工作面的温度场进行观测、分析，选择多个观测点采集综采工作面不同区域温度场具体数值，进而进行更加深入、准确的研究。观测点分别设置在出风口处、进风口位置，除此之外在距离进风口 25 m、50 m、75 m、100 m、125 m 和 150 m 位置处设置观测点，共计八个观测点，各个观测点在不同采煤机工作位置情况下的具体数值如图 3-7 所示。

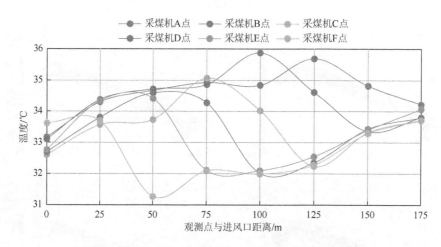

图 3-7　采煤机不同工作位置情况下综采工作面温度场情况

图 3-7 显示与模拟结果表现出相同的综采工作面温度场情况。随着采煤机位置的变化，综采工作面温度场内各个观测点的具体数值也呈现较为规律性的变化，综采工作面温度场内温度最大区域位于采煤机附近概率更大。温度场温度值整体处于 31～36℃之间，可以发现井下综采工作面内的设备运作对工作面内温度场的影响较为明显。几种采煤机工况下的温度最高点出现在采煤机 B 点、观测点距进风口 100 m 处，这在实际工作中相当于采煤机工作位置位于距进风口 50 m 时，如图 3-8 所示，采煤机下风口区域，该工况时，割煤机刚好处于两个液压支架之间，

两个液压支架的水分降温效果减弱，同时该断面上除了采煤机没有其他的机械设备，风流通过的有效截面积增大，速度降低，导致对流作用减弱，带走热量减少，实际工作中应对此增加适当降温保护措施。

图 3-8　机械温度最高点工况

观察图 3-9 的整体趋势，不同采煤机工作位置条件下，综采工作面内的温度场情况变化趋势类似。空气进入井下综采工作面，随着空气不断向前流动，尤其在回风巷道附近，由于巷道走向突然变化，风流紊乱情况明显。如图 3-9 所示，空气温度均出现了较为明显的波动情况，但最终流至出风口位置，温度基本恢复为原始温度，可以得出结论：井下综采工作面内的设备运作放热、围岩散热等会对空气产生较为明显的影响，但是随着气流逐渐远离工作中心区域，空气温度会逐渐降低。

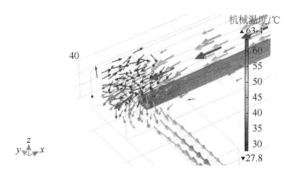

图 3-9　回风巷道的风流紊乱

采煤机是井下综采工作面主要热源，且采煤机附近也是井下综采工作面工作人员较为集中的区域，所以充分了解采煤机附近区域的温度场情况尤为重要。为此，将不同采煤机工作位置条件下，采煤机附近区域温度数据提取出来，绘制成反映不同采煤机工作位置情况下综采工作面采煤机区域温度场情况的散点图，另添加相对应的趋势线，从而对不同采煤机工作位置情况下综采工作面采煤机区域温度场情况进行更加深入的观测、分析。不同采煤机工作位置情况下综采工作面采煤机附近 1 m 区域温度场情况如图 3-10 所示。

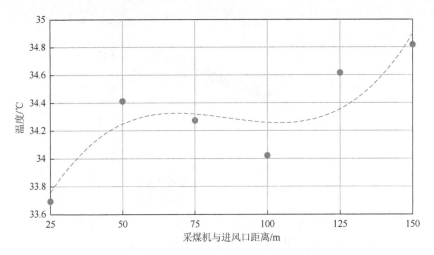

图 3-10　采煤机不同工作位置情况下综采工作面采煤机区域温度场情况

由图 3-10 中可以看出，采煤机不同工作位置情况下综采工作面采煤机附近 1 m 区域温度介于 33.693～34.819℃范围内，整体变化幅度并不大，可以看出，井下综采工作面内采煤机所处的实际位置对采煤机附近区域的温度影响并不特别明显。整体来看，采煤机不同工作位置情况下综采工作面采煤机区域温度场整体呈现出：位于进风口附近区域时其温度场数值较低，位于出风口附近区域时其温度场数值较高。

气流流经整个综采工作面，然后从出风口流出进入回风巷道，这个过程中，气流将会把井下综采工作面的瓦斯气体一并带入回风巷道，由于瓦斯气体的混入，气流有了发生燃烧甚至爆炸的可能性，此时，应当采取相应的预控措施，其中就包含气流温度的检测。为了充分研究进入回风巷道气流的温度，针对井下综采工作面出风口区域温度进行深入观测、研究，将井下综采工作面出风口区域温度提取出来，绘制成反映不同采煤机工作位置情况下综采工作面出风口区域温度场情况的散点图，另添加相对应的趋势线，从而对不同采煤机工作位置情况下综采工作面出风口区域温度场情况进行更加深入的观测、分析。不同采煤机工作位置情况下综采工作面出风口处区域温度场情况如图 3-11 所示。

由图 3-11 中可以看出，采煤机不同工作位置情况下综采工作面出风口区域温度场情况也存在着一定的规律性，整体上呈现先下降，之后上升的趋势。采煤机在进风口附近区域时，由于综采工作面弯道拐角处空气与采煤机较为充分地接触，

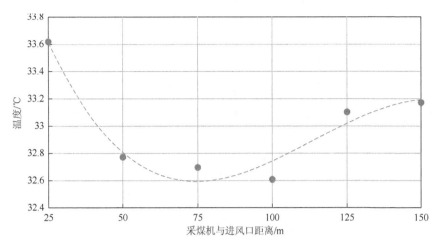

图 3-11　采煤机不同工作位置情况下综采工作面出风口区域温度场情况

采煤机向空气传递更多热量，进而使得出风口区域风流温度值处于较高的水平。之后随着采煤机逐渐远离进风口区域，出风口风流温度逐渐下降，最后在采煤机逐渐接近出风口区域时，同样由于综采工作面弯道拐角处空气与采煤机较为充分地接触，采煤机向空气传递更多热量，进而使得出风口区域风流温度有比较明显的上升。

3.1.5　试验验证

为了验证模拟结果的准确性，对模拟试验台——平煤某矿 31070 综采工作面现场环境温度进行实际测量。观测点布置方式与数值模拟时用于观测、分析的观测点设置方式相同，分别设置在出风口处、进风口位置，除此之外在距离进风口 25 m、50 m、75 m、100 m、125 m 和 150 m 位置处设置观测点，共计八个观测点，以便于与数值模拟结果进行对比验证。

与数值模拟研究对应，在采煤机推进至距离进风口 25 m、50 m、75 m、100 m、125 m 和 150 m 时，对各测点的温度数据进行记录。为了保证数据测量的准确性，每组数据均重复测量三次，取其平均值作为最终数据。将所得到数据进行整理，得到可以反映 31070 综采工作面内温度场情况的温度曲线，并与数值模拟所得结果进行对比验证，具体情况如图 3-12 所示。

由图 3-12 可以看出，井下综采工作面内采煤机处于不同工况位置条件下时，温度场的数值模拟值与现场实测值随位置变化规律基本保持一致，且模拟温度与实测温度的偏差在 0.8℃ 以内，两者偏差不大，说明本研究的数值模拟方法准确可靠，可用于井下综采工作面温度分布规律的研究。

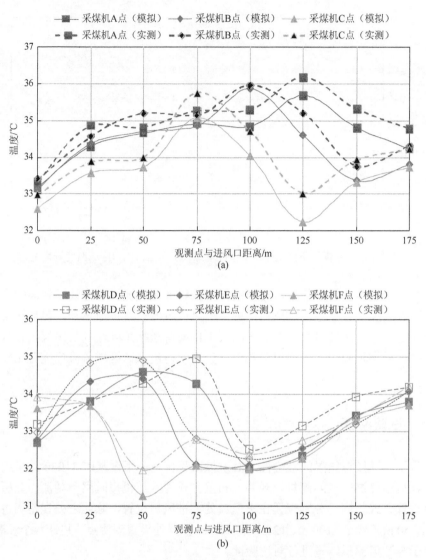

图 3-12　综采工作面温度场现场实测值与数值模拟值对比

3.2　综采工作面湿度环境数值模拟

3.2.1　综采工作面湿度环境分析

1. 综采工作面高湿产生的原因

综采工作面的湿度通常采用相对湿度表示,人体适宜的相对湿度范围为30%～

50%，而综采工作面空气的相对湿度大多为 60%～90%，巷道局部区域相对湿度接近 100%。开采过程的设备用水是造成综采工作面空气湿度过大的主要原因，综采工作面壁面的散湿和矿井水的蒸发过大也是其中的重要因素。

2. 工作面风流热湿计算分析

1）综采工作面风流热交换计算

风流通过综采工作面时的热平衡方程式可表示为

$$M_b C_p (t_2 - t_1) + M_b \gamma (d_2 - d_1) = K_\tau U (t_2 - t_1) + (Q_k + \sum Q_m) \qquad (3\text{-}39)$$

式中，Q_k 为生产过程中煤炭放热量，kW；C_p 为空气的定压质量比热容，1.01 kJ/(kg·℃)；γ 为水蒸气的汽化潜热，2500 kJ/kg；t_2，t_1 分别为井口、井底的风温，℃；d_2，d_1 分别为井口、井底风流的含湿量，g/kg；M_b 为风流的质量流量，kg/s；K_τ 为风流与围岩间的不稳定换热系数，kW/(m²·℃)；U 为回采面平均周长，m；t_1 为原始岩温，℃；$\sum Q_m$ 为综采工作面中各种绝对热源的放热量之和，kW。

2）综采工作面风流湿交换计算

当矿井风流流经潮湿的井巷壁面时，由于井巷表面水分的蒸发或凝结，将产生矿井风流的湿交换。根据湿交换理论，可得出井巷壁面水分蒸发量的计算公式为

$$W_{\max} = \frac{\alpha}{\gamma} (t - t_s) U L \frac{p}{p_0} \qquad (3\text{-}40)$$

由湿交换引起潜热交换，其潜热交换量为

$$Q_q = W_{\max} \gamma = \alpha (t - t_s) U L \frac{p}{p_0} \qquad (3\text{-}41)$$

式中，t 为巷道中风流的平均温度，℃；t_s 为巷道中风流的平均湿球温度，℃；U 为巷道周长，m；γ 为水蒸气的汽化潜热，其大小为 2500 kJ/kg；L 为巷道长度，m；p 为风流压力，Pa；p_0 为标准大气压力，其大小取 101325 Pa；α 为井巷壁面与风流的对流换热系数，其换算式为

$$\alpha = 2.728 \times 10^{-3} \varepsilon_m v_b^{0.8} \qquad (3\text{-}42)$$

式中，v_b 为巷道中平均风速，m/s；ε_m 为巷道壁面粗糙度系数，其中，光滑壁面 $\varepsilon_m = 1$，主要运输大巷 ε_m 为 1.00～1.65，运输平巷 ε_m 为 1.65～2.50，工作面 ε_m 为 2.50～3.10。

3.2.2　综采工作面湿度模拟结果及分析

由图 3-13 可以看出，在进风口巷道内，相对湿度较低，在 82%～84%附近，因为在进风巷道内，风流稳定地带走水分，且距离水分源支架距离较远，故在该

处的相对湿度处于巷道内的较低水平；随着采煤机在综采工作面所处位置不同，综采工作面的湿度场情况会发生比较明显的变化，采煤机因为设备发热量大，为维持设备在合理的工作温度运行，需要对设备进行持续降温，因此在采煤机区域，相对湿度一直维持在较高水平，在采煤机表面，相对湿度接近98%，附近1 m范围内，湿度处于 93%～97%之间，随着采煤机的移动，湿度场最大点随之移动；空气流动对湿度场同样有着比较明显的影响，在风流的裹挟下，采煤机后方出现绸带状的高湿区域，由于采煤机贴近煤壁，绸带贴近煤壁在不同工况下随之摆动；选取极端情况下的采煤机距离出风口较近时的 25 m工况，绸带区域被风流的裹挟作用最为明显，可以影响整个巷道范围，出风口位置的湿度场数值明显要高于进风口处湿度场数值。

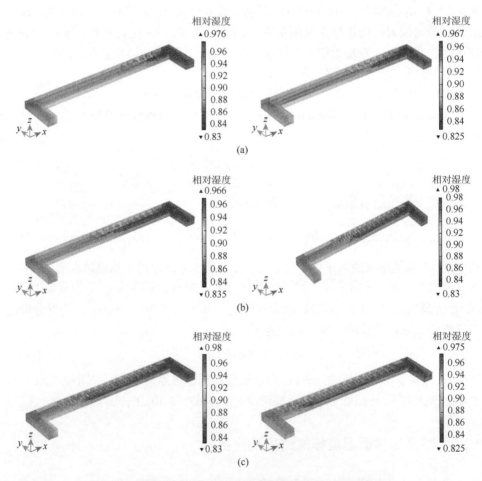

图 3-13　采煤机距进风口不同位置时综采工作面湿度场情况

采煤机距进风口：（a）25 m和50 m；（b）75 m和100 m；（c）125 m和150 m

　　为了更加明显地对整个综采工作面的湿度场进行观测、分析，选择多个观测点采集综采工作面不同区域湿度场具体数值，进而进行更加深入、准确的研究。观测点分别设置在出风口处、进风口位置，除此之外在距离进风口 25 m、50 m、75 m、100 m、125 m 和 150 m 位置处设置观测点，共计八个观测点，观测点具体布置情况如图 3-14 所示，各个观测点在不同采煤机工作位置情况下的具体数值如图 3-15 所示。

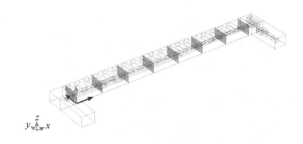

图 3-14　观测点布置情况

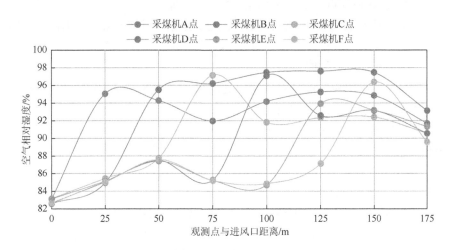

图 3-15　采煤机不同工作位置情况下综采工作面湿度场情况

　　图 3-15 显示了该综采工作面采煤机不同工作位置时的湿度场模拟结果，随着采煤机位置的变化，综采工作面湿度场内各个观测点的具体数值也呈现较为规律性的变化。整体来看，综采工作面湿度场内湿度最大区域位于采煤机附近，最大湿度接近 98%，在采煤机 10 m 附近范围存在有高湿范围，采煤机后方贴近壁面处存在有绸带状的高湿区域，受此影响出风口位置湿度场数值高于进风口位置湿度场数值，可以发现，液压支架提高了综采工作面的相对湿度平均水平，井下综采工作面内的采煤机设备运作对工作面内湿度场的影响最大。

3.3　综采工作面噪声环境数值模拟

3.3.1　综采工作面噪声概况及声源介绍

1. 噪声基础知识

人们生活在社会大环境中，需要开展各种活动进行交流、沟通，交流和沟通活动必须通过声音来进行。但对声音的需求不是时时刻刻的，在一定条件下，工作和生活必要声音以外的声音即被认为是噪声。噪声既不协调又毫无规律，同时影响人们正常的工作、休息、思考。因此，对噪声的判断不应仅靠声音的物理规律，而且应当考虑人们所处的环境和主观的感觉。

噪声与工业"三废"一样，是危害人类环境的公害。环境噪声是感觉公害。噪声影响的评价有其显著的特点，取决于受害人的生理和心理因素。因此，环境噪声标准也要根据不同时间、不同地区和人们所处的不同行为状态来决定。

环境噪声是局限性和分散性的公害。这里是指环境噪声影响范围上的局限性和环境声源分布上的分散性，声源往往不是单一的，此外，噪声是暂时性的，声源停止发声，噪声过程即时消失。

与我们生活密切相关的是环境噪声的污染，环境噪声是指在工业生产、建筑施工、交通运输和社会生活中所产生的干扰周围生活环境的声音。环境噪声污染是指所产生的环境噪声超过国家规定的环境噪声排放标准，并干扰他人正常生活、工作和学习的现象。

1）声源及其分类

声音是由物体振动产生并由介质传播的，这些振动的物体通常称为声源。物体振动产生的声能经由介质传播后被人所感知接受。因此声源、介质、接收器称为声学意义上的声音三要素。产生噪声的声源很多，依照产生机理来分类，可分为电磁性噪声、空气动力性噪声和机械噪声。依照噪声随时间的变化规律来划分，又可分成稳态噪声和非稳态噪声两大类。非稳态噪声中又有瞬时的、周期性起伏的、脉冲的和无规则的非稳定噪声之分。在环境影响评价中，声源按其辐射特性及其传播距离，可分为点声源、线声源和面声源三种声学类型。环境噪声是户外各种噪声的总称。按照产生的声源类别，环境噪声分为 5 种：①交通噪声。由各类交通运输工具在运行过程中产生的噪声都称作交通噪声。其中机动车辆运行在交通道路上发出的噪声称作道路交通噪声，道路交通噪声一般是城市中主要的声源。②工业噪声。工矿企业在生产活动中产生的噪声均称作工业噪声。③施工噪声。建筑施工活动过程中产生的噪声称作施工噪声，如推土机及施工现场的运输车辆声等。④生活噪声。商业、娱乐、体育竞技等活动以及生活用家电等产生的噪声均称作生活噪声。⑤其他噪声。不能列入以上四类的噪声则称为其他噪声，如鸟叫、蛙鸣、狗吠等。

2）噪声的传播

声波通常向周围空间呈发散性传播。噪声的传播通常需要三个要素：声源、传播途径、受声点。噪声在大气中传播时会出现发散、衍射、折射等现象，并且由于传播距离、空气吸收、阻挡物等出现衰减。

声波波长远大于声源尺寸或是受声点离开声源的距离比声源本身尺寸大得多时，可认为点声源或球面声源。点声源传播原理示意图见图 3-16。

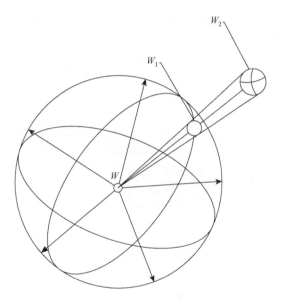

图 3-16　点声源传播原理示意图

W、W_1、W_2 表示声源

如噪声是以近似线状的形式向外传播的，即声源呈线性，此类声源可视为线声源。当许多点声源连续分布在一条直线上时，也认为该声源是线声源。线声源传播原理示意图见图 3-17。

体积较大的设备或地域性的噪声发生体等声源发出的噪声往往是从一个面或几个面均匀地向外辐射，此类声源均看作面声源。在近距离范围内，实际上是按点声源的传播规律向外传播。面声源传播原理示意图见图 3-18。

2. 综采工作面噪声环境概况

综采工作面工作设备多、设备功率高、空间闭塞，且矿井深度提高、机械化

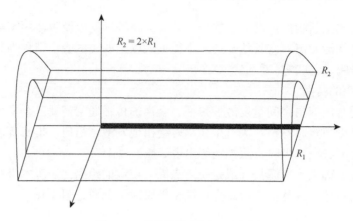

图 3-17　线声源传播原理示意图

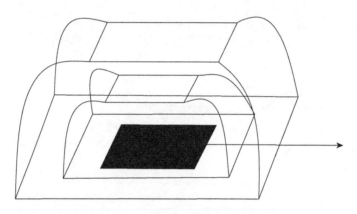

图 3-18　面声源传播原理示意图

程度深入以及矿井内气温变化显著，导致工作面噪声巨大。实测结果表明，在采煤机割煤时，距滚筒 1 m 处噪声的声压级为 92 dB，司机处是 88 dB，输送机机头处为 105 dB。

调研发现，工作面的噪声主要是由工作面的设备产生的。根据截煤理论的研究和试验，采煤机破碎煤岩体的过程中，工作机构在正常工作时所承受的载荷是变载荷，采煤机受随机载荷的作用，以及输送机底板不平度的影响都将引起采煤机振动噪声，此外，刮板输送机等机电设备在工作中也都引起振动噪声。

3.3.2　综采工作面噪声场模拟

科学家亥姆霍兹提出声学问题本质即波动方程，标志着现代声学的诞生，而它的快速发展则得益于计算声学的突破。新兴的数值模拟方法，使得对于能用偏微分方程描述的所有物理现象都可以用计算机进行模拟仿真。最早于 20 世纪 70 年代，国际上开始声学方面的模拟仿真软件开发。现如今计算机技术的演进使得软件的建模方法、计算方法和结果的精确度不断提升。COMSOL Multiphysics 能将任意耦合的偏微分方程转化为适当的形式以便于进行数值分析，进而通过有限元方法下的高效求解器进行计算。因此，不论是对声学问题的数值计算，还是与其他学科交叉问题的耦合分析，COMSOL Multiphysics 都具有得天独厚的优势。本节将利用 COMSOL Multiphysics 对井下综采工作面的噪声场进行数值模拟。

1. 连续性方程

连续性方程又称质量守恒定律，它表示介质中任一位置体积元中密度变化所引起的质量递增必等于流进和流出体积元的流量之差。三维声波的连续性方程如下所示：

$$\frac{\partial \rho}{\partial t} + \frac{\partial(\rho u)}{\partial x} + \frac{\partial(\rho v)}{\partial y} + \frac{\partial(\rho w)}{\partial z} = 0 \tag{3-43}$$

速度向量 $\boldsymbol{V} = \boldsymbol{i}u + \boldsymbol{j}v + \boldsymbol{k}w$，则式（3-43）可以表示为

$$\frac{\partial \rho}{\partial t} = \nabla \cdot (\rho \boldsymbol{V}) \tag{3-44}$$

式中，ρ 为密度；$\nabla = \boldsymbol{i}\dfrac{\partial}{\partial x} + \boldsymbol{j}\dfrac{\partial}{\partial y} + \boldsymbol{k}\dfrac{\partial}{\partial z}$ 为向量算子；u，v，w 分别为速度向量在 x，y，z 方向分量。

2. 运动方程

运动方程即牛顿第二定律，在体积元中流体的动量对时间求导所得值等于体积元所受外力的和。三维声波的运动方程如下所示：

$$\rho \left(\frac{\partial \boldsymbol{V}}{\partial t} + \boldsymbol{V}\nabla + \nabla p \right) = 0 \tag{3-45}$$

式中，$\boldsymbol{V}$、∇ 均为无向算子：$\boldsymbol{V}\nabla = u\dfrac{\partial}{\partial x} + v\dfrac{\partial}{\partial y} + w\dfrac{\partial}{\partial z}$。另一项 ∇p 是 ∇ 算子对无向量（标量）p 运算，成为一向量：

$$\nabla p = \boldsymbol{i}\frac{\partial p}{\partial x} + \boldsymbol{j}\frac{\partial p}{\partial y} + \boldsymbol{k}\frac{\partial p}{\partial z} \tag{3-46}$$

称为梯度，也可写作 grad p。

3. 物态方程

物态方程即热力学第一定律，声波通过时介质中的能量增加率等于介质中的热量交换值加上外力对介质所做的功。按照拉普拉斯的分析，声波气体的压力、

体积和热力学温度变化很快，热量来不及传出，所以略去介质的热传导过程，把介质的状态变化视为绝热过程。三维声波的物态方程与一维声波相同，即

$$\frac{\Delta p}{p_0} = \gamma \frac{\Delta \rho}{\rho_0}$$ （3-47）

式中，p_0 和 ρ_0 分别为空气的静态压力和密度；Δp 和 $\Delta \rho$ 分别为声压和密度的增量；γ 为空气的比热比，对于空气一般取 $\gamma = 4.1$。

4. 波动方程

由理想流体介质中的三个基本方程可以推导出三维声波中的波动方程为

$$\frac{\partial^2 \Phi}{\partial t^2} + \frac{\partial}{\partial t}(\nabla \Phi)^2 + \frac{1}{2}\nabla \Phi \cdot \nabla(\nabla \Phi)^2 = c^2 \nabla^2 \Phi$$ （3-48）

式中，Φ 为标量势，$\nabla \Phi = \boldsymbol{i}u + \boldsymbol{j}v + \boldsymbol{k}w$；$\nabla^2$ 为拉普拉斯算子，其表达式为 $\nabla^2 = \frac{\partial^2}{\partial x^2} + \frac{\partial^2}{\partial y^2} + \frac{\partial^2}{\partial z^2}$。

由于方程比较复杂，尚无通解，通常只取线性项，即可得

$$\frac{\partial^2 \Phi}{\partial t^2} = c_0^2 \nabla^2 \Phi$$ （3-49）

如果变量为正弦式的时间函数，波动方程即成为亥姆霍兹方程：

$$\nabla^2 p + k^2 p = 0$$ （3-50）

5. 声线方程

在封闭的空间中，声源会向外均匀散播声粒子，声粒子沿直线传播后与壁面的碰撞点依次相连形成的线称为声线。声线在物理中并不存在，而是用来指代声音传播方向的虚拟曲线。对波动方程求解可得

$$p(x,y,z,t) = A(x,y,z)\exp\left[jw\left(t - \frac{X}{c(x,y,z)}\right)\right]$$ （3-51）

$$X = x\cos\varphi + y\sin\varphi$$ （3-52）

式中，φ 为波法线与 X 形成的角。

设 $\Gamma(x) = \dfrac{X}{c}$，则可以转化为求声线速度的方程：

$$\frac{\mathrm{d}X}{\mathrm{d}t} = \boldsymbol{n}c + \boldsymbol{v} = \boldsymbol{v}_{\mathrm{ray}}$$ （3-53）

此式就是求声线速度的方程。其中 c 为声速；$\boldsymbol{v}$ 为风速；$\boldsymbol{n}$ 为与波阵面垂直的波法线方向的单位向量。

如果介质无整体运动而声速只与 X 有关，设声线的传播距离为 $\mathrm{d}s$，则有

$$\frac{\mathrm{d}}{\mathrm{d}s}\left(\frac{\partial \varGamma}{\partial y}\right) = \frac{\partial}{\partial x}\left(\frac{\partial \varGamma}{\partial y}\right)\frac{\mathrm{d}x}{\mathrm{d}s} + \frac{\partial}{\partial y}\left(\frac{\partial \varGamma}{\partial y}\right)\frac{\mathrm{d}y}{\mathrm{d}s} = \frac{\partial}{\partial y}\left(\frac{\partial \varGamma}{\partial x}\right)\cos\varphi + \frac{\partial}{\partial y}\left(\frac{\partial \varGamma}{\partial y}\right)\sin\varphi$$

$$= \frac{\partial}{\partial y}\left(\frac{\cos^2\varphi}{c} + \frac{\sin^2\varphi}{c}\right) = \frac{\partial}{\partial y}\left(\frac{1}{c}\right)$$

$$(3\text{-}54)$$

即可求得声线的传播距离，同理也可求得 $\dfrac{\mathrm{d}}{\mathrm{d}s}\left(\dfrac{\partial \varGamma}{\partial x}\right)$。

6. 物理模型构建

由于巷道长度 175 m，声源主要为综采工作面的相关机械设备，进风口与出风口处无声源为平面波辐射边界，使用声音在空气中的典型传播速度 343 m/s，参考压力 20 μPa 进行声场计算。综采工作面现场机械设备噪声学相关参数值详见表 3-2。

表 3-2　综采工作面现场机械设备噪声学相关参数值

名称	振幅/cm	振动频率/Hz
转载机	5	10
破碎机	10	10
采煤机	30	30
输送机	5	10

综采工作面不同区域的面积和吸声系数如表 3-3 所示。

表 3-3　顶板、底板、煤壁、采空区边界参数

名称	面积/m^2	吸声系数/(Np/m)
顶板	700	0.25
底板	700	0.25
煤壁	420	0.4
采空区	420	0.8

3.3.3　模拟结果及分析

为了充分模拟井下综采工作面现场实际温度场情况，本着科学计数原则，并结合实际条件，选取采煤机不同工作位置进行数值模拟，分别选择采煤机距进风口 25 m、50 m、75 m、100 m、125 m 和 150 m 六个工作位置，分别记为采煤机 A 点、采煤机 B 点、采煤机 C 点、采煤机 D 点、采煤机 E 点和采煤机 F 点，得到六组模拟结果，具体情况如图 3-19 所示。

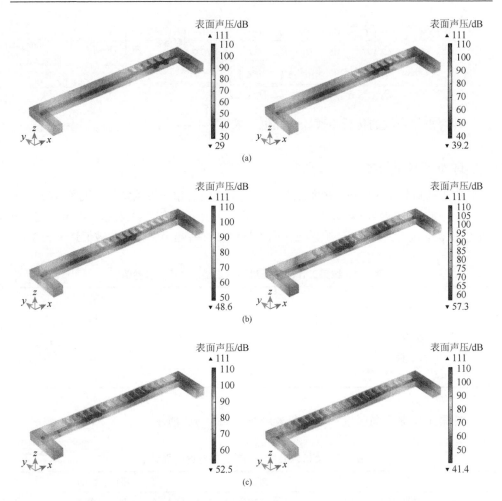

图 3-19　采煤机距进风口不同位置时综采工作面噪声场情况

采煤机距进风口：（a）25 m 和 50 m；（b）75 m 和 100 m；（c）125 m 和 150 m

　　由图 3-19 可以看出，井下综采工作面的噪声值最高为 110 dB，出现在采煤机设备位置处，且在采煤机附近存在高噪声区域。由于采煤机处于不断移动的状态，所以可以发现随着采煤机在综采工作面所处位置不同，综采工作面的高噪声区域也会发生比较明显的变化。巷道范围内也存在低噪声区域，最低声压级约为 45 dB，但由于巷道内机械设备较多，且声音在巷道内的反射情况复杂，并没有特定的低噪声位置，低噪声区域一般存在于远离机械设备位置。

　　为了更加明显地对整个综采工作面的噪声场进行观测、分析，选择多个观测点测取综采工作面不同区域噪声场具体数值，进而进行更加深入、准确的研究，观测点分别设置在出风口、进风口位置，除此之外在距离进风口 25 m、50 m、75 m、

100 m、125 m 和 150 m 位置处设置观测点，共计八个观测点，各个观测点在不同采煤机工作位置情况下的具体数值如图 3-20 所示。

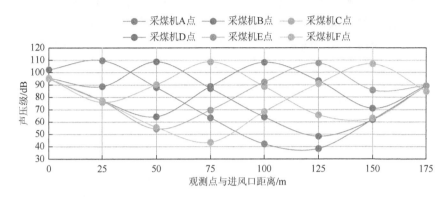

图 3-20　采煤机不同工作位置情况下综采工作面噪声场情况

　　可以很明显地看出，井下综采工作面采煤机不同工作位置条件下综采工作面的噪声场分布情况呈现出非常明显且相似的规律。在采煤机处于综采工作面中心偏向进风口一侧区域时，自进风口处至采煤机区域，噪声场数值不断增大，在采煤机处达到最大值。之后自采煤机至出风口处，噪声场数值会随着距离延长而逐渐减小，最终在采煤机和出风口中间某一点取得最小值，同时这一点也是整个综采工作面噪声声压级最低的一点。随着距出风口距离越来越近，噪声场数值逐渐增大，最终在出风口处取得最大值，但是其具体数值仍然小于采煤机附近区域和进风口附近区域。在采煤机处于综采工作面中心偏向出风口一侧区域时，噪声场分布情况具有类似于采煤机处于综采工作面中心偏向进风口一侧区域时的规律，有所不同的是，整个噪声场在采煤机和出风口中间某一点取得最小值，这是由于噪声场声压级大小受到声源传播距离的影响，与现场实际情况一致。

　　从噪声场模拟所得的具体声压级数值来看，随着采煤机工作位置的不同，噪声场声压级最大值变化并不明显，基本处于 110 dB 附近；但是噪声场声压级最小值有比较明显的变化，整体表现为：采煤机越靠近井下综采工作面两端区域，整个综采工作面的噪声场声压级最小值越低，声压级最低点于采煤机 A 点、观测点距进风口 125 m 附近区域取得，声压级为 38.436 dB。整体上井下工作面的噪声场声压级介于 40~110 dB 之间，噪声级别较高点集中于采煤机、进风口、出风口区域，与现场实际情况一致，现场具体工作中，可结合现场实际情况，在以上区域采取隔音降噪措施。

　　井下运行的机械设备是井下综采工作面主要声源，采煤机附近噪声污染情况尤其严重，该处也是井下综采工作面工作人员较为集中的区域，所以充分了解采煤机附近区域的噪声场情况尤为重要，为此，将不同采煤机工作位置条件下，采煤机附近 1 m 区域噪声数据提取出来，绘制成反映不同采煤机工作位置情况下综采工作面采煤机区域噪声场情况的散点图，添加相对应的趋势线，对不同采煤机工作位置情况下综采工作面采煤机区域噪声场情况进行更加深入的观测、分析。不同采煤机工作位置情况下综采工作面采煤机区域噪声场情况如图 3-21 所示。

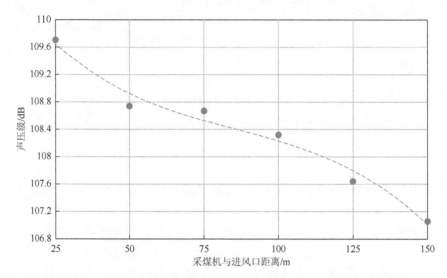

图 3-21　采煤机不同工作位置情况下综采工作面采煤机区域噪声场情况

从图 3-21 中可以看出，由于井下综采工作面机械设备分布环境及声音传播效应的影响，不同采煤机工作位置情况下综采工作面采煤机区域噪声声压级分布有一定的规律性，但是从声压级具体数值来看，采煤机附近区域的噪声场情况整体趋于稳定，采煤机附近噪声场声压级介于 107.06～109.71 dB 之间。

表 3-4 中所示为噪声作业级别及相应危害程度，由表中数据可以发现，长期在噪声的声压级高于 100 dB 条件下会对工作人员造成极其严重的危害。在井下综采工作面正常生产作业时，采煤机附近区域噪声声压级已经高于 100 dB，长期在采煤机附近工作的人员，生理方面会受到极大程度的伤害，因此，在此区域工作的人员必须采取必要的个人防护措施。

表 3-4　噪声作业级别及相应危害程度

噪声级别	声压级/dB	危害程度
1	$85 \leqslant L < 90$	轻度危害
2	$90 \leqslant L < 95$	中度危害

噪声级别	声压级/dB	危害程度
3	$95 \leq L < 100$	重度危害
4	$L \geq 100$	极重危害

3.3.4　试验验证

为了验证模拟结果的准确性，对模拟实验台——平煤天安一矿 31070 综采工作面现场环境噪声声压级进行实际测量。观测点布置方式与数值模拟时用于观测、分析的观测点设置方式相同，分别设置在出风口处、进风口位置，除此之外在距离进风口 25 m、50 m、75 m、100 m、125 m 和 150 m 位置处设置观测点，共计八个观测点，以便与数值模拟结果进行对比验证。

对应于数值模拟研究，在采煤机推进至距离进风口 25 m、50 m、75 m、100 m、125 m 和 150 m 时，对各测点的噪声声压级数据进行记录。为了保证数据测量的准确性，每组数据均重复测量三次，取其平均值作为最终数据。将所得到数据进行整理，得到可以反映 31070 综采工作面内噪声场情况的噪声声压级曲线，并与数值模拟所得结果进行对比验证，具体情况如图 3-22 所示。

由图 3-22 可以看出，井下综采工作面内采煤机处于不同工况位置条件下时，其噪声场的数值模拟值与现场实测值随位置变化规律基本保持一致，且模拟噪声

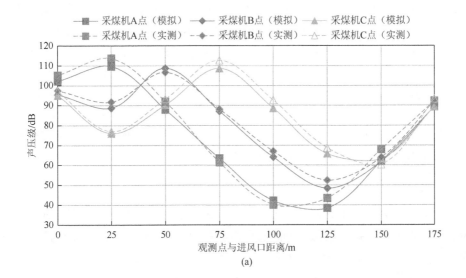

(a)

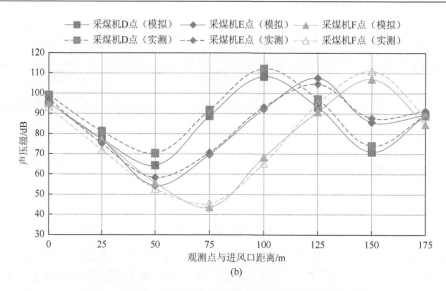

图 3-22　综采工作面噪声场现场实测值与数值模拟值对比

采煤机 A 点、采煤机 B 点、采煤机 C 点、采煤机 D 点、采煤机 E 点和采煤机 F 点分别指代采煤机位于距进风口
25 m、50 m、75 m、100 m、125 m 和 150 m 处六种情况

值与实测噪声值的偏差在 6 dB 以内，两者偏差不大，说明本研究的数值模拟方法准确可靠，可用于井下综采工作面噪声场分布规律的研究。

3.4　综采工作面照明环境数值模拟

本研究进一步将 DIALux 应用到综采工作面的照明模拟及运算中，结合平煤一矿综采工作面及其灯具布置参数，使用 DIALux 构建综采工作面照明模型，计算其照度水平，对照度水平进行分析，并提出优化方案。

3.4.1　DIALux 适用性分析

与地面建筑物照明不同，煤矿井下照明条件恶劣、照明灯具也具有特殊性，因此使用 DIALux 进行井下照明模拟需要分析其适用性[424]。

1. DIALux 照度计算方法

DIALux 中照度计算采用逐点计算法，该计算方法包括计算直接照射和间接照射两个部分。直接照射部分即来自于灯具的照射，间接照射部分是指光经过各表面的反射后照射到计算面上的部分。DIALux 按照自适应网格将每一个表面划分成许多网格，每一个网格都有一个方程式来计算自身表面吸收和反射的光，整个空间的所有网格组成一个方程组来计算每一个计算面的照度值。如果表面的某个位置照度值改变较为明显，则该位置会被分成较小的网格，因而具有较高的计算准确性。

在逐点计算中，已知光源到被照面的距离 R 或光源的安装高度 h 以及被照面的法线与入射光线的夹角 θ 时，光源在水平面上某点照度 E 的计算公式为

$$E = \frac{I_\theta}{R^2}\cos\theta = \frac{I_\theta \cos^3\theta}{h^2} \qquad (3\text{-}55)$$

在人工计算中，只有当灯具布置均匀、巷道和顶板反射率不高且空间无大型设备遮挡的情况下，才能使用系数法较准确地得到计算面上的平均照度 E_{av}：

$$E_{av} = \frac{N\phi UK}{A} \qquad (3\text{-}56)$$

式中，N 为光源数量；ϕ 为光源光通量；U 为利用系数；K 为灯具的维护系数；A 为计算面面积。

比较两种计算方法发现，人工计算通常不考虑光线的反射情况，只能粗略计算出计算面上的平均照度，无法精确得到空间各点的照度分布情况，从而进行照度设计和优化。而 DIALux 能够凭借其强大的计算功能，根据灯具的分布状况，精确地计算煤矿巷道中各点的照度，从而进行照度均匀度分析。

2. IES 插件制作

灯具或光源的空间光强分布函数 $I(C,\gamma)$ 可以用三维极坐标形象地表示出来，但为了实际使用方便，一般仅绘制几个特征 C 面上的极坐标图形，称为配光曲线。除了使用图形表示空间光强分布外，使用电子文档可以更详细地记录灯具空间光强分布数据，即 IES 文件。

当前，DIALux 提供的防爆灯具只有 Exd Ⅱ 类防爆灯，并没有煤矿专用的 Exd Ⅰ 类防爆巷道灯和矿灯，所以使用 DIALux 进行煤矿井下照明模拟必须制作相关灯具的 IES 文件，然后导入 DIALux 软件中。IES 文件可以直接使用记事本等文本编辑器编辑，其文件格式如下：

- IESNA：LM-63-2002
- [Keyword]关键字资料
- TILT = NONE
- 〈光源数量〉〈每只光源的光通量〉〈光强的乘数因子〉〈垂直角度的数量〉〈水平角度的数量〉〈配光曲线种类〉〈单位的种类〉〈发光面宽〉〈发光面长〉〈发光面高〉
- 〈镇流器系数〉〈未来使用系数〉〈输入功率〉
- 〈垂直角度数列〉

- 〈水平角度数列〉
- 〈所有第一行水平角度的光强值数列〉
- ......
- 〈所有最后一行水平角度的光强值数列〉

本书中使用的 DGS24/127L（A）矿用隔爆型 LED 巷道灯的配光曲线如图 3-23 所示。

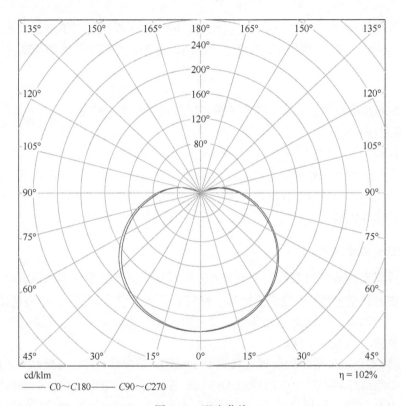

图 3-23　配光曲线

3.4.2　煤矿巷道照明模拟

1. 巷道模型建立

本研究以平煤一矿为模拟对象，该综采工作面为长方体空间，宽 5 m，高 3 m，净断面 15 m²，灯具布置在液压支架上，纵向间距约为 15 m/盏。在 DIALux 户外场景中通过插入标准组件构建 115 m 长封闭的长方体巷道模型，巷道横截面和立体模型如图 3-24 所示。

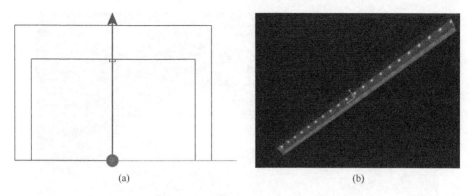

图 3-24　巷道横截面及立体模型图

（a）巷道横截面；（b）巷道立体模型

2. 巷道反射比设置

反射比是指垂直入射光经过物体光面反射过后的反射光强（I_r）与入射光强（I_i）之比，煤矿综采工作面四周煤壁反射比约为 8%。对巷道材质和表面反射比进行设置，选择煤灰材质，巷壁反射比设为 8%。

3. 灯具布置方案

灯具布置方案分组情况见表 3-5，空间图如图 3-25 所示。11 种灯具布置方案中，方案 1 模拟平煤一矿综采工作面真实的照明方式；方案 2～11 在方案 1 的基础上，研究灯具安装距离对照明效果的影响。灯具的型号和性能参数见表 3-6。

表 3-5　灯具布置方案分组情况

方案分组	灯具规格/W	灯具间距/m	灯具离地间距/m
方案 1	20	15	2.9
方案 2	20	14	2.9
方案 3	20	13	2.9
方案 4	20	12	2.9
方案 5	20	11	2.9
方案 6	20	10	2.9
方案 7	20	9	2.9
方案 8	20	8	2.9
方案 9	20	7	2.9
方案 10	20	6	2.9
方案 11	20	5	2.9

图 3-25　灯具布置空间图

表 3-6　灯具参数

型号	光通量/lm	输入功率/W	发光面长/m	发光面宽/m	发光面高/m
DGS24/127L（A）	1704	20.5	0.424	0.177	0.077

4. 计算区域设置

在以上 11 种模拟方案中，115 m 长的巷道中灯具的数量不相等。为避免灯具数量对计算结果的干扰，单一研究灯距对照明效果的影响，选取相邻三盏灯之间地面为计算面。如图 3-26 所示，方案 1 中选择灯 3 至灯 5 之间的 30 m 路面为计算面并输出报表；方案 2 中选择灯 4 至灯 6 之间的 28 m 路面为计算面并输出报表；方案 3~11 中计算面的选择同以上方法。

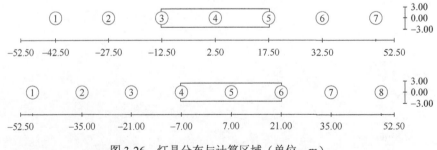

图 3-26　灯具分布与计算区域（单位：m）

3.4.3　模拟结果分析

对方案 1～11 的模拟结果进行整理，得到不同灯具安装距离下综采工作面的照度及照度均匀度，结果见表 3-7。

表 3-7　各方案的照度及照度均匀度

	安装距离/m	平均照度/lx	最小照度/lx	最大照度/lx	照度均匀度
方案 1	15	9.86	1.83	36	0.386
方案 2	14	11	2.21	36	0.409
方案 3	13	11	2.69	36	0.437
方案 4	12	12	3.33	36	0.471
方案 5	11	13	3.10	36	0.506
方案 6	10	15	5.12	36	0.548
方案 7	9	16	6.47	37	0.597
方案 8	8	18	8.26	37	0.651
方案 9	7	21	11	38	0.709
方案 10	6	24	14	40	0.761
方案 11	5	29	17	43	0.802

不同方案照度均匀度情况如图 3-27 所示，不同方案平均照度情况如图 3-28 所示。

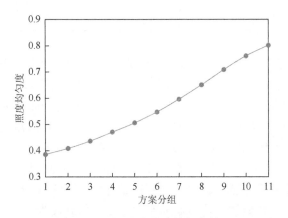

图 3-27　不同方案照度均匀度情况

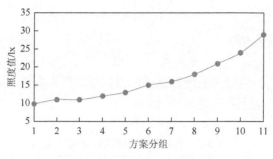

图 3-28　不同方案平均照度情况

1. 原巷道照明模拟分析

在 GB 50215—2015《煤炭工业矿井设计规范》中给出了井下固定照明地点的照度标准，见表 3-8。规范中虽然没有给出综采工作面的照度标准，但作业面的照度值应大于非工作面照度值，所以综采工作面照度值不应小于 15 lx。由表 3-7 知，原巷道照明方案的路面最小照度和平均照度分别达到了 1.83 lx 和 9.86 lx，平均照度未达到作业面照度值标准。

表 3-8　井下固定照明照度

序号	照明地点	照度值/lx	序号	照明地点	照度值/lx
1	主变（配）电所	30	7	信号站、调度室	50
2	主水泵房	15	8	候车室	20
3	机电硐室	20	9	保健室	75
4	电机车库	15	10	井底车场附近	15
5	爆破材料库：发放室	30	11	运输巷道	5
	存放室	15	12	巷道分岔点	10
6	翻车机硐室	15	13	专用人行道	5

衡量照明质量时不仅要考虑到照度值的大小，还要考虑到照度的均匀度，照度均匀度是指规定表面上的最小照度与平均照度之比。照度均匀度是仅次于平均照度的重要照明指标，照度均匀度低，为了适应不均匀的照明环境，视觉器官频繁调节，容易造成视力疲劳，进而导致工作效率降低。我国建筑照明设计标准对照度均匀度做了以下规定：采用一般照明时，公共建筑内工作房间和工业建筑的作业区的照度均匀度应大于 0.7，与作业面相邻空间的照度均匀度不应小于 0.5。工作房间内交通区域和储藏区的平均照度值不宜低于作业区一般照明照度值的 1/3。由表 3-7 知，原巷道照明方案的路面照度均匀度仅为 0.386，远远低于工业建筑的作业区照度均匀度标准。

通过对原综采工作面的平均照度值和照度均匀度进行分析，发现原照明方案未达到煤炭工业矿井设计规范和建筑照明设计标准的相关规定，不利于保证生产安全。因此，有必要减小灯具安装距离，增加工作面中矿灯安装数量，从而提高工作面的照度。

2. 改进后巷道照明模拟分析

由表 3-7 知，随着灯具安装距离的缩短，巷道中的平均照度和照度均匀度等指标明显提高。当灯具安装距离为 10 m 时（方案 6），平均照度达到 15 lx，达到工作面最低照度标准，但是照度均匀度仍为 0.548，工作面上的照度均匀性较差。当灯具安装距离为 7 m 时（方案 9），平均照度达到 21 lx，满足工作面照度需求，较原照度值 9.86 lx 提高了一个等级（照度标准值按 0.5 lx、1 lx、3 lx、5 lx、10 lx、20 lx、30 lx、50 lx、75 lx、100 lx、150 lx、200 lx、300 lx、500 lx、750 lx、1000 lx、1500 lx、2000 lx、3000 lx、5000 lx 分级）；照度均匀度达到 0.709，相比于原巷道照度均匀度 0.386 有显著提升（照度均匀度最大值为 1）。

原工作面照明方案 1 和改进后方案 9 的巷道照明伪色图和等照度曲线分别如图 3-29 和图 3-30 所示。

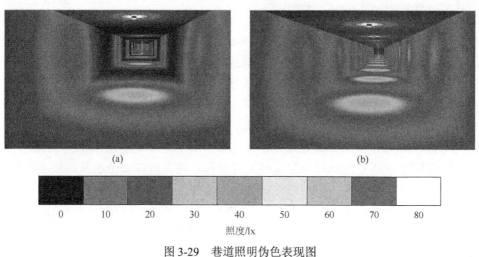

图 3-29　巷道照明伪色表现图

（a）方案 1；（b）方案 9

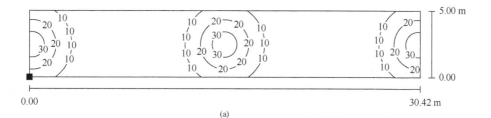

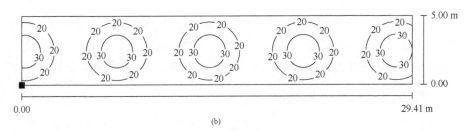

图 3-30　灯具等照度曲线

(a) 方案 1；(b) 方案 9

照明对人类的生产活动有着非常重要的影响。人们通过视觉对象获得必要的信息，之后才能进行有效的生产活动，而照明则是提供良好视觉条件的手段。煤矿是一个非常特殊的照明场所，没有自然光的照射，且煤矿本身就属于一个危险系数比较高的工作场所，所以煤矿井下对照明条件的要求尤为苛刻。煤矿井下综采工作面作为煤矿整个生产环节中最为重要的一个环节，该区域工作人员集中且工作区域危险性系数最高，所以更需要良好的照明条件。井下工作对于照明的依赖性比较强，相对地面上的企业，煤矿井下照明时间至少需要延长一倍以上，部分煤矿企业每天可以达到 24 h 照明。从图 3-29 和图 3-30 可以看出，灯距为 7 m 时，工作面照明均匀度提高，较好的照明均匀度，可以使井下综采工作面内作业人员更容易地适应综采工作面内的照明环境，避免了作业人员视觉器官因照明亮度不均匀而进行频繁调节，避免造成视力疲劳，进而有效提高生产作业的安全性和工作效率。此外，缩小井下综采工作面内照明灯具的距离，还使得巷道中灯光照射盲区减小（黑色区域面积减小），即最小照度值提高，井下综采工作面内的灯光照射盲区常常就是工作场所内安全隐患区，这些区域由于照明不到位，常常使得一些安全隐患不容易被及时发现，进而造成安全事故的概率增加，影响煤矿井下生产作业的安全进行。因此，依据方案 9 中所采用的照明灯具布置方案，再结合煤矿井下实际情况，对井下综采工作面内照明灯具进行合理的布置，可以有效提高井下综采工作面内的照明条件，保障煤矿井下生产作业的安全进行。

3.5　小　　结

本章主要根据综采工作面现场实际情况，分别对综采工作面内的风速场、风压场、湿度场、温度场、噪声场和照明场进行了数值模拟，得到如下结论：

（1）根据井下综采工作面现场工作的实际情况，并结合温度场分布情况对井下综采工作面的温度场情况进行了数值模拟，得到多组温度场分布。采煤机工作位置不同的情况下综采工作面采煤机附近 1 m 区域温度场数值变化幅度不大，整体处于 33.693～34.819℃范围之内。

（2）根据井下综采工作面现场工作的实际情况，分别对井下综采工作面内的空气流动速度、风压和湿度场三个方面进行了模拟，结果发现随着采煤机位置的变化，综采工作面湿度场分布情况呈现较为规律性的变化。综采工作面的湿度整体介于 82%～98%之间，属于高湿环境，最大值出现在采煤机附近区域，相对湿度接近 98%。

（3）噪声场分布情况受到机械设备分布和巷道布局环境的共同影响，通过模拟可以发现：工作面整体的噪声场声压级介于 40～110 dB 之间，噪声声压级最高点在采煤机附近区域，噪声声压级接近 110 dB。此外，进风口与出风口区域噪声声压级同样处于较高位置，与现场实际情况一致，现场具体工作中，可结合现场实际情况，在以上区域采取适当的隔音降噪措施。

（4）打破单纯依靠经验或复杂的公式计算的传统，结合平煤一矿综采工作面及其灯具布置参数，使用照明计算软件 DIALux 对其工作面照明进行模拟计算，分析其照度水平并提出 10 种改进方案进行比较，进而发现通过减小灯具安装间距，增加灯具数量，平均照度和照度均匀度能够显著提高，从而达到优化巷道照明的效果，有利于对煤矿井下照明进行合理的布局和优化。

第4章　温度对人影响的试验研究

4.1　试　验　设　计

4.1.1　选择温度为单一变量

在实验室模拟综采工作面复杂条件，只有温度是相对可控的，同时考虑到受试者需要在一定的温度条件下适应一段时间，因此选择温度为单一变量。再加上整个实验过程需要测量人体血压和心率，为了避免运动带来的影响，在实验室条件下，整个试验过程中受试者均保持静止状态，由主试者进行温度调节和配合测试血压、心率、体温和反应时间。

4.1.2　温度范围和试验时间的确定

结合平煤一矿反馈的实际监测数据，以及参考煤矿作业操作规程，温度范围定在 6~30℃。鉴于这个因素，整个实验室的试验选择在冬季进行，试验的前一天晚上打开所有窗户让室内温度跟室外温度相差不大，到第二天早晨让受试者如期到达实验室，从 4℃左右开始逐渐升温和控温，整个试验需要 5h。分别控制温度到 12℃、16℃、20℃、23℃、26℃、29℃，在每个温度上下保持 15min 左右，然后对每个受试者进行生理指标的测定。

4.1.3　受试者选择

分三大组进行试验，分别为本科生组、硕士生组和博士生组。

所选受试者均无高血压、心脏病等严重疾病，身体健康，无不良嗜好，且自愿参加试验，试验前一天晚上均无抽烟、喝酒和饮用咖啡等影响试验结果的现象。所选受试者均为在学校征集的志愿者，试验结束会给予一定的纪念品作为感谢，整个试验过程受试者没有人厌烦，都很配合主试者的工作。受试者年龄分布合理，本科生平均在 21 岁左右，硕士生平均年龄在 23 岁左右，博士生平均年龄在 28 岁左右。该试验总共选择本科生组 5 人、硕士生组 6 人和博士生组 4 人。受试者的基本情况如表 4-1 所示。

表 4-1　实验室受试者基本情况统计表

受试者序号	年龄/岁	组别	身高/cm	体重/kg
1	23	本科生	170	72
2	22	本科生	170	68
3	23	本科生	171	66
4	24	本科生	178	68
5	23	本科生	176	62
6	27	硕士生	174	66.5
7	23	硕士生	174	70
8	24	硕士生	172	62.5
9	24	硕士生	178	80
10	25	硕士生	174	82
11	25	硕士生	173	80
12	32	博士生	171	70
13	26	博士生	182	71
14	27	博士生	167.5	80
15	27	博士生	165	66

4.1.4　试验平台搭建

在实验室搭建试验平台，模拟综采工作面复杂环境，在有限空间内（一间实验室）用三个电暖扇（每个功率 2000 W）和一个 3P[①] 的立式空调进行升温，另外用两个加湿器连续工作加湿空气，头天晚上在实验室洒大量的水来使空气湿度达到 60% 以上。用多导生理记录仪进行脑电、心电的监测，用两个温湿度计进行温湿度的监测，同时做好记录。另外配有机械秒表、电子血压计和水银血压计及医疗用水银体温计若干。

4.1.5　试验仪器选择

采用美国 BIOPAC 公司生产的 MP150 型 16 通道多导生理记录仪记录脑电信号和心电信号，如图 4-1 所示。根据《美国睡眠医学会睡眠及其相关事件判读手册：规则、术语和技术规范》，脑电数据选取 30 s 一个点进行分析。选择鱼跃牌

---

① 1 P = 735 W

水银血压计测定受试者的血压，同时用欧姆龙的电子血压计进行对比。秒表是实验室购置的沙逊机械秒表，用来测定心率的时候记录时间。体温计选择鱼跃牌水银体温计，购置 15 个备用，保证同组受试者同时进行测量，减少不必要的误差。身高体重仪是人机实验室配备的高精度仪器。温湿度计同时监测温度和湿度。空调是专门安装的 3P 格力立式空调，电暖扇采用 3 个最高功率 2000 W 的加热取暖扇，配备两个大功率加湿器。

图 4-1　MP150 型多导生理记录仪

4.2　试　验　过　程

每次正式试验开始前每个受试者和主试者熟悉试验流程，严格按照试验流程进行试验：

（1）贴电极片，同时向每人发一张被试信息记录表，填写个人信息，然后统一交给负责人；

（2）负责人负责量血压、体温，同时记录相关数据；

（3）受试者全部静坐在实验室环境下持续 10min（在这个过程中量测血压和体温，同时测量反应时间）；

（4）开始依次采集脑电、心电数据，每个受试者采集 2min 数据；

（5）调节室温至下一个试验温度条件，循环（2）～（4）。

注意事项：在整个过程中尽量保持安静，手机调成静音，电话到实验室外面接听，测量脑电、心电时手机交付他人保管。

4.3　数据分析

4.3.1　试验数据整理预处理

每一个受试者的试验数据分别被记录到为他们提前准备的表格里，把所有数据汇总到 Excel 表格里，并且需要经过初步筛选和整理，形成适合 SPSS 软件分析的样式，导入 SPSS 软件进行统计分析。

4.3.2　单因素方差分析

为保证准确性，根据有关法则对原始数据进行筛选，剔除极端数据。每种生理指标的剔除量均未超过 5%。

1. 描述性统计

用 SPSS 对数据进行描述性统计分析，结果如表 4-2 所示。

表 4-2　描述性统计

项目	收缩压/mmHg	舒张压/mmHg	体温/℃	心率/(次/min)	反应时间/s
有效数据个数	84	85	87	87	85
丢失数据	6	5	3	3	5
标准偏差	10.263	10.236	0.3590	8.990	0.0214892
均值	114.94	77.92	36.414	72.37	0.271631
最小值	92	58	35.3	57	0.2202
最大值	134	100	37.2	94	0.3162

2. 正态性检验

对不同生理指标用 SPSS 进行单样本 K-S 检验，结果如表 4-3 所示。可以看出，K-S 检验中，收缩压、舒张压、体温、心率和反应时间的 Z 值分别为 1.074、1.014、1.038、0.662、0.797，P 值（Sig.双尾检验）结果分别为 0.199、0.255、0.232、0.773、0.549，均大于 0.05，因此各个生理指标呈正态分布。

表 4-3　各生理指标 K-S 检验

		收缩压	舒张压	体温	心率	反应时间
	N	84	85	87	87	85
正态参数[a]	均值	114.94	77.92	36.414	72.37	0.271631
	标准偏差	10.263	10.236	0.3590	8.990	0.0214892
最大差异	绝对值	0.117	0.110	0.111	0.071	0.086
	正	0.082	0.107	0.106	0.071	0.067
	负	−0.117	−0.110	−0.111	−0.053	−0.086
	Kolmogorov-Smirnov Z	1.074	1.014	1.038	0.662	0.797
	双侧近似概率（P 值）	0.199	0.255	0.232	0.773	0.549

a. 测试分布是正态的。

3. 不同温度条件下方差分析

假设不同温度水平下，各生理指标所属总体的均值没有显著差异性。

（1）以温度作为变化因素，通过 SPSS 对各生理指标的描述性进行统计分析，统计结果如表 4-4 所示。可以看出各生理指标在不同温度水平上的数据个数、均值、标准偏差、标准误差、95%置信区间以及最大值和最小值。

表 4-4　不同温度条件下各生理指标描述性统计

指标	温度/℃	N	均值	标准偏差	标准误差	95%置信区间 下限	95%置信区间 上限	最小值	最大值
收缩压	12	15	119.73	7.235	1.868	115.73	123.74	108	132
	16	14	113.29	7.226	1.931	109.11	117.46	100	125
	20	15	113.93	12.550	3.240	106.98	120.88	92	132
	23	15	114.87	9.804	2.531	109.44	120.30	96	130
	26	14	111.29	12.887	3.444	103.85	118.73	92	134
	29	11	116.64	10.023	3.022	109.90	123.37	98	134
	总计	84	114.94	10.263	1.120	112.71	117.17	92	134
舒张压	12	15	77.80	11.977	3.093	71.17	84.43	58	100
	16	15	78.47	11.643	3.006	72.02	84.91	58	92
	20	14	75.07	8.471	2.264	70.18	79.96	62	90
	23	14	77.71	9.635	2.575	72.15	83.28	65	98
	26	14	78.36	10.580	2.828	72.25	84.47	60	94
	29	13	80.23	9.610	2.665	74.42	86.04	70	100
	总计	85	77.92	10.236	1.110	75.71	80.13	58	100

指标	温度/℃	N	均值	标准差	标准误	95%置信区间		最小值	最大值
						下限	上限		
体温	12	15	36.413	0.5181	0.1338	36.126	36.700	35.3	37.2
	16	14	36.314	0.3759	0.1005	36.097	36.531	35.7	37.0
	20	15	36.347	0.3603	0.0930	36.147	36.546	35.6	36.9
	23	14	36.471	0.2813	0.0752	36.309	36.634	36.1	37.0
	26	15	36.500	0.2952	0.0762	36.337	36.663	36.1	37.0
	29	14	36.436	0.2845	0.0760	36.271	36.600	36.0	36.8
	总计	87	36.414	0.3590	0.0385	36.337	36.490	35.3	37.2
心率	12	14	73.21	9.258	2.474	67.87	78.56	59	94
	16	13	71.54	7.827	2.171	66.81	76.27	58	86
	20	15	71.60	9.455	2.441	66.36	76.84	60	94
	23	15	72.33	9.883	2.552	66.86	77.81	58	90
	26	15	73.13	9.709	2.507	67.76	78.51	57	88
	29	15	72.33	8.966	2.315	67.37	77.30	59	87
	总计	87	72.37	8.990	0.964	70.45	74.28	57	94
反应时间	12	15	0.277227	0.0285780	0.0073788	0.261401	0.293053	0.2202	0.3162
	16	11	0.274400	0.0115291	0.0034762	0.266655	0.282145	0.2522	0.2898
	20	15	0.274947	0.0225403	0.0058199	0.262464	0.287429	0.2328	0.3136
	23	15	0.264747	0.0203057	0.0052429	0.253502	0.275992	0.2328	0.2976
	26	14	0.271429	0.0152117	0.0040655	0.262646	0.280212	0.2472	0.2964
	29	15	0.267760	0.0246088	0.0063540	0.254132	0.281388	0.2304	0.2970
	总计	85	0.271631	0.0214892	0.0023308	0.266995	0.276266	0.2202	0.3162

（2）方差齐性检验结果如表 4-5 所示，可以得到，收缩压的 Sig. = 0.022＜0.05，反应时间的 Sig. = 0.015＜0.05，说明二者对不同温度水平下总体的均值方差有显著性差异，不具有齐性，认为各温度水平下总体方差不相等。而舒张压、体温、心率的 P 均大于 0.05，说明支持原假设，对不同温度水平三者的总体均值方差齐性不显著，具有方差齐性特征，认为各温度水平下总体方差相等。

表 4-5　不同温度条件下各生理指标方差齐性检验

	Levene 统计量	df1	df2	Sig.
收缩压	2.807	5	78	0.022
舒张压	0.413	5	79	0.838
体温	0.975	5	81	0.438
心率	0.323	5	81	0.898
反应时间	3.026	5	79	0.015

（3）单因素方差分析结果如表 4-6 所示，收缩压的显著性 Sig. = 0.325＞0.05，舒张压的显著性 Sig. = 0.880＞0.05，体温的显著性 Sig. = 0.730＞0.05，心率的显著性 Sig. = 0.994＞0.05，反应时间的显著性 Sig. = 0.622＞0.05，可以看出原假设正确，即不同温度水平下各生理指标的均值不具有显著性差异，但是不能说没有统计学意义。

表 4-6　不同温度水平下各生理指标单因素方差分析

生理指标		平方和	df	均方	F	Sig.
收缩压	组间	616.843	5	123.369	1.184	0.325
	组内	8125.860	78	104.178		
	总数	8742.702	83			
舒张压	组间	190.983	5	38.197	0.350	0.880
	组内	8609.441	79	108.980		
	总数	8800.424	84			
体温	组间	0.371	5	0.074	0.561	0.730
	组内	10.713	81	0.132		
	总数	11.083	86			
心率	组间	36.642	5	7.328	0.086	0.994
	组内	6913.588	81	85.353		
	总数	6950.230	86			
反应时间	组间	0.002	5	0.000	0.704	0.622
	组内	0.037	79	0.000		
	总数	0.039	84			

4.3.3　不同温度条件下的曲线拟合

1. 收缩压散点图

将不同温度水平下收缩压的均值散点图通过 SPSS 绘制出来，并连成折线图，如图 4-2 所示。可以直观地看出收缩压随温度的变化呈二次函数，26℃是一个转折点。

2. 收缩压曲线图绘制

由散点图可以看出收缩压随温度的递增符合二次曲线,通过SPSS进行曲线拟合,该模型得到的复相关系数 $R = 0.787$,判定系数 $R^2 = 0.619$,R 的修正值 $= 0.365$,标准误差 $= 2.591$。单因素方差分析 $F = 2.435$,Sig. $= 0.235 > 0.05$,该回归方程从统计学上讲没有显著性,但是不能说不具有统计学意义。建立回归方程,如图 4-3 所示,得到的二次曲线方程为:$SBP = 143.852 - 2.729T + 0.06T^2$,其中,SBP 为收缩压(mmHg),$T$ 为温度(℃),可以看出当 $T = -b/2a = 22.74$℃时,曲线取最小值。

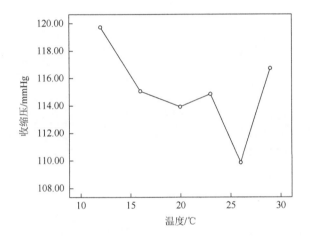

图 4-2 不同温度水平下收缩压均值折线图

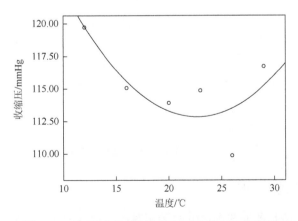

图 4-3 不同温度条件下收缩压形成的二次曲线图

3. 其他生理指标均值随温度变化散点图

同理，可得其他生理指标均值随温度变化散点图，如图 4-4 所示。舒张压随温度的升高先降低然后升高，在 20℃处达到最低点；体温随温度的升高先降低，然后突然升高再降低，在 20℃降到最低；心率整体来看随温度的升高而降低；反应时间的长短随温度的升高先降低再升高而后再降低，在 23℃处达到最短。从散点图的分布来看，舒张压符合二次曲线，体温符合三次曲线，心率分布大致接近反函数曲线，反应时间总体符合二次曲线。

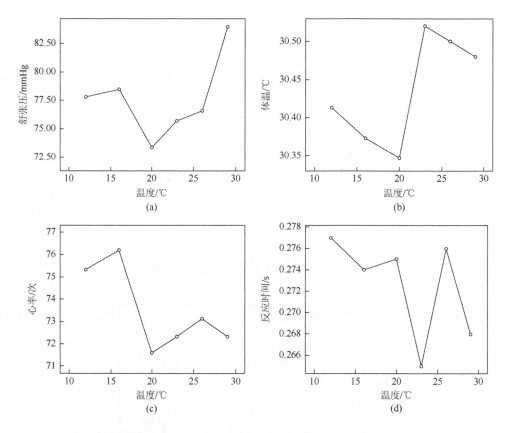

图 4-4　生理指标均值随温度变化的散点图

4. 其他各曲线图绘制

同前面方法绘制各曲线图，并得到相对应的拟合曲线，如图 4-5 所示。各模型得到的复相关系数 R、判定系数 R^2、R 的修正值、标准误差，单因素方差分析得到的 F、Sig. 结果见表 4-7。

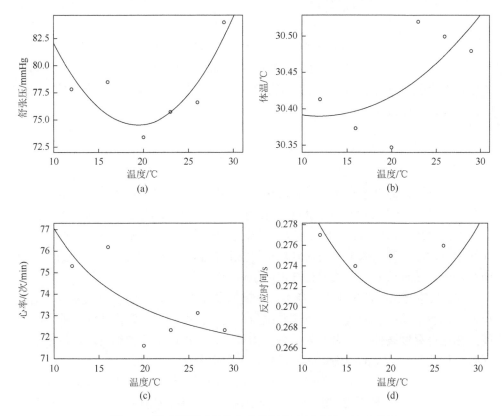

图 4-5　温度不同时其他生理指标拟合形成的二次曲线图

表 4-7　其余各生理指标拟合曲线的相关评价值

指标	复相关系数 R	判定系数 R^2	R 修正值	标准误差	F	Sig.
舒张压	0.854	0.730	0.549	2.383	4.047	0.141
体温	0.671	0.451	0.084	0.068	1.230	0.407
心率	0.742	0.550	0.437	1.388	4.886	0.092
反应时间	0.548	0.300	−0.400	0.006	0.428	0.700

所得拟合曲线方程如下：

$$DBP = 106.943 - 3.356\,T + 0.087\,T^2 \qquad (4\text{-}1)$$

式中，DBP 为舒张压，mmHg；T 为空气温度，℃，当 $T = -b/2a = 19.287$℃时，为最小值。

$$BT = 36.454 - 0.01T + 0.0004T^2 \qquad (4\text{-}2)$$

式中，BT 为人体体温，℃；T 为空气温度，℃；当 $T = -b/2a = 12.5$℃时，为最小值。

$$HR = 69.566 + 75.337/T \qquad (4\text{-}3)$$

式中，HR 为心率，次/min；T 为空气温度，℃，随 T 的升高，心率降低。

$$RT = 0.308 - 0.004T + 8.362 \times 10^{-5}T^2 \qquad (4\text{-}4)$$

式中，RT 为反应时间，s；T 为空气温度，℃；当 $T = -b/2a = 23.918℃$ 时，反应时间最少，反应最快。

4.4　讨　　论

（1）从不同温度水平下收缩压均值的折线图可以看出，在实验室模拟条件下室温为 26℃ 是一个突变点，在 23℃ 是转折点，说明从收缩压出发，人体的适宜环境温度是 20~23℃。同时 26℃ 作为一个转折点，说明 26℃ 附近某个温度开始人体开始不适应，开始调整自身对环境的适应性，到下一个转折点，又落到了拟合曲线附近，结合试验实测数据充分说明了这一点。

（2）从拟合出的曲线来看，当实验室模拟温度在 22.74℃ 的时候收缩压取到最小值，说明依据拟合曲线，只考虑收缩压，这个温度是最适宜作业人员的环境温度，在这个温度条件下，人血管所受压力最小，每次心脏的搏动消耗体能最少。同时给相关单位以及部门确定人体适宜温度提供数据和理论支撑。

（3）从不同温度水平下舒张压均值的折线图可以看出，在实验室模拟条件下室温为 23℃ 是一个转折点，在 20℃ 之前随温度的升高舒张压降低，说明低温条件下人要通过加速血液流通来维持住体温与外界温度的平衡，温度越低，血管壁受到的压力越大。当到达最低点，随着温度的升高，收缩压又逐渐增大，说明当环境温度高于适宜温度，人体要通过自身的调节开始维持新的平衡。

（4）从拟合出来的舒张压随温度变化的曲线来看，当实验室模拟温度在 19.287℃ 时舒张压取到最小值，说明只考虑舒张压，这个温度是最适宜作业人员工作的环境温度，在这个温度条件下，人的血管壁所受压力最小，每次心脏的搏动消耗的能量最少。

（5）从不同温度水平下体温、心率、反应时间的折线图分别可以看出，20℃ 是一个转折点，在 20℃ 之前体温随温度的升高而降低，然后突变升高，随着温度的升高而再次降低；心率随温度的升高总体上呈降低的趋势，反应时间在 23℃ 取到最小值，说明心率随着外界温度的升高而降低，人体的新陈代谢跟心率相关，外界温度越低，所需要维持体温的能量越多，心跳自然越快，从试验数据上能看出这个规律；从反应时间能够看出适宜温度有利于加快人的反应速度，人处于适宜温度条件下，警觉性比较高。

（6）根据拟合出来的体温-温度曲线、心率-温度曲线和反应时间-温度曲线，外界温度 23.918℃ 为最适宜的温度，当外界温度为 23.1918℃，心率接近最低，体温适宜，反应时间最短，人的警觉性最高，失误率最低，有利于生产效率的提高，降低事故发生的概率，提高人的可靠性，说明适宜温度有利于作业人员的健康和安全，能给生产带来更好的效益，为社会创造更多的价值，为安全带来更高的保障。

根据上文的数据分析与讨论得到如下结论：

（1）在一定环境的温度变化范围内，收缩压和舒张压随着环境温度的升高先降低后升高，根据曲线可以得出人体适宜的温度范围为 19～23℃；

（2）在一定温度变化范围内，体温随着外界环境温度的升高整体升高，23℃左右是一个转折点，在转折点之前跟环境温度负相关，在转折点之后跟环境温度正相关；

（3）在一定温度变化范围内，心率随着环境温度的升高而降低；

（4）23℃附近人的反应时间最短，说明这个温度条件下人的警觉性最高，这个环境温度能够提高操作的可靠性，降低失误率，提高生产的安全性。

4.5　小　　结

本章主要论述了实验室模拟温度变化条件下人体生理特征变化规律，分析了温度作为可控变量的原因，选取温度作为单一变量。根据实验室条件确定几个温度值作为可控值，介绍了在学校实验室参加试验的被试者的选取以及基本情况，总共选取三大组被试者，分别是本科生组、硕士生组和博士生组。

（1）介绍了试验平台的搭建情况以及仪器的选择，在有限的资源下设计出比较严密的试验，介绍了整个试验的思路以及逻辑可行性；详细给出了试验的整个过程，整个试验显得紧凑和严密。

（2）用单因素方差分析对试验数据进行处理，并且拟合出不同温度条件下不同生理指标的变化曲线，得到了不同生理指标随温度变化的函数曲线，根据折线图和函数曲线得到各个生理指标随温度变化的规律，也得到了函数模型。通过分析讨论得到适宜温度的温度范围，以及提出在适宜温度条件下对作业人员以及生产效率的重大意义。

第5章 噪声对人视觉认知影响的试验研究

5.1 视觉认知随噪声暴露时间变化的试验设计

从听觉和视觉的角度，针对不同暴露时间的状态，对噪声组和对照组进行了试验研究，下面主要介绍具体的试验设计和试验仪器。

5.1.1 受试者

考虑到针对受试者在噪声中随着暴露时间的增加而引起眼动特征变化的单因素分析，要避免年龄差距大而影响结果的有效性。为保证试验数据的合理性，70名受试者均来自学校的 2015 级安全工程专业本科生，年龄相差不大，平均年龄为20.8 岁，矫正视力正常，色觉正常，并通过听觉测试测得听力均正常。随机平均分成两组，分别是进行综采工作面噪声试验的噪声组和无声音干扰试验的对照组。

5.1.2 试验材料

噪声有很多类型，不同类型的噪声对人体影响也不同。综采工作面噪声与其他行业噪声具有差异性。综采工作面相同时主要机械在不同工作状态下产生的混合噪声频谱图具有较大的差异性。综采工作面高噪声环境下的工种需要长时间进行机械操作，故选择采煤机与刮板输送机均在重载运行时产生的噪声。

试验所用噪声是通过 YLY2.8 型号矿用防爆录音笔，在山西省长治市某矿综采工作面采集的混合噪声，其中综采工作面机械噪声主要包括 MG300/700-WD1型交流电牵引采煤机和 SGZ800/800 型中双链刮板输送机均在重载运行时产生的噪声。对混合噪声通过 Spek0.8.2 软件进行音频频谱分析，从试验混合噪声频谱分析图（图 5-1）中直观得出：试验混合噪声的编码格式为 wma；码率为 192 kbps，属于高音质；采样频率为 48000 Hz，为专业音频所用的数字声音所用采样率；音频通道为 2 声道；噪声频率基本保持在 16 kHz，最高能达到 18 kHz。通过宇歌V-158 型两声道音响设备来控制噪声的分贝。本试验唯一变量是噪声暴露时间，将试验噪声分贝级设定为固定值。

本试验所用的安全标志图片来源均依据 GB 2984—2008《安全标志及其使用

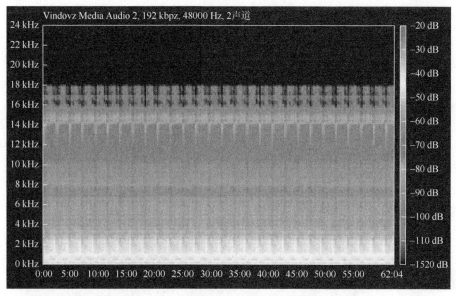

图 5-1　试验混合噪声频谱分析图

导则》，为了更好地研究在噪声的影响下人对安全标志识别性的变化，在试验中选择高辨识度的安全标志。因此，选择公共场所随处可见的安全标识两个，见图 5-2，将两张标识图片处理成相同的像素，且该像素满足试验要求，使试验有效进行。

图 5-2　安全标识试验用图

5.1.3　试验仪器

1. 主要试验仪器

1）Eye Link Ⅱ型眼动仪

实验采用的设备是加拿大 SR Research 公司生产的 Eye Link Ⅱ型眼动仪。该眼动仪采用瞳孔和角膜反射追踪模式，最高采样频率为 500 Hz，噪声限度＜0.01°RMS，平均凝视位置误差＜0.5°，其头盔装置按照工效学原理进行设计，轻便耐用，被试者的头部自由，可以兼容眼镜，包括隐形眼镜，易于调试、校准，如图 5-3 所示。Eye Link Ⅱ型眼动仪主要包括主试机（host PC）、被试机（display PC）、头盔（head-mounted unit）、视频采集卡（ADAC110）和视频合成器（video overlay）五个部分，其结构框图如图 5-4 所示。试验程序用眼动仪自带软件 Experiment Builder 编写。被试机显示器大小 19 英寸，分辨率为 1024×768。被试者眼睛与显示器的距离 60 cm。为了降低头部运动对眼动跟踪系统精度的影响，以下巴托固定观察位置，校正和试验时要求受试者尽量保持不动。

图 5-3　Eye Link Ⅱ型眼动仪

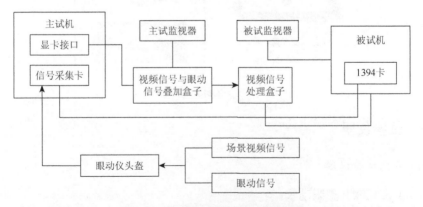

图 5-4　Eye Link Ⅱ型眼动仪结构图

使用 Eye Link Ⅱ 型眼动仪可以采集到注视点个数、首次注视时间、平均注视时间、平均眼跳幅度、反应时间、瞳孔面积及眼跳个数等眼动数据，是一种精度高、可靠性好的眼动追踪仪器。

2）SL-5868P 多功能声级计

SL-5868P 多功能声级计的生产厂商为北京金泰科仪检测仪器有限公司，采用的标准有 GB/T 3785.1—2010、IEC651typc2 和 ANSIS1.4type2。测量参数有普通声级 LP、等效声级（积分声级）Leq（10s、1min、5min、10min……）和统计声级 Ln。测量范围包括 A 计权（30～130 dB）、C 计权（35～130 dB）、线性（35～130 dB）、Leq（30～130 dB）和 Ln（0～100%）。分辨率为 0.1 dB，准确度为 1 dB，时间特征有快和慢，内置校准信号是 94 dB，报警设置是 30～130 dB，见图 5-5。SL-5868P 多功能声级计主要是在实验室试验过程中控制调节噪声的声压级。

图 5-5 SL-5868P 多功能声级计

3）YSD130 煤矿用噪声检测仪

YSD130 煤矿用防爆型噪声检测仪是一种本质安全型噪声检测仪器，用于煤矿井下噪声检测，具有宽广的动态范围，还有快、慢时间常数设置，便于携带，使用方便，见图 5-6。测量范围包括低频段（30～80 dB）、中频段（50～100 dB）、高频段（80～130 dB）和自动频段（30～130 dB）。频率加权特性为 A/C，时间加权特性分为快速（125 ms）和慢速（1 s）。其主要特点是本质安全型，可用于防爆场所；高分辨率 0.1 dB；声域测量范围广，高达 130 dB；0.1 dB 分辨；A/C 加权；快慢时间常数设定。

图 5-6　YSD130 煤矿用噪声检测仪

2. 辅助试验仪器

辅助试验仪器主要是 YLY2.8 型号矿用防爆录音笔、宇歌 V-158 型两声道音响设备、Smart Sensor 分体式光照度计、荧光台灯、支架、空调、温度计、加湿器、湿度计等。

YLY2.8 型号矿用防爆录音笔用以采集综采工作面的混合噪声；宇歌 V-158 型两声道音响设备用来播放现场采集的综采工作面噪声；支架用于固定台灯，照度计和台灯用以模拟控制工作面局部照明的照度值；空调和温度计用以控制试验环境温度值保持不变；加湿器和湿度计用以控制试验环境湿度值保持不变。

5.1.4　试验设计与程序

《工业企业噪声卫生标准》中规定：每天连续工作 8 h，工作地点的噪声标准为 85 dB；现有工业企业经过努力后暂时达不到标准时，可适当放宽，但不得超过 90 dB。程根银等在荆各庄煤矿和东欢坨煤矿井下的噪声调查结果表明：声源强度完全超过 85 dB 的噪声限值要求，近 70%的噪声超过 90 dB 的噪声限值，还有一些超过 100 dB。根据《工业企业噪声卫生标准》、现场噪声实测记录分析和相关综采面噪声的文献，本试验将试验噪声等级设定为 90 dB。Eye Link Ⅱ眼动仪试验程序用眼动仪自带 EB 软件编写，一组材料中两张安全标识图片按照程序依次切换。

根据人体生物钟规律，早上 10:00，人的积极性上升，热情将持续到中午，人体处于第一次最佳状态，因此要求被测人员早上 9:30 到实验室，熟悉实验室环境和试验步骤，10min 后开始静息稳定情绪准备进入试验，10:00 准时播放 90 dB 的试验噪声。实验室采用隔音处理，同时试验过程中尽量不打扰受试者，防止外界环境噪声对受试者产生干扰。要求每个受试者试验前一天，禁止饮用能引起兴奋的食物（如酒或咖啡等），也不许做剧烈运动等。

具体试验步骤如下：

（1）宣读指导语。使受试者正确理解试验要求并熟练操作。

（2）定标、校准。给受试者戴上眼动仪头盔，在被试机上进行定标和校准，当误差满足试验要求时，可以开始正式试验。

（3）正式试验。按照试验程序设计依次自动播放和切换刺激图片；令受试者静息 20 min，并在播放噪声前采集该状态下受试者的眼动特征，每隔 5 min 测一次受试者的眼动特征。

（4）试验数据采集与导出。眼动仪的试验数据会自动保存，可以通过自带的 Data Viewer 软件将数据保存为 Excel 文件，对原始数据进行整理，最后用 SPSS 软件进行数据处理。

试验过程需要持续 80 min，每名受试者共采集 17 组数据。为了防止显示器一直刺激受试者眼睛，在每次眼动仪测试结束后将黑色硬纸板放在被试机显示器与受试者眼睛之间，这样能够减少对测试结果造成不必要的干扰。

5.1.5　视觉认知评价指标的选择

在眼动应用研究中，直观性指标主要有注视轨迹图、热点图和视频回放；常用统计指标分为基本指标和合成指标，其中基本指标主要是注视和眼跳。根据研究目的，从眼动仪记录的眼动参数中挑选一些眼动分析指标进行分析，指标之间要存在互补性，相互支持。Jacob 和 Karn 对前人研究中的眼动分析指标做了较为透彻的分析论述，并参考天津师范大学杨海波老师对眼动常用指标的解释，结合试验设计过程中对仪器的熟悉了解，针对试验研究目的选择视觉认知指标。

Eye Link II 眼动仪能将人处理视觉信息时的眼动轨迹特征记录下来，也可以记录快速变化的眼睛运动数据，其中包括注视点、注视时间、眼跳方向、眼跳距离和瞳孔直径大小等多种参数，直观全面地反映出受试者的眼动特征。

本次试验将选用眼动指标是：平均注视时间（AFD）、平均眼跳幅度（ASA）和眼跳次数（SC），其中 AFD 指的是在整个识别过程中注视时间的一个平均水平，通常以毫秒为单位，随着视觉注意力下降而延长；ASA 指的是在整个识别过程中，相邻两个注视点的平均间隔（通常以视角表示），在某种程度上可以反映出一次注视获取的视觉信息的多少（即视觉认知的效率），视角随着认知效率的增加而减小；SC 指的是受试者的注意力从一个注视点转移到下一个注视点，SC 越多表明搜索过程越长，即视觉辨识能力下降。通过视觉注意力、视觉认知效率和视觉辨识能力三个主要指标来衡量噪声暴露时间对视觉认知的影响。

5.2　视觉认知随噪声暴露时间变化的数理分析

数理分析是进行科学研究的重要方法，是指通过分析手段、方法和技巧对准备好的数据进行探索、分析，从中发现因果关系、内部联系和业务规律，揭示事物在特定时间方面的数量特征，以便对事物进行定量定性分析，从而做出正确的结论。

本次试验选用的眼动指标是：AFD、ASA 和 SC，通过视觉注意力、视觉认知效率和视觉辨识能力三个主要指标来衡量噪声暴露时间对视觉认知的影响。本节将分析 70 名被试者的三个眼动指标随时间变化的眼动数据，基于视觉注意理论和数理统计理论进行数据分析，探索噪声暴露时间对三个眼动指标的统计学意义。

5.2.1　数据分析方法

1. 试验数据收集

按照试验程序设计，令受试者静息 20 min，并在播放噪声前采集该状态下受试者的眼动特征，每隔 5 min 测一次受试者的眼动特征。播放 80 min 噪声，每名受试者共采集 17 组数据。

Eye Link Ⅱ 眼动仪能将人处理视觉信息时的眼动轨迹特征记录下来，也可以记录快速变化的眼睛运动数据，其中包括注视点、注视时间、眼跳方向、眼跳距离和瞳孔直径大小等多种参数，直观全面地反映出受试者的眼动特征。眼动仪的试验数据会自动保存，可以通过自带的 Data Viewer 软件将数据保存为 Excel 文件，对原始数据进行整理，最后用 SPSS 软件进行数据处理。

试验共采集 70 名受试者的眼动指标数据。试验数据是 70 名受试者分别在不同的时间点上通过重复测量同一个受试者获得的指标的观察值，属于重复测量数据。

2. 重复测量数据的特点

1）重复测量值的基本模型

用 y_{ij} 表示第 i 受试者在第 j 时间点上的测量值。可以将 y_{ij} 分解为三个分量：

$$y_{ij} = u_j + a_{ij} + e_{ij} \qquad (5\text{-}1)$$

式中，u_j 为总体在时间点 j 的平均水平，为一个不变常数，称为固定效应；a_{ij} 为第 i 受试者在时间点 j 的系统效应，它描述了个体 i 在时间点 j 的抗蜕变特性，称为随机效应，因此，个体 i 在时间点 j 的平均值为 $u_j + a_{ij}$；e_{ij} 为随机测量误差，代表了测量值 y_{ij} 对平均值 $u_j + a_{ij}$ 的偏离程度大小。

用 E、Var 和 Cov 分别表示期望值、方差和协方差。为了导出重复测量值的协方差结构，首先给出如下假定：

（1）在给定 j 下，随机效应 a_{ij} 在同一总体内随受试者而不同，具有均值为 0，方差为 δ_{ij} 的正态分布，即 $E(a_{ij}) = 0$，$\mathrm{Var}(a_{ij}) = \delta_{ij}$。由于随机效应的平均值都被吸收到总平均值 $u_j + a_{ij}$ 中，故只剩下随机部分。

对于不同的受试者 i 和 $l(i \neq l)$，在时间点 j 的系统效应 a_{ij} 与在时间点 k 的随机效应 a_{lk} 之间无相关关系。对于同一受试者（$i = l$），在时间点 j 的随机效应 a_{ij} 与时间点 k 的随机效应 a_{lk} 之间有相关关系。可将受试者 i 在时间点 j 的随机效应与受试者 l 在时间点 k 的随机效应之间的协方差表示为

$$\mathrm{Cov}(a_{ij}, a_{lk}) = \begin{cases} 0 & \text{当} i \neq l \\ \delta_{jk} & \text{当} i = l \end{cases} \tag{5-2}$$

（2）在给定 j 下，在同一总体内因受试者不同，随机误差 e_{ij} 也具有均值为 0，方差为 ϕ_{ij} 的正态分布，即 $E(e_{ij}) = 0$，$\mathrm{Var}(e_{ij}) = \phi_{ij}$。

所有随机误差都相互独立。即当 $i \neq l$ 或 $j \neq k$ 时，相关系数 $\rho(e_{ij}, e_{lk}) = 0$；当 $i = l$ 及 $j = k$ 时，$\rho(e_{ij}, e_{lk}) = 1$，或将它们之间的协方差表示为

$$\mathrm{Cov}(a_{ij}, a_{lk}) = \begin{cases} 0 & \text{当} i \neq l \text{ 或 } j \neq k \\ \phi_{jk} & \text{当} i = l \text{ 和 } j = k \end{cases} \tag{5-3}$$

（3）a_{ij} 与 e_{ij} 彼此独立，即对所有 i，j，l，k 来说，相关系数 $\rho(e_{ij}, e_{lk}) = 0$，或者它们之间的协方差 $\mathrm{Cov}(a_{ij}, e_{lk}) = 0$。

从上述假定下，对重复测量值 y_{ij} 与 y_{lk} 的协方差结构进行推导得出每一对测量值 y_{ij} 与 y_{lk} 之间的协方差为

$$\mathrm{Cov}(y_{ij}, y_{lk}) = \begin{cases} 0 \ (i \neq l, \text{有} \Delta_l = 0) \\ \delta_{jk} (i = l, j \neq k, \text{有} \Delta_l = 1, \Delta_k = 0) \\ \phi_{jk} + \delta_{jk} (i = l, j = k, \text{有} \Delta_l = 1, \Delta_k = 1) \end{cases} \tag{5-4}$$

根据式（5-4）得到不同受试者（$i \neq l$）的测量值之间无相关关系，同一受试者（$i = l$）的测量值之间有相关关系，相关系数为

$$\rho_{jk} = \frac{\delta_{jk}}{\sqrt{(\delta_{jj} + \phi_{jj})(\delta_{kk} + \phi_{kk})}} = \frac{\delta_{jk}}{\sqrt{\sigma_{jj}\sigma_{kk}}} \tag{5-5}$$

式中，$\sigma_{kk} = \delta_{kk} + \phi_{kk}$，$\sigma_{jj} = \delta_{jj} + \phi_{jj}$。这一相关系数又称为组内相关（intraclass correlation），它测量同一受试者的各测量值之间的相关强度。ρ_{jk} 的取值为（0, 1），对 δ_{lk} 的不同规定可产生不同的相关结构。

2）重复测量数据的相关类型

为了表达方便，令 y_{ij} 的方差为 $\mathrm{Cov}(y_{ij}) = \sigma_{jj}$，$y_{lk}$ 的方差为 $\mathrm{Cov}(y_{lk}) = \sigma_{kk}$。$y_{ij}$ 和 y_{lk} 之间的协方差为 $\mathrm{Cov}(y_{ij}, y_{lk}) = \sigma_{jk}$。协方差与相关系数只相差一个比例常数，两者都是测量两变量之间相关密切程度的统计指标。相关类型主要有下列几种。

（1）独立结构（independence structure），即无相关关系。相关矩阵主对角线上的元素为 1，非主对角线上的元素为 0。它表示不同时间点上的测量值之间彼此独立，无相关关系。与独立结构相关系数相对应的协方差矩阵结构称为球形（sphericity）结构，其各时间点测量值的方差相等，即 $\sigma_{jj} = \sigma^2(j=1,2,\cdots,p)$，不同时间点测量值之间的协方差为 0，即 $\sigma_{jk} = 0(j \neq k)$。

（2）可互换相关结构（exchangeable correlation structure）。在这种结构下，主对角线上的元素为 1，非主对角线上的元素为 ρ。它表示不同时间点上的测量值之间彼此不独立，存在一定的相关关系。但这种相关关系对任何两个时间点的测量值来说都是相等的，不随两个时间点之间的间隔大小而改变。与可互换相关结构相对应的协方差矩阵结构称为复合对称结构（compound symmetry structure）。这时各时间点测量值的方差相等，即 $\sigma_{jj} = \sigma^2(j=1,2,\cdots,p)$，不同时间点测量值之间的协方差为 δ^2，即 $\sigma_{jk} = \delta^2$（$j \neq k$）。

（3）一阶相关结构（one-dependent structure），又称一阶自回归结构（first-order regressive structure）。在时间点 j 的测量值只受其前一时间点 $j-1$ 测量值的影响，而与再前面的测量值无关。

（4）循环相关结构（circular correlation structure），又称 Toeplitz 相关结构。在一定范围或地域范围内所获取的重复测量数据，毗邻之间的相关性与非毗邻之间的相关性是不同的。例如，测量植物叶片的叶绿素含量时，两相邻方向（如东与南，西与北）上的叶绿素测量值之间的相关强度与两相对方向（如东与西，南与北）上的叶绿素测量值之间的相关强度不同。

（5）带状主对角结构（banded main diagonal structure）。各次测量值之间的相关系数为 0，但方差不等。协方差矩阵的主对角元素不相等，非主对角元素为 0。

（6）空间幂相关（spatial power correlation）。测量值之间的相关关系随距离的加大而减弱。

（7）无结构相关（unstructured correlation）。其相关结构无规律可循。

常用的统计分析方法如方差分析方法要求协方差为球形或复合对称性，否则，会造成过多地拒绝本来是真的无效假设。在多因素分析中，如果不考虑这种相关性，也会使得参数估计值的方差变小，其结果也会导致过多地拒绝本来是真的无效假设。

3. 重复测量数据分析方法

重复测量是指对同一观察对象的统一观察指标在不同时间或环境下进行的多次测量，用于分析观察指标的变化趋势及有关的影响因素。重复测量数据在各个科学领域内都很常见，例如，在临床医学研究中，对患高血压的病人，需定期监测其血压水平，以分析该病人的病情发展情况；在教育学研究中，观察在不同教育环境下学生的学习进步情况；在社会学研究中研究人群的就业和失业情况等。

由于重复测量数据的统计学特性与通常的独立测量数据不同，需要用特殊的统计学方法进行分析。一些传统的统计方法，如 t 检验、方差分析、线性回归模型等，都要求各次观察是相互独立的。而重复测量数据由于是对被试者的某项观察指标进行的多次测量，在同一被试者的多次测量之间可能存在某种相关性，用通常的统计方法就不能充分解释其内在的特点，有时甚至会得出错误的结论。因此，本试验数据分析使用重复测量的方差分析。

5.2.2　试验数据处理

1. 初步筛选

定标校准没有满足试验要求，导致有数据不完整，故将不完整的数据剔除掉。试验共采集 70 名受试者的眼动指标数据，其中定标校准没有满足试验要求，导致有 7 组数据不完整，故获得 63 个完整的数据。

2. 三标准差筛选法

SPSS 软件默认的标准化方法就是 Z-score 标准化，步骤如下。
（1）求出各变量（指标）的算术平均值（数学期望）和标准差；
（2）进行标准化处理：

$$Z_{ij} = \frac{x_{ij} - x_i}{s_i} \tag{5-6}$$

式中，Z_{ij} 为标准化后的变量值；x_{ij} 为实际变量值，即原始值。

将 63 组数据导入 SPSS 软件，依照三标准差筛选法进行极端值或错误值的剔除，三个眼动指标的有效试验数据标准化结果见附录 A。最终剩下 57 组有效的 AFD 数据，其中有 29 个对照组试验数据和 28 个噪声组的试验数据；58 组有效的 ASA 数据，其中有 28 个对照组试验数据和 30 个噪声组的试验数据；61 组有效的 SC 数据，其中有 33 个对照组试验数据和 28 个噪声组的试验数据。

　　3. 重复测量的方差分析操作步骤

（1）在 SPSS 中建立数据文件。

（2）分析步骤：分析→一般线性模型→重复度量。

（3）本次重复测量的因子是不同暴露时间共 80 min，共有 17 个级别，分别是 T0～T16，在级别数内填写 17，并点击"添加"。被试因子名称是用于指定组内因素的名称，可以更改成时间；级别数就是组内因素的水平数，这里是 17。

（4）点击"定义"后会弹出下一个对话框，把 T0～T16 分别选入因子 1 对应的列表。把组别选入因子列表，这里内部变量是指组内变量，即时间。因子列表是组间因素，这里是分组，即噪声组与对照组。

（5）模型的选择与二因素的方差分析相似，这里默认选择全因子模型，只是把因素分为组间和组内两部分；绘制设置：点击"绘制"按钮。进入下面对话框：将"Time"选入"水平轴"，分组选入"单图"，然后点击"添加"按钮，下面框中会显示"Time*分组"；选项设置：点击"选项"，分别勾选描述统计和方差齐性检验。

（6）输出结果。

5.2.3　结果与分析

　　1. 平均注视时间（AFD）

　　1）描述性统计量

表 5-1 是描述性统计量，由表 5-1 得出，AFD 试验数据共 57 组，其中包括 28 组噪声组数据和 29 组对照组数据，AFD 的数据分布不是正态分布而是偏正态分布。

表 5-1　描述性统计量

时间	分组	均值	标准偏差	N	时间	分组	均值	标准偏差	N
0 min	对照组	265.46931	55.121397	29	5 min	对照组	209.03828	55.504009	29
	噪声组	220.39250	56.236232	28		噪声组	262.85250	47.420263	28
	总计	243.32632	59.672936	57		总计	235.47333	57.976094	57

时间	分组	均值	标准偏差	N	时间	分组	均值	标准偏差	N
10 min	对照组	227.96724	42.989105	29	50 min	对照组	266.36897	104.700439	29
	噪声组	235.89036	53.350718	28		噪声组	298.05286	96.141122	28
	总计	231.85930	48.086626	57		总计	281.93298	100.960206	57
15 min	对照组	218.51931	58.713949	29	55 min	对照组	259.08586	101.864012	29
	噪声组	247.91036	38.660702	28		噪声组	271.41964	84.097981	28
	总计	232.95702	51.614395	57		总计	265.14456	92.934263	57
20 min	对照组	218.68103	60.491469	29	60 min	对照组	249.54931	91.647540	29
	噪声组	239.95750	55.265371	28		噪声组	264.05393	87.291391	28
	总计	229.13263	58.458161	57		总计	256.67439	89.033591	57
25 min	对照组	224.01103	55.420709	29	65 min	对照组	245.82552	82.682423	29
	噪声组	245.61821	38.637675	28		噪声组	274.50000	75.938835	28
	总计	234.62509	48.726474	57		总计	259.91123	80.048303	57
30 min	对照组	224.08552	49.389591	29	70 min	对照组	286.74207	110.563802	29
	噪声组	261.90179	65.475277	28		噪声组	296.75036	86.219092	28
	总计	242.66193	60.418605	57		总计	291.65842	98.599080	57
35 min	对照组	228.50621	72.967509	29	75 min	对照组	252.62621	114.700249	29
	噪声组	254.25857	55.185089	28		噪声组	290.96607	113.955957	28
	总计	241.15649	65.567892	57		总计	271.45982	114.948227	57
40 min	对照组	193.63586	39.112442	29	80 min	对照组	272.45172	103.204894	29
	噪声组	211.33714	38.179877	28		噪声组	271.87821	97.395866	28
	总计	202.33123	39.337270	57		总计	272.17000	99.495196	57
45 min	对照组	286.12931	96.483151	29					
	噪声组	276.03107	86.538956	28					
	总计	281.16877	91.056046	57					

2）多变量检验结果

表 5-2 是针对组内变量 Time，以及它和分组间的交互作用是否存在统计学意义进行的多元方差分析检验。此处具体采用了四种多元检验方法：Pillai's Trace、Wilks' Lambda、Hotelling's Trace 和 Roy 最大根统计量。一般它们的结果都是相同的，如果不同，应当以 Pillai's Trace 的结果为准。由表 5-2 可见在所用的模型中，Sig.都小于 0.05，说明组内因素不同时间对受试者的 AFD 指标是有显著性意义的，组间与组内的交互作用对受试者的 AFD 指标的影响也有显著性意义。

表 5-2　多变量检验 [a]

效应		值	F	假设 df	误差 df	Sig.
Time	Pillai's Trace	0.638	4.413[b]	16.000	40.000	0.000
	Wilks' Lambda	0.362	4.413[b]	16.000	40.000	0.000
	Hotelling's Trace	1.765	4.413[b]	16.000	40.000	0.000
	Roy 最大根	1.765	4.413[b]	16.000	40.000	0.000
Time×分组	Pillai's Trace	0.771	8.419[b]	16.000	40.000	0.000
	Wilks' Lambda	0.229	8.419[b]	16.000	40.000	0.000
	Hotelling's Trace	3.368	8.419[b]	16.000	40.000	0.000
	Roy 的最大根	3.368	8.419[b]	16.000	40.000	0.000

注：Time：主体内设计。
a 设计：截距 + 分组。
b 精确统计量。

3）协方差矩阵的球形检验

表 5-3 是非常重要的球形检验结果，可见近似卡方为 452.008，自由度为 135，P 值小于 0.05，说明不同时间测量的数据不满足球对称假设，需要进行校正。模型中采用了三种校正方法，表 5-3 右侧为三种校正方法各自所需的校正系数 Epsilon 的大小，后面的检验结果会自动使用它们进行校正。

表 5-3　Mauchly 的球形检验 [a]

度量：MEASURE_1

主体内效应	Mauchly' W	近似卡方	df	Sig.	Epsilon[b]		
					Greenhouse-Geisser	Huynh-Feldt	Lower-bound
Time	0.000	452.008	135	0.000	0.344	0.394	0.063

注：检验零假设，即标准正交转换因变量的误差协方差矩阵与一个单位矩阵成比例；Time：主体内设计。
a 设计：截距 + 分组。
b 可用于调整显著性平均检验的自由度；在"主体内效应检验"表格中显示修正后的检验。

4）组内效应检验和比较

表 5-4 是采用一元方差分析的方法对组内因素进行的检验，该结果应当和表 5-2 多元检验的结果结合起来看，互为补充。此处需要注意的是，第一种为球形分布假设成立时的结果；该模型球形分布假设不成立，应当采用下面三种校正方法的结果，一般推荐采用 Greenhouse-Geisser 的校正结果。

表 5-4　主体内效应的检验

度量：MEASURE_1

源		III型平方和	df	均方	F	Sig.
Time	球形假设	509954.523	16	31872.158	8.882	0.000
	Greenhouse-Geisser	509954.523	5.510	92551.703	8.882	0.000
	Huynh-Feldt	509954.523	6.306	80872.707	8.882	0.000
	Lower-bound	509954.523	1.000	509954.523	8.882	0.004
Time×分组	球形假设	112822.791	16	7051.424	1.965	0.013
	Greenhouse-Geisser	112822.791	5.510	20476.221	1.965	0.004
	Huynh-Feldt	112822.791	6.306	17892.349	1.965	0.000
	Lower-bound	112822.791	1.000	112822.791	1.965	0.000
误差（Time）	球形假设	3157830.739	880	3588.444		
	Greenhouse-Geisser	3157830.739	303.047	10420.274		
	Huynh-Feldt	3157830.739	346.810	9105.351		
	Lower-bound	3157830.739	55.000	57415.104		

　　在主体内效应的检验表格中，对于每个效应的检验，若本例不满足球形假设时，需要读取第二行的显著性检验结果，由表 5-4 可知：①不同时间对被试者的 AFD 指标有统计学意义（Time 第二行）；②不同时间与噪声组、对照组均存在交互作用（Time×分组第二行）。

　　5）组间效应的方差分析

　　表 5-5 为组间效应的方差分析结果，可见分组间有统计学意义，即噪声组和对照组有统计学意义，噪声对受试者的 AFD 指标影响有统计学意义。

表 5-5　主体间效应的检验

度量：MEASURE_1
转换的变量：平均值

源	III型平方和	df	均方	F	Sig.
截距	61293545.616	1	61293545.616	1441.222	0.000
分组	72963.698	1	72963.698	1.716	0.017
误差	2339088.160	55	42528.876		

2. 平均眼跳幅度（ASA）

1）描述性统计量

　　由表 5-6 得出，ASA 试验数据共 58 组，其中包括 30 组噪声组数据和 28 组对照组数据，ASA 的数据分布不是正态分布而是偏正态分布。

表 5-6　描述性统计量

时间	分组	均值	标准偏差	N	时间	分组	均值	标准偏差	N
0 min	对照组	6.1582	2.49610	28	45 min	对照组	2.1143	1.65258	28
	噪声组	4.1700	1.86822	30		噪声组	3.8767	3.34965	30
	总计	5.1298	2.39404	58		总计	3.0259	2.79130	58
5 min	对照组	3.6686	1.47451	28	50 min	对照组	2.0546	2.03589	28
	噪声组	5.8213	2.77625	30		噪声组	2.0227	0.94081	30
	总计	4.7821	2.47564	58		总计	2.0381	1.55368	58
10 min	对照组	4.1254	1.58770	28	55 min	对照组	2.6000	1.65569	28
	噪声组	4.0700	1.41434	30		噪声组	2.4480	1.35063	30
	总计	4.0967	1.48747	58		总计	2.5214	1.49415	58
15 min	对照组	3.6475	1.15785	28	60 min	对照组	2.8414	3.59478	28
	噪声组	4.3247	2.08775	30		噪声组	2.6173	2.23325	30
	总计	3.9978	1.72312	58		总计	2.7255	2.94472	58
20 min	对照组	4.3261	1.53625	28	65 min	对照组	2.3450	1.87231	28
	噪声组	4.5767	1.62428	30		噪声组	1.9653	0.88369	30
	总计	4.4557	1.57359	58		总计	2.1486	1.44722	58
25 min	对照组	3.4789	1.60891	28	70 min	对照组	1.5936	0.85831	28
	噪声组	3.8313	1.63520	30		噪声组	2.0260	1.37066	30
	总计	3.6612	1.61806	58		总计	1.8172	1.16289	58
30 min	对照组	3.5329	1.31088	28	75 min	对照组	2.1800	2.28955	28
	噪声组	4.2080	1.38583	30		噪声组	2.1227	1.47333	30
	总计	3.8821	1.38091	58		总计	2.1503	1.89428	58
35 min	对照组	4.3821	4.60010	28	80 min	对照组	3.3311	2.39189	28
	噪声组	4.1720	2.50060	30		噪声组	2.1993	2.21475	30
	总计	4.2734	3.63540	58		总计	2.7457	2.35182	58
40 min	对照组	6.9521	3.30202	28					
	噪声组	6.7753	1.34747	30					
	总计	6.8607	2.46910	58					

2）多变量检验结果

表 5-7 是针对组内变量 Time，以及它和分组间的交互作用是否存在统计学意义进行的多元方差分析检验。此处具体采用了四种多元检验方法：Pillai's Trace、Wilks' Lambda、Hotelling's Trace 和 Roy 最大根统计量。一般它们的结果是相同的，如果不同，应当以 Pillai's Trace 的结果为准。由表 5-7 可见在所用的模型中，Sig.

值都小于 0.05，说明组内因素不同时间对被试者的 ASA 指标是有显著性意义的，组间与组内的交互作用对被试者的 ASA 指标的影响也有显著性意义。

表 5-7　多变量检验 [a]

效应		值	F	假设 df	误差 df	Sig.
Time	Pillai's Trace	0.941	40.732[b]	16.000	41.000	0.000
	Wilks' Lambda	0.059	40.732[b]	16.000	41.000	0.000
	Hotelling's Trace	15.895	40.732[b]	16.000	41.000	0.000
	Roy 最大根	15.895	40.732[b]	16.000	41.000	0.000
Time×分组	Pillai's Trace	0.801	10.333[b]	16.000	41.000	0.000
	Wilks' Lambda	0.199	10.333[b]	16.000	41.000	0.000
	Hotelling's Trace	4.032	10.333[b]	16.000	41.000	0.000
	Roy 的最大根	4.032	10.333[b]	16.000	41.000	0.000

注：Time：主体内设计。

a 设计：截距 + 分组。

b 精确统计量。

3）协方差矩阵的球形检验

表 5-8 是非常重要的球形检验结果，可见近似卡方为 682.956，自由度为 135，P 值小于 0.05，说明不同时间测量的数据不满足球对称假设，需要进行校正。模型中采用了三种校正方法，表 5-8 右侧为三种校正方法各自所需的校正系数 Epsilon 的大小，后面的检验结果会自动使用它们进行校正。

表 5-8　Mauchly 的球形检验 [a]

度量：MEASURE_1

主体内效应	Mauchly' W	近似卡方	df	Sig.	Epsilon[b]		
					Greenhouse-Geisser	Huynh-Feldt	Lower-bound
Time	0.000	682.956	135	0.000	0.341	0.389	0.063

注：检验零假设，即标准正交转换因变量的误差协方差矩阵与一个单位矩阵成比例；Time：主体内设计。

a 设计：截距 + 分组。

b 可用于调整显著性平均检验的自由度。在"主体内效应检验"表格中显示修正后的检验。

4）组内效应检验和比较

表 5-9 是采用一元方差分析的方法对组内因素进行的检验，该结果应当和表 5-7 多元检验的结果结合起来看，互为补充。此处需要注意的是，第一种为球

形分布假设成立时的结果；若该模型球形分布假设不成立，应当采用下面三种校正方法的结果，一般推荐采用 Greenhouse-Geisser 的校正结果。

表 5-9　主体内效应的检验

度量：MEASURE_1

	源	III型平方和	df	均方	F	Sig.
Time	球形假设	1669.723	16	104.358	38.142	0.000
	Greenhouse-Geisser	1669.723	5.453	306.218	38.142	0.000
	Huynh-Feldt	1669.723	6.217	268.569	38.142	0.000
	Lower-bound	1669.723	1.000	1669.723	38.142	0.000
Time×分组	球形假设	207.849	16	12.991	4.748	0.000
	Greenhouse-Geisser	207.849	5.453	38.118	4.748	0.000
	Huynh-Feldt	207.849	6.217	33.432	4.748	0.000
	Lower-bound	207.849	1.000	207.849	4.748	0.034
误差（Time）	球形假设	2451.515	896	2.736		
	Greenhouse-Geisser	2451.515	305.353	8.028		
	Huynh-Feldt	2451.515	348.159	7.041		
	Lower-bound	2451.515	56.000	43.777		

在主体内效应的检验表格中，对于每个效应的检验，由于本例不满足球形假设时，需要读取第二行的显著性检验结果，由表 5-9 可知：①不同时间对受试者的 ASA 指标有统计学意义（Time 第二行）；②不同时间与噪声组、对照组均存在交互作用（Time×分组第二行）。

5）组间效应的方差分析

表 5-10 为组间效应的方差分析结果，可见分组间有统计学意义，即噪声组和对照组有统计学意义，噪声对受试者的 ASA 指标影响有统计学意义。

表 5-10　主体间效应的检验

度量：MEASURE_1
转换的变量：平均值

源	III型平方和	df	均方	F	Sig.
截距	12382.334	1	12382.334	401.200	0.000
分组	3.061	1	3.061	0.099	0.023
误差	1728.341	56	30.863		

3. 眼跳次数（SC）

1）描述性统计量

由表 5-11 得出，SC 试验数据共 61 组，其中包括 28 组噪声组数据和 33 组对照组数据，SC 的数据分布不是正态分布，而是偏正态分布。

表 5-11   描述性统计量

时间	分组	均值	标准偏差	N	时间	分组	均值	标准偏差	N
0 min	对照组	21.3030	5.13861	33	45 min	对照组	13.5152	5.85300	33
	噪声组	15.6429	6.83788	28		噪声组	15.8571	6.76984	28
	总计	18.7049	6.57354	61		总计	14.5902	6.34659	61
5 min	对照组	11.3030	6.69648	33	50 min	对照组	11.6970	5.47429	33
	噪声组	20.2143	7.14069	28		噪声组	16.1429	4.92698	28
	总计	15.3934	8.17981	61		总计	13.7377	5.64772	61
10 min	对照组	11.3636	6.67934	33	55 min	对照组	12.8485	6.26559	33
	噪声组	19.1429	5.50228	28		噪声组	12.7857	5.12335	28
	总计	14.9344	7.25918	61		总计	12.8197	5.72279	61
15 min	对照组	9.4545	5.46060	33	60 min	对照组	11.5758	5.98973	33
	噪声组	13.9286	5.83685	28		噪声组	15.2857	6.35876	28
	总计	11.5082	6.02391	61		总计	13.2787	6.38783	61
20 min	对照组	7.7576	4.54856	33	65 min	对照组	11.8182	7.44335	33
	噪声组	14.2143	7.71414	28		噪声组	14.0000	4.74537	28
	总计	10.7213	6.95253	61		总计	12.8197	6.39403	61
25 min	对照组	8.1515	5.14248	33	70 min	对照组	9.9091	6.09489	33
	噪声组	14.4286	6.94117	28		噪声组	11.7143	4.72077	28
	总计	11.0328	6.76256	61		总计	10.7377	5.53745	61
30 min	对照组	9.3030	6.53589	33	75 min	对照组	9.4545	5.30384	33
	噪声组	13.3571	8.63762	28		噪声组	14.0714	4.70562	28
	总计	11.1639	7.77856	61		总计	11.5738	5.50896	61
35 min	对照组	9.2424	5.26801	33	80 min	对照组	11.5455	7.28908	33
	噪声组	14.0000	6.42910	28		噪声组	12.5714	6.18498	28
	总计	11.4262	6.25422	61		总计	12.0164	6.76878	61
40 min	对照组	17.1212	7.20138	33					
	噪声组	20.0000	7.95822	28					
	总计	18.4426	7.63222	61					

2）多变量检验结果

表 5-12 是针对组内变量 Time，以及它和分组间的交互作用是否存在统计学意义进行的多元方差分析检验。此处具体采用了四种多元检验方法：Pillai's Trace、Wilks' Lambda、Hotelling's Trace 和 Roy 最大根统计量。一般它们的结果是相同的，如果不同，应当以 Pillai's Trace 的结果为准。由表 5-12 可见在所用的模型中，Sig. 值都小于 0.05，说明组内因素不同时间对受试者的 SC 指标是有显著性意义的，组间与组内的交互作用对受试者的 SC 指标的影响也有显著性意义。

表 5-12　多变量检验 [a]

效应		值	F	假设 df	误差 df	Sig.
Time	Pillai's Trace	0.878	19.713[b]	16.000	44.000	0.000
	Wilks' Lambda	0.122	19.713[b]	16.000	44.000	0.000
	Hotelling's Trace	7.168	19.713[b]	16.000	44.000	0.000
	Roy 最大根	7.168	19.713[b]	16.000	44.000	0.000
Time×分组	Pillai's Trace	0.826	13.085[b]	16.000	44.000	0.000
	Wilks' Lambda	0.174	13.085[b]	16.000	44.000	0.000
	Hotelling's Trace	4.758	13.085[b]	16.000	44.000	0.000
	Roy 的最大根	4.758	13.085[b]	16.000	44.000	0.000

注：Time：主体内设计。

a 设计：截距 + 分组。

b 精确统计量。

3）协方差矩阵的球形检验

表 5-13 是非常重要的球形检验结果，可见近似卡方为 539.853，自由度为 135，P 值小于 0.05，说明不同时间测量的数据不满足球对称假设，需要进行校正。模型中采用了三种校正方法，表 5-13 右侧为三种校正方法各自所需的校正系数 Epsilon 的大小，后面的检验结果会自动使用它们进行校正。

表 5-13　Mauchly 的球形检验 [a]

度量：MEASURE_1

主体内效应	Mauchly' W	近似卡方	df	Sig.	Epsilon [b]		
					Greenhouse-Geisser	Huynh-Feldt	Lower-bound
Time	0.000	539.853	135	0.000	0.403	0.465	0.063

注：检验零假设，即标准正交转换因变量的误差协方差矩阵与一个单位矩阵成比例；Time：主体内设计。

a 设计：截距 + 分组。

b 可用于调整显著性平均检验的自由度。在"主体内效应检验"表格中显示修正后的检验。

4）组内效应检验和比较

表 5-14 是采用一元方差分析的方法对组内因素进行的检验，该结果应当和表 5-12 多元检验的结果结合起来看，互为补充。此处需要注意的是，第一种为球形分布假设成立时的结果；若该模型球形分布假设不成立，应当采用下面三种校正方法的结果，一般推荐采用 Greenhouse-Geisser 的校正结果。

表 5-14　主体内效应的检验

度量：MEASURE_1

源		III型平方和	df	均方	F	Sig.
Time	球形假设	5797.584	16	362.349	14.171	0.000
	Greenhouse-Geisser	5797.584	6.441	900.171	14.171	0.000
	Huynh-Feldt	5797.584	7.437	779.584	14.171	0.000
	Lower-bound	5797.584	1.000	5797.584	14.171	0.000
Time×分组	球形假设	2698.027	16	168.627	6.595	0.000
	Greenhouse-Geisser	2698.027	6.441	418.914	6.595	0.000
	Huynh-Feldt	2698.027	7.437	362.796	6.595	0.000
	Lower-bound	2698.027	1.000	2698.027	6.595	0.013
误差（Time）	球形假设	24137.437	944	25.569		
	Greenhouse-Geisser	24137.437	379.992	63.521		
	Huynh-Feldt	24137.437	438.769	55.012		
	Lower-bound	24137.437	59.000	409.109		

在主体内效应的检验表格中，对于每个效应的检验，由于本例不满足球形假设时，需要读取第二行的显著性检验结果，由表 5-14 可知：①不同时间对受试者的 SC 指标有统计学意义（Time 第二行）；②不同时间与噪声组、对照组均存在交互作用（Time×分组第二行）。

5）组间效应的方差分析

表 5-15 为组间效应的方差分析结果，可见分组间有统计学意义，即噪声组和对照组有统计学意义，噪声对受试者的 SC 指标影响有统计学意义。

表 5-15　主体间效应的检验

度量：MEASURE_1
转换的变量：平均值

源	III型平方和	df	均方	F	Sig.
截距	184239.529	1	184239.529	743.164	0.000
分组	3207.020	1	3207.020	12.936	0.001
误差	14626.827	59	247.912		

5.2.4 讨论

通过使用重复测量的方差分析方法对 70 名受试者的试验数据进行噪声组与对照组对比分析，得出以下结论。

（1）根据描述性统计量结果得：三个眼动指标数据分布不是正态分布而是偏正态分布，符合实际情况。

（2）根据多变量检验结果得：组内因素不同时间对受试者的三个眼动指标是有显著性意义的，组间与组内的交互作用对受试者的三个眼动指标的影响也有显著性意义。

（3）根据组内效应检验和比较得出：不同时间对受试者的三个眼动指标有统计学意义；不同时间与噪声组、对照组均存在交互作用。

（4）根据组间效应的方差分析得：噪声组和对照组有统计学意义，说明噪声对受试者的三个眼动指标影响有统计学意义。

综合统计分析结果得出：受试者的视觉认知均会随着时间变化出现变化；不同噪声暴露时间对受试者视觉认知产生的影响显著；相同噪声暴露时间下，噪声对不同受试者的视觉认知影响也不同。

5.3 视觉认知随噪声暴露时间变化的规律分析

本次试验选用的眼动指标是 AFD、ASA 和 SC，通过视觉注意力、视觉认知效率和视觉辨识能力三个主要指标来衡量噪声暴露时间对视觉认知的影响。本节将分析 70 名被试者的三个眼动指标随时间的变化规律，通过噪声组和对照组的比较分析，得出噪声暴露时间对受试者视觉认知的影响规律。

5.3.1 试验数据处理

1. 初步筛选

定标校准没有满足试验要求，导致有个别数据不完整，故将不完整的数据剔除。

2. 数据标准化

由于三个眼动特征指标的量纲不同，将使用 SPSS 软件对三组数据进行标准化处理，消除指标之间的量纲影响，方便将三组数据在一个坐标系中直观地比较，并且经过数据标准化处理后，各指标处于同一数量级，更适合进行综合对比评价。

SPSS 软件默认的标准化方法就是 Z-score 标准化，步骤如下。

（1）求出各变量（指标）的算术平均值（数学期望）和标准差；

（2）进行标准化处理，见式（5-6）。

（3）将逆指标前的正负号对调。

这种方法基于原始数据的均值和标准差进行数据的标准化。将原始值 X_{ij} 使用 Z-score 标准化到 Z_{ij}。标准化后的变量值围绕 0 上下波动，大于 0 说明高于平均水平，小于 0 说明低于平均水平。

3. 筛选异常值

依照三标准差筛选法进行极端值或错误值的剔除，最终剩下有效的数据。

4. 去极端值，求均值

去除极端值，然后求均值，以便进行分析，得出相关结论。

5.3.2 结果与分析

1. 平均注视时间（AFD）

本次使用 Eye Link II 眼动仪进行试验，共采集 70 组被试者的眼动指标数据，其中定标校准没有满足试验要求，导致有 7 组 AFD 数据不完整，故获得 63 组完整的 AFD 数据；打开 SPSS 软件，导入 63 组 AFD 数据，进行标准化处理；将 63 组数据导入 SPSS 软件，依照三标准差筛选法进行极端值或错误值的剔除，最终剩下 57 组有效的 AFD 数据，其中有 29 个对照组试验数据和 28 个噪声组的试验数据。

AFD 试验数据量较大，不易观察其规律，故需要进一步处理。通过 SPSS 软件去除每组最大值与最小值，进行标准化均值处理，最终得出对照组与噪声组 AFD 的标准均值（表 5-16）和变化趋势（图 5-7）。

表 5-16 对照组与噪声组的 AFD 标准均值

时间/min	对照组	噪声组
0	0.435024815	−0.648533077
5	−0.327558519	0.196136154
10	−0.22979	−0.388773846

续表

时间/min	对照组	噪声组
15	−0.389460741	−0.121053462
20	−0.44999963	−0.291991154
25	−0.226964444	−0.155264615
30	−0.268031481	0.005454615
35	−0.214333333	−0.097798846
40	−0.387466667	−0.034646154
45	−0.191525185	0.269735385
50	−0.325954074	0.721907692
55	−0.21242963	0.057428846
60	0.096185556	0.125951154
65	0.004454815	0.198381154
70	0.399958889	0.609788462
75	0.043732963	0.391810385
80	0.375266667	0.036109231

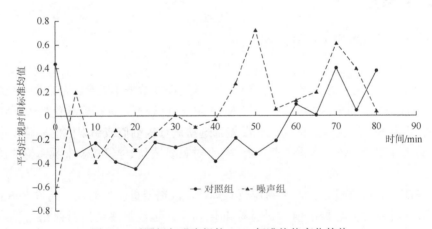

图 5-7　对照组与噪声组的 AFD 标准均值变化趋势

由图 5-7 可以直观地看出对照组与噪声组的 AFD 随时间的变化趋势。从对照组 AFD 趋势图中分析：0～5 min 时间段，由于受试者第二次测试已对试验有一定的熟悉，导致 AFD 下降快，受试者的视觉注意力快速提高；5～55 min 时间段，AFD 基本保持在一定水平，说明受试者保持着一定的视觉注意力；55～80 min 时间段，AFD 变化趋势开始稳定上升，说明受试者随着时间的增加出现视觉性疲劳，视觉注意力开始下降。

从噪声组 AFD 趋势图中分析：0～5 min 时间段，受试者刚接触噪声导致视觉系统受影响，AFD 上升快，受试者的视觉注意力快速下降；5～10 min 时间段，AFD 开始下降，说明受试者开始慢慢适应噪声环境，受试者的视觉注意力开始提高；10～40 min 时间段，AFD 趋势稳定缓慢上升，说明受试者视觉注意力随着噪声暴露时间的增长而缓慢下降；40～80 min 时间段，AFD 一直保持在比较高的水平，且变化幅度大，说明噪声暴露 40 min 后受试者视觉注意力受噪声的影响干扰较严重。

从噪声组与对照组 AFD 趋势图中对比分析：0～10 min 时间段，噪声组 AFD 的变化趋势与对照组相反，说明噪声组受试者刚进入噪声环境表现出不适应到适应的过程，受试者的视觉注意力先下降后上升；10～45 min 时间段，噪声组的 AFD 基本上高于对照组，说明噪声能够使受试者的平均注视时间增加，使受试者的视觉注意力下降；44～45 min 时间段，噪声组与对照组的差异性较显著，说明此时间段噪声能使受试者的视觉注意力下降且影响程度较严重；55～80 min 时间段，噪声组的 AFD 的变化程度低于对照组，说明在受试者出现视觉性疲劳后噪声能轻微减缓视觉注意力的下降。0～10 min 和 40～55 min 两个时间段差异性比较显著，说明这两个时间段噪声对受试者的视觉注意力影响较严重。

2. 平均眼跳幅度（ASA）

本次使用 Eye Link Ⅱ眼动仪进行试验，共采集 70 组受试者的眼动指标数据，其中定标校准没有满足试验要求，导致有 7 组 ASA 数据失效，故获得 63 组完整的 ASA 数据；将 63 组数据导入 SPSS 软件进行标准化；依照三标准差筛选法进行极端值或错误值的剔除，最终剩下 58 组有效的 ASA 数据，其中 28 个对照组试验数据和 30 个噪声组的试验数据。其还需进一步处理，通过 SPSS 软件去除每组最大值和最小值，进行标准化均值处理，最终得出对照组与噪声组 ASA 的标准均值（表 5-17）和变化趋势（图 5-8）。

表 5-17　对照组与噪声组的 ASA 标准均值

时间/min	对照组	噪声组
0	1.387293077	0.254274286
5	0.143722692	1.043514643
10	0.351718462	0.286748214
15	0.233204615	0.348493214
20	0.504685	0.544517857
25	0.017911923	0.110052857
30	0.216015769	0.370736071

续表

时间/min	对照组	噪声组
35	0.184641154	0.241217857
40	1.783643077	1.857084643
45	−0.770358462	0.035938214
50	−0.869863077	−0.821746429
55	−0.504969615	−0.630983571
60	−0.654478462	−0.572225
65	−0.629836154	−0.844660357
70	−0.980716154	−0.887200357
75	−0.829102692	−0.788106786
80	−0.076923462	−0.829859643

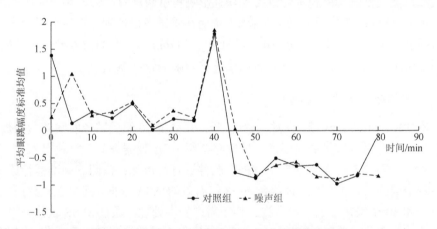

图 5-8　对照组与噪声组的 ASA 标准均值变化趋势

由图 5-8 可以直观地看出对照组与噪声组的 ASA 随时间的变化趋势。从对照组 ASA 趋势图中分析：0～5 min 时间段，由于受试者第二次测试已对试验有一定的熟悉，平均眼跳幅度下降快，受试者的视觉认知效率快速提高；5～35 min 时间段，ASA 基本保持在一定水平，说明受试者的视觉保持着一定的认知效率；35～45 min 时间段，ASA 快速上升后又快速下降，说明受试者的视觉认知效率先提高后下降且变化迅速；45～80 min 时间段，ASA 基本保持在一定水平，说明受试者的视觉保持着一定的认知效率。

从噪声组 ASA 趋势图中分析：0～5 min 时间段，受试者刚接触噪声导致视觉系统受影响，ASA 上升快，受试者的视觉认知效率下降快速；5～10 min 时间段，ASA 开始下降，说明受试者开始慢慢适应噪声环境，受试者的视觉认知效率开始提高；10～35 min 时间段，ASA 基本保持在一定水平，说明受试者的视觉保持着一定的认知效率；35～50 min 时间段，平均眼跳幅度快速上升后又快速下降，说明受试者的视觉认知效率先提高后下降且变化迅速；50～80 min 时间段，ASA 基本保持在一定水平，说明受试者的视觉保持着一定的认知效率。

从噪声组与对照组 ASA 趋势图中对比分析：0～10 min 时间段，噪声组 ASA 的变化趋势与对照组相反，说明噪声组受试者刚进入噪声环境表现出不适应到适应的过程，受试者的视觉认知效率先下降后上升；10～50 min 时间段，噪声组和对照组的 ASA 整体变化趋势差异性比较小，说明噪声对受试者的视觉认知效率的影响不显著；50～80 min 时间段，噪声组的 ASA 基本保持稳定并低于对照组，而对照组 ASA 变化程度较大，说明此时间段受试者随着时间变化出现视觉性疲劳后，噪声可轻微提高受试者的视觉认知效率。

3. 眼跳次数（SC）

本次使用 Eye Link II 眼动仪进行试验，共采集 70 组受试者的眼动指标数据，其中定标校准没有满足试验要求，导致有 7 组 SC 数据失效，故获得 63 组完整的 SC 数据；将 63 组数据导入 SPSS 软件进行标准化；依照三标准差筛选法进行极端值或错误值的剔除，最终剩下 61 组有效的 SC 数据，其中有 33 个对照组试验数据和 28 个噪声组的试验数据。其还需进一步处理，通过 SPSS 软件去除每组最大值和最小值，进行标准化均值处理，最终得出对照组与噪声组 SC 的标准均值（表 5-18）和变化趋势（图 5-9）。

表 5-18　对照组与噪声组的 SC 标准均值

时间/min	对照组	噪声组
0	1.676502903	0.095595
5	−0.132359355	0.966818077
10	−0.140876452	0.771555
15	−0.405694839	−0.256535769
20	−0.648429032	−0.126723077
25	−0.556769677	−0.125860385
30	−0.408390645	−0.358381538
35	−0.388150645	−0.162467692
40	0.97678871	1.046211538
45	0.323784839	0.199296923
50	0.032232258	0.176758462
55	0.183686452	−0.606656923

时间/min	对照组	噪声组
60	−0.01995871	−0.029611538
65	−0.088755161	−0.229493846
70	−0.293897419	−0.762526154
75	−0.36624129	−0.199729231
80	0.01235129	−0.448840385

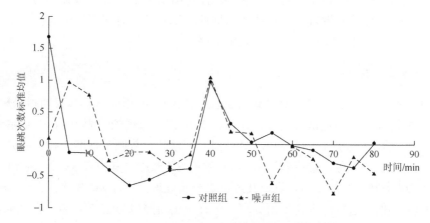

图 5-9　对照组与噪声组的 SC 标准均值变化趋势

　　由图 5-9 可以直观地看出对照组与噪声组的 SC 随时间的变化趋势。从对照组 SC 趋势图中分析：0～5 min 时间段，由于受试者第二次测试已对试验有一定的熟悉，眼跳次数下降快，受试者的视觉辨识能力快速提高；5～35 min 时间段，SC 下降再上升且变化缓慢，并基本保持在一定水平，说明受试者的视觉辨识能力先提高后降低但保持着一定辨识能力；35～45 min 时间段，SC 快速上升后又快速下降，说明受试者的视觉辨识能力先提高后下降且变化迅速；45～80 min 时间段，SC 变化趋势开始稳定下降，说明受试者随着试验次数的增加对试验图片逐渐熟悉，致使受试者的视觉辨识效率稳定上升。

　　从噪声组 SC 趋势图中分析：0～5 min 时间段，受试者刚接触噪声导致视觉系统受影响，SC 上升快，受试者的视觉辨识能力下降快速；5～15 min 时间段，SC 开始下降，说明受试者开始慢慢适应噪声环境，受试者的视觉辨识能力开始提高；15～35 min 时间段，SC 基本保持在一定水平，说明受试者的视觉保持着一定辨识能力；35～45 min 时间段，SC 快速上升后又快速下降，说明受试者的视觉辨识能力先提高后下降且变化迅速；45～80 min 时间段，眼跳次数变化趋势开始稳定下降，说明受试者随着试验次数的增加，对试验图片更熟悉，使视觉辨识效率稳定上升。

从噪声组与对照组趋势图中对比分析：0～30 min 时间段，噪声组的 SC 基本上高于对照组，说明此时间段噪声能够使受试者的 SC 增加，使受试者的视觉辨识能力下降；30～45 min 时间段，噪声组和对照组的 SC 变化趋势差异性比较小，说明在此时间段噪声对受试者的视觉辨识能力的影响不显著；而 45～80 min 时间段，噪声组的眼跳次数基本上低于对照组，说明此时间段噪声能够使受试者的 SC 减少，受试者随时间变化出现视觉性疲劳后，噪声可轻微提高受试者的视觉辨识能力；0～15 min 和 50～80 min 两个时间段，噪声组与对照组 SC 变化差异性比较显著，说明这两个时间段噪声对受试者的视觉辨识能力影响较严重。

5.3.3　结果讨论与噪声防护对策

通过分析三个眼动特征指标，从视觉注意力、视觉认知效率和视觉辨识能力三个方面来衡量噪声暴露时间对视觉认知的影响规律，得出以下结论。

（1）根据 AFD 指标得出：噪声能够使受试者的视觉注意力下降；0～10 min 和 40～55 min 两个时间段，噪声对受试者的视觉注意力影响较严重。

（2）根据 ASA 指标得出：噪声对受试者的视觉认知效率的影响较小；50～80 min 时间段，受试者随着时间变化出现视觉性疲劳，噪声可轻微提高受试者的视觉认知效率。

（3）根据 SC 指标得出：0～30 min 时间段，噪声使受试者的视觉辨识能力下降；30～45 min 时间段，噪声对受试者的视觉辨识能力的影响较小；45～80 min 时间段，受试者随时间变化出现视觉性疲劳后，噪声可轻微提高受试者的视觉辨识能力；0～15 min 和 50～80 min 两个时间段，噪声对受试者的视觉辨识能力影响较严重。

（4）综合三个指标规律分析原因得出：0～15 min 时间段，受试者突然进入噪声环境，从不适应噪声环境到慢慢适应噪声环境；在噪声环境中暴露 45 min 后，受试者的三个指标波动变化明显，表明噪声暴露 45 min 左右对受试者视觉认知影响较严重，此时需引起班组管理人员重视。

通过查阅综采工作面噪声文献和现场体验综采工作面噪声环境，确定危害矿工的综采工作面噪声主要来源于机械噪声。根据噪声传播特性，噪声防治通常从声源、噪声传播途径和人体防护三个方面进行，具体措施如下。

（1）对声源降噪减少生产现场机器设备本身的振动。如选择低噪声的设备、改进生产加工工艺、提高机械设备的精度等，使声源体的发生强度降至最低；机械噪声一般起源于设备的连接处和运动的撞击。降低机械噪声的方法有：改变不合理的运动形式；减少运动部件的相互撞击；减少机械摩擦，提高零部件制造精度和装配精度，加强润滑；加强设备的维修；通过隔振、加阻尼降低振动。

（2）控制噪声的传播途径。在传播途径上阻断或屏蔽声波的传播或使其传播的能量随距离衰减，是控制噪声、限制噪声传播的有效方法。高强度声源通常采用吸声、隔声、消声等局部措施；采用隔振、阻尼、减振措施。

（3）个体防护。当声源与传播途径都达不到预期效果时，使用防护用具对作业人员进行个体防护是一种经济、有效的方法。个体防护装备常见的有防噪耳塞、耳罩、防噪声帽及塞入耳孔内的防声棉等。

由于综采工作面现场环境及采煤工艺的限制，在声源降噪和噪声传播途径两方面的噪声防治工作一直都是事倍功半，投入成本与实际效果不成正比。因此综采工作面的噪声防治工作应从个体防护入手，但常用防噪耳塞、耳罩等会阻断矿工间的交流和警示信号，也不适用综采工作面矿工。

根据噪声暴露 45 min 左右对受试者视觉认知影响较严重的结论，提出通过采取轮班、轮岗作业，增加休息次数等方式缩短作业人员在高噪声环境下的操作时间。每个班组配备两名左右"全技工"，当矿工在高噪声环境下作业时间达到 45 min时，与"全技工"进行轮岗作业，以达到增加人体听觉系统休息次数的目的。其中"全技工"指的是已经熟练掌握两个或多个工种操作流程的工人。

5.4 小   结

通过现场采集分析综采工作面噪声的声压级大小与不同类型噪声的频谱分析，并在此基础上针对视觉认知随噪声暴露时间变化进行试验研究，利用 Eye Link Ⅱ 眼动仪采集受试者的 AFD、ASA 和 SC 3 个眼动指标来衡量视觉认知能力随着综采工作面噪声暴露时间的变化。通过对试验数据的分析和讨论，得出以下主要结论。

（1）九里山矿 14141 综采工作面和霍尔辛赫煤矿 3302 综采工作面噪声现场实测结果表明：目前多数综采工作面的噪声声压级远超过 85 dB 的噪声限值要求，矿工也一直遭受这高声压级噪声的危害。

（2）不同噪声暴露时间对受试者视觉认知产生的影响变化显著；相同噪声暴露时间下，噪声对不同受试者的视觉认知影响变化也不同。

（3）噪声能够使视觉注意力下降，对视觉认知效率的影响不显著，对视觉辨识能力的影响较复杂。噪声在 0～10 min 和 40～55 min 时间段对视觉注意力影响较严重；在 0～15 min 和 50～80 min 时间段对视觉辨识能力影响较严重；

被试者随时间变化出现视觉性疲劳后,噪声可轻微提高视觉认知效率和视觉辨识能力。

（4）在噪声环境中暴露 45 min 后,受试者三个指标波动变化明显,表明噪声暴露 45 min 左右对受试者视觉认知影响较严重,此时需引起班组管理人员重视,并提出使用"全技工"轮班、轮岗作业的噪声防护对策,以减少综采工作面高等级噪声对矿工的危害。

第6章　噪声对人注意力影响的试验研究

6.1　试 验 方 法

6.1.1　受试者

根据煤矿每年对矿工体检的信息记录,试验选取受试者为20名某理工大学煤矿短期委培矿工,均为男性,年龄28~35岁,他们在听力水平测试中结果相同,我们近似看作受试者的听力水平一致。试验前经检查,其身体健康,无中枢神经系统疾病,无注意力缺陷,视力良好,无色盲、色弱症且试验前未饮酒及咖啡等饮品。

6.1.2　试验装置

舒尔特方格是世界范围内最科学、最有效的注意力训练方法。它是一个$n \times n$的正方形表格,如图6-1所示。本次试验所用为5×5升级版舒尔特方格,方格中1~25共25个数字任意排列,被试者需要在规定的时间（35 s）内按照1~25的顺序依次用鼠标点击相应的数字,超过35 s软件会自动显示游戏结束,点击错误次数软件也会记录下来。受试者所用时间越短,错误次数越少,则该受试者的注意力水平越高。

6.1.3　试验材料

噪声材料同前。

噪声等级的大小由高保真立体环绕音响控制,不同噪声等级的选取均使用噪声仪在实验室中受试者所处位置长时间检测噪声等级,以保证受试者试验时能够接触到的噪声等级达到试验强度等级。根据《工作场所职业病危害作业分级　第4部分:噪声》(GBZ/T 229.4—2012),

图 6-1　舒尔特方格

分别选取室内（35±2）dB、（75±2）dB、（85±2）dB、（95±2）dB、（105±2）dB 共 5 个试验组作为试验的不同参照组。

6.1.4　试验步骤

为了防止长时间暴露在强噪声环境里影响试验效果，在模拟试验室环境一致的情况下每次只进行一种噪声级的试验，共分 5 组完成全部试验。为了试验数据的一致性，试验时间选择在 19:00~21:00 进行，因为这个时间段属于生理节律的兴奋阶段。对于晚班的作业人员来讲，噪声对人注意力的影响明显，便于进行结果的判断分析。要求受试者 18:00 进入实验室熟悉模拟实验室环境、试验设备及试验流程。18:30 要求受试者聆听优美的轻音乐保持身体状态的稳定，19:00 试验准时开始。每个受试者需要待在模拟噪声环境中 20 min，然后进行试验，每个受试所放噪声音频片段相同，每个受试者需进行 5 次试验（每 5 min 进行一次），试验持续 25 min。

试验过程中，要求受试者就座于试验室规定位置，距离试验桌 20 cm，眼睛与所用电脑屏幕中心保持平行，距离屏幕 1 m，右手持鼠标，食指点击鼠标左键。具体试验步骤如下。

试验前，受试者按规定就位，设备准备完毕，宣读指导语，使受试者能够理解试验流程及要求。

开始试验，按照试验设计流程，受试者需要在室内环境 [（35±2）dB] 待够 20 min，然后进行第一组试验，按照 1~25 的顺序依次用鼠标点击相应的数字，在规定的时间内完成试验就记录下完成时间及出错次数，超过时间就记录为 P。

在接下来的 4 组试验中，在模拟试验室其他环境条件不变的情况下，将噪声等级分别控制在（75±2）dB、（85±2）dB、（95±2）dB、（105±2）dB 并按照上述流程分别进行试验，记录数据，直到所有的试验都全部完成。

所有受试者在完成试验后都要聆听 20 min 的旋律优美的轻音乐，来缓解和消除强噪声对人体产生的影响。

6.1.5　试验数据处理

将每位受试者在不同噪声等级下试验所得 5 组注意力时间数据取平均值，然后使用 SPSS 将 20 名受试者的数据进行处理与分析。为了方便分析，统一将注意力时间记录为 P 的数据赋值注意力时间为 40 s。

6.2　试验结果及分析

将 Microsoft Excel 办公软件汇总的视觉刺激下人的反应时间数据按照规则输入 SPSS20 软件进行数据分析。

6.2.1　描述性统计

通过 SPSS 对结果进行反应时间 K-S 检验，分析得到其渐近显著性（双侧）为 0.977，远远大于 0.05，表示不能拒绝原假设，数据满足正态分布且可以进行方差分析。以噪声等级（dB）作为自变量，反应时间（s）作为因变量，得到描述性统计表（表 6-1）。通过表 6-1 可以知道不同噪声等级下反应时间的均值、标准偏差、标准误差、置信区间、极大值和极小值等信息。

表 6-1　描述性统计

等级	N	均值	标准偏差	标准误差	均值的 95%置信区间		极小值	极大值
					下限	上限		
35 dB	20	28.654900	2.5039609	0.5599027	27.483010	29.826790	24.5620	32.0900
75 dB	20	28.446800	2.9612835	0.6621631	27.060877	29.832723	21.5740	34.6240
85 dB	20	28.648800	3.5265604	0.7885629	26.998319	30.299281	21.4380	34.8160
95 dB	20	30.200400	2.8645858	0.6405409	28.859733	31.541067	24.9160	35.3180
105 dB	20	31.271500	2.7227152	0.6088176	29.997230	32.545770	26.4120	35.7440
总数	100	29.444480	3.0847055	0.3084705	28.832408	30.056552	21.4380	35.7440

6.2.2　方差分析

由表 6-2 可以看出显著性值为 0.875，大于 0.05，方差是齐性的，进行方差分析是合适的。由表 6-3 可以发现 F 值为 3.574 且显著性 Sig. = 0.009，小于显著性水平 0.05，因此认为 5 组数据中至少有一组与另外一组存在显著性差异。说明噪声对矿工的注意力存在较为显著的影响作用。在以后的煤矿生产中，煤矿管理者应该注意作业人员的注意力水平，建立注意力检测系统，水平低的人员应及时离开作业面，以此保证作业的安全。

表 6-2　方差齐性检验

Levene 统计量	df1	df2	显著性
0.303	4	95	0.875

表 6-3　方差分析

	平方和	Df	均方	F	显著性
组间	123.227	4	30.807	3.574	0.009
组内	818.799	95	8.619		
总数	942.025	99			

6.2.3　Tukey HSD 多重比较

用 Tukey HSD 法对数据进行多重比较，由表 6-4 可知室内（35±2）dB、（75±2）dB、（85±2）dB 三组数据跟（105±2）dB 组的数据显著性均小于 0.05，可知这几组数据之间存在显著性差异，证明几组数据的分析有一定的可比性，这样能够更有利于发现每组数据之间存在的差异。

表 6-4　注意力时间多重比较

（I）噪声级	（J）噪声级	均值差（I–J）	标准误差	显著性	95%置信区间 下限	上限
35 dB	75 dB	0.2081000	0.9283822	0.999	−2.373605	2.789805
	85 dB	0.0061000	0.9283822	1.000	−2.575605	2.587805
	95 dB	−1.5455000	0.9283822	0.461	−4.127205	1.036205
	105 dB	−2.6166000*	0.9283822	0.045	−5.198305	−0.034895
75 dB	35 dB	−0.2081000	0.9283822	0.999	−2.789805	2.373605
	85 dB	−0.2020000	0.9283822	0.999	−2.783705	2.379705
	95 dB	−1.7536000	0.9283822	0.330	−4.335305	0.828105
	105 dB	−2.8247000*	0.9283822	0.025	−5.406405	−0.242995
85 dB	35 dB	−0.0061000	0.9283822	1.000	−2.587805	2.575605
	75 dB	0.2020000	0.9283822	0.999	−2.379705	2.783705
	95 dB	−1.5516000	0.9283822	0.456	−4.133305	1.030105
	105 dB	−2.6227000*	0.9283822	0.045	−5.204405	−0.040995
95 dB	35 dB	1.5455000	0.9283822	0.461	−1.036205	4.127205
	75 dB	1.7536000	0.9283822	0.330	−0.828105	4.335305
	85 dB	1.5516000	0.9283822	0.456	−1.030105	4.133305
	105 dB	−1.0711000	0.9283822	0.777	−3.652805	1.510605
105 dB	35 dB	2.6166000*	0.9283822	0.045	0.034895	5.198305
	75 dB	2.8247000*	0.9283822	0.025	0.242995	5.406405
	85 dB	2.6227000*	0.9283822	0.045	0.040995	5.204405
	95 dB	1.0711000	0.9283822	0.777	−1.510605	3.652805

*表示在 0.05 水平上差异显著。

6.2.4　均值分析

由反应时间随噪声等级的变化趋势图（图6-2）可知，噪声对作业人员的反应时间具有显著的影响，（85±2）dB 噪声等级以下，矿工的反应时间变化很小，说明低噪声对矿工的反应时间影响较小，矿工的注意力水平下降较小；当噪声等级超过（85±2）dB 时，矿工的反应时间增加显著，此时矿工的注意力水平显著降低。因此，在煤矿安全管理中要严格按照国家标准控制作业面噪声在 85 dB 以下。

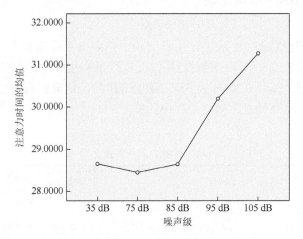

图 6-2　反应时间随噪声级的变化趋势图

6.2.5　出错次数与超时次数分析

统计不同噪声级试验中受试者总的出错次数和超时次数，绘制出相应的变化趋势图。如图 6-3 可知，噪声对矿工的操作具有显著的影响作用，随着噪声等级

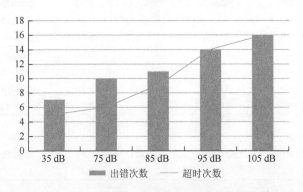

图 6-3　出错次数和超时次数随噪声级的变化趋势图

的升高，矿工出错次数和超时次数逐渐增加，当噪声级超过 85 dB 后，其增加更加显著，说明矿工的注意力水平下降显著。在煤矿作业中，作业人员注意力水平下降就会导致不安全行为，关注作业人员的注意力水平对减少煤矿事故的发生显得尤为重要。

6.3　讨　　论

（1）根据方差分析可知，几组噪声级试验数据之间存在显著性差异，说明噪声等级对人的注意力水平的影响是显著的。在以后的煤矿生产中，煤矿管理者应该注意作业人员的注意力水平，水平低的人员应该及时离开作业面，以此保证作业的安全。

（2）均值分析发现，85 dB 噪声等级之前，噪声对人的注意力水平影响较小，而噪声级超过 85 dB 之后，噪声等级对人的注意力水平的影响就非常显著。所以在煤矿作业中要按照国家标准，严格控制噪声等级在 85 dB 之下，以保证作业人员的安全。

（3）（75±2）dB 噪声等级时人的注意力时间比室内不播放噪声时更小，说明适当的噪声有助于提高人的注意力水平。

（4）出错与超时分析中发现，出错次数和超时次数随着噪声等级的升高而升高，尤其是 85 dB 后，变化趋势更加明显。在煤矿作业中，作业人员注意力下降就会造成不安全行为，关注作业人员的注意力水平对减少煤矿事故的发生就显得尤为重要。

6.4　小　　结

本章利用舒尔特方格试验原理设计了关于噪声对注意力的影响的试验，选取被试者在试验室进行试验，记录试验数据，通过分析不同噪声等级对人的注意力水平影响的试验数据，得到噪声对受试者的注意力影响的规律如下。

（1）不同噪声等级刺激对矿工的注意力水平影响存在差异。噪声等级在 35～85 dB 之间，注意力水平变化不显著，当噪声等级超过 85 dB 后，对注意力水平的影响显著。

（2）不同噪声等级分别与矿工出错次数、超时次数呈正相关关系。当噪声等级在 35～85 dB 这个区间时，随噪声刺激的增大，矿工出错次数的增长率先增大后减小，而超时次数的增长率刚好相反。噪声等级超过 85 dB 后，矿工出错次数、超时次数的增长率一致。

第7章 噪声对人行为影响的试验研究

7.1 试 验 方 法

7.1.1 受试者

试验选取受试者为 20 名某理工大学煤矿短期委培矿工，均为男性，年龄 28～35 岁，根据煤矿提供的体检信息，受试者的听力水平测试结果相同，可以近似看作受试者的听力水平一致。试验前经检查，受试者身体健康，无中枢神经系统疾病，视力良好，无色盲、色弱症且试验前未饮酒及咖啡等。

7.1.2 试验装置

E-Prime 由卡内基梅隆大学、匹兹堡大学和美国 PST 公司联合开发，是一个全球范围内应用广泛且能实现计算机化行为研究的跨平台系统，能与多种心理学技术与设备（如 ERP、眼动仪）相结合，编程流程如图 7-1 所示。E-Prime 是 Experimenter's Prime（best）的简称，是实现计算机化行为研究的一个跨平台系统，

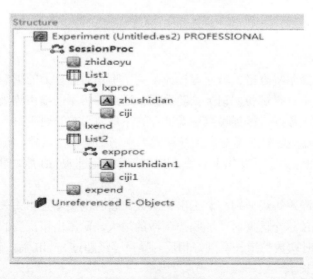

图 7-1　编程流程图

它与所有的可视化编程语言系统相似，使用类似于 Visual Basic 的 E-Basic 语言，是一个涵盖从试验生成到毫秒精度数据收集与初步分析的图形界面应用软件套装。该系统包括如下特征：图形化界面编程环境，对试验功能的实现可以通过所见即所得的选择、拖放和设定产生，针对行为研究的增强命令，为编程提供了灵活性，可以帮助实现更加灵活全面的试验范式，并提供了 E-Prime 的扩展空间；扩展的数据分析和导出系统；数据检验核对功能；试验生成向导；PsychMate 系统提供了试验教学需要的经典试验。

7.1.3　试验材料

选取 112 个生活中耳熟能详的词汇（如可爱、恶毒）。随机选取 10 名研究生（不参加正式试验），对这 112 个词汇进行词性判断（1 非常消极，2 比较消极，3 有点消极，4 中性，没有积极或消极之分，5 有点积极，6 比较积极，7 非常积极。1～7 表示非常消极到非常积极）。根据得分高低选出 20 个分值高的积极词汇和 20 个分值低的消极词汇，将这些选出来的词汇做成图片，作为刺激材料，E-Prime 试验软件系统无法读取汉字信息，因此词汇将以图片的形式呈现，图片背景色为：黑色（浅色 50%）；字体为：红色，宋体，小初；图片格式只能为 bmp 格式，如图 7-2 所示。根据调查问卷得分的高低选出 20 个高分值的积极词汇（如乐观）和 20 个低分值的消极词汇（如肮脏）。对这 20 个积极词汇（$M = 60.35$）和 20 个消极词汇（$M = 16.60$）的平均值进行 t 检验。分析所得 $P = 0.000 < 0.001$，说明积极词汇和消极词汇在词性得分高低上具有显著性差异。

图 7-2　刺激图片

用 YLY2.8 型号矿用防爆录音笔，对河南焦煤能源有限公司九里山矿综采工作面作业环境进行噪声采集。主要声源为 MG200/500-WD 型交流电牵引采煤机，PY1905009 型刮板输送机空载及液压泵站运行时产生的混合噪声。通过 Spek 0.8.2

频谱分析软件（图 7-3）对噪声进行音频频谱分析，该噪声编码格式为 wma，码率为 192 kbps，属于高音质，采样频率为 48000 Hz，为专业音频采样率。噪声播放设备为高保真立体环绕音响，其最大噪声值可达 130 dB。噪声等级的大小由高保真立体环绕音响控制，不同噪声等级的选取均使用噪声仪在试验室中受试者试验所处位置的人耳处长时间检测求取平均值所得，以保证受试者试验时能够接触到的噪声等级达到试验强度等级。根据《工作场所职业病危害作业分级第 4 部分：噪声》（GBZ/T 229.4—2012），分别选取室内（35±2）dB、（55±2）dB、（65±2）dB、（75±2）dB、（85±2）dB、（95±2）dB、（105±2）dB 共 7 组作为试验参照组。

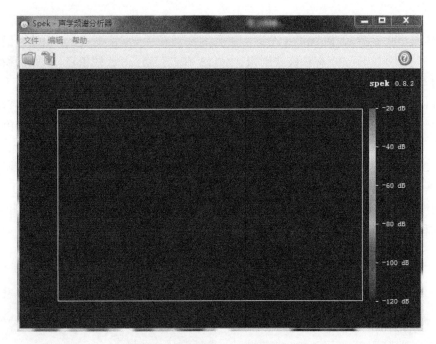

图 7-3　Spek 0.8.2 频谱分析仪

7.1.4　试验步骤

利用 E-Prime 试验设计模块 E-Studio 对试验刺激流程进行设计，其流程为：指导语—练习模块—过渡语—试验模块—结束语，如图 7-4 所示。受试首先是受到噪声和图片刺激（S），然后需要进行词性判断（O），最后是做出相应的反应（R），当你认为自己看到的词汇是积极词汇时按键盘上的"F"键，当你认为自己看到的词汇是消极词汇时按"J"键。其流程原理与 S-O-R 模型相对应。

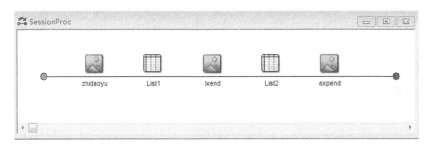

图 7-4　刺激呈现流程图

噪声对人的生理心理影响有一定的持续性。为了防止不同噪声等级对人影响的耦合作用效果，每次只进行一种噪声级的试验，共分 7 组完成全部试验。试验时间选择在 19:00～21:00 进行，属于作业人员生理节律的兴奋期。对于晚班的作业人员来讲，噪声对人注意力的影响明显，便于进行结果的判断分析。要求受试者 18:00 进入模拟实验室熟悉实验室环境、试验设备及试验流程。18:30 要求受试者聆听优美的轻音乐保持身体状态的稳定，19:00 试验准时开始。每个受试者需要待在模拟噪声环境中 20 min，然后进行试验，每位受试者听到的噪声音频材料完全相同。

试验过程中，要求受试者就座于模拟试验室规定位置，距离试验桌 20 cm，眼睛与所用电脑屏幕中心保持平行，距离屏幕 1 m，左手食指放于"F"键上，右手食指放于"J"键上。具体试验步骤如下。

试验前，受试者按规定就位，设备准备完毕，宣读指导语，使受试者能够理解试验流程及要求。

开始试验，按照试验设计流程，受试者需要在室内环境 [（35±2）dB] 待够 20 min，然后进行试验。首先 E-Prime 界面会出现指导语，按照指导语进行练习模块，试验模块的操作。软件会自动记录下受试者每个刺激的反应时和操作按键。

在接下来的 6 组试验中，保持试验室其他环境不变，将噪声分别控制在（55±2）dB、（65±2）dB、（75±2）dB、（85±2）dB、（95±2）dB、（105±2）dB 并按照上述流程分别进行试验，直至试验全部结束。

所有受试者在完成试验后都要聆听 20 min 旋律优美的轻音乐，来缓解和消除强噪声对人体产生的影响。

7.1.5　试验数据处理

将受试者试验所得 7 组反应时数据，利用 E-Prime 数据合并模块 E-Merge 进行整合，每组数据 40 个反应时取平均值，然后使用 SPSS 将 20 名受试者的数据进行处理与分析。

7.2　试验结果及分析

7.2.1　描述性统计

以噪声等级（dB）作为自变量，反应时（ms）作为因变量，得到描述性统计表，如表 7-1 所示，由表 7-1 可知反应时的均值、标准偏差、标准误差、置信区间、极大值和极小值等信息。

表 7-1　噪声等级对反应时影响的描述性统计

噪声级	N	均值	标准偏差	标准误差	均值的95%置信区间		极小值	极大值
					下限	上限		
35 dB	20	760.96875	124.091992	27.747813	702.89191	819.04559	577.750	1017.875
55 dB	20	756.77250	141.031475	31.535596	690.76774	822.77726	569.900	1103.600
65 dB	20	762.72125	117.752304	26.330216	707.61148	817.83102	558.150	967.725
75 dB	20	763.86000	105.449558	23.579238	714.50809	813.21191	564.650	967.650
85 dB	20	777.22375	125.937395	28.160458	718.28324	836.16426	605.000	1035.675
95 dB	20	817.11500	117.973144	26.379597	761.90187	872.32813	659.600	1107.625
105 dB	20	815.16500	154.735389	34.599885	742.74661	887.58339	603.225	1173.125
总数	140	779.11804	127.156067	10.746649	757.87000	800.36607	558.150	1173.125

7.2.2　相关性分析

由相关性分析（表 7-2）可知，对应的相关系数为 0.047，小于 0.050，因此噪声等级与反应时在 0.050 水平（双侧）上具有一定的相关性。证明此次试验噪声对反应时的影响研究是有意义的。

表 7-2　相关分析表

		噪声级	反应时
噪声级	Pearson 相关性	1	0.168[*]
	显著性（双侧）		0.047
	N	140	140
反应时	Pearson 相关性	0.168[*]	1
	显著性（双侧）	0.047	
	N	140	140

7.2.3　线性回归分析

由表 7-3 可知，F 的统计值 = 4.002，P 值为 0.047＜0.05，因此此回归模型具有分析意义。由此可以进行回归系数分析，由表 7-4 可知，Sig.＜0.05，可见常量和噪声级都具有分析意义。由图 7-5 标准化残差的标准 P-P 图也能看出：数据散点分散在图上的直线上或者靠近直线，变量之间呈线性分布，所以，可以推断，回归方程满足线性检验。因此得到噪声级与反应时的一元回归模型：

$$y = 10.635x + 736.579 \qquad\qquad (7\text{-}1)$$

表 7-3　方差分析表

模型		平方和	df	均方	F	Sig.
	回归	63336.211	1	63336.211	4.002	0.047[b]
1	残差	2184108.291	138	15826.872		
	总计	2247444.501	139			

表 7-4　回归系数表

模型		非标准化系数		标准系数（试用版）	t	Sig.
		B	标准误差			
1	（常量）	736.579	23.775		30.981	0.000
	噪声级	10.635	5.316	0.168	2.000	0.047

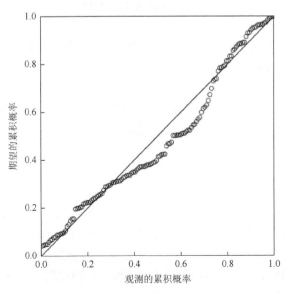

图 7-5　标准化残差 P-P 图

7.2.4　平均反应时与出错次数统计分析

（1）由图 7-6 平均反应时折线可知，平均反应时随着噪声等级的升高整体呈现出增大的趋势，噪声对反应时的影响在 35～75 dB 阶段影响较小，75 dB 之后影响非常显著。

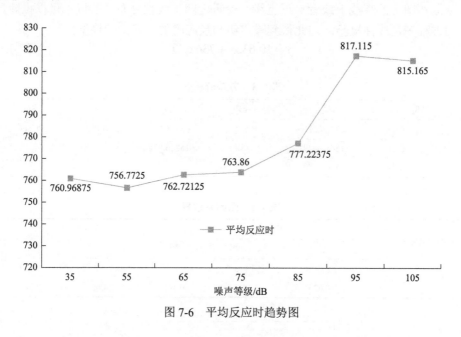

图 7-6　平均反应时趋势图

（2）由图 7-7 出错次数折线可知，出错次数随噪声等级的升高整体呈现一种增大的趋势，噪声等级对出错次数的影响在 35～65 dB 之间影响较小，65 dB 之后影响非常明显。

（3）由图 7-6 和图 7-7 平均反应时和出错次数对比分析发现，可靠度的曲线与错误次数曲线有着一定的反向变化的趋势。

7.2.5　可靠度分析

根据式（7-2）和式（7-3）得可靠度，结果见表 7-5。利用 Excel 绘制可靠度随噪声等级的变化折线图。如表 7-5 可知，噪声等级在 65 dB 之下对可靠度的影响不显著，当噪声等级大于 65 dB 时，可靠度有了显著的下降；也就是说，当"S"阶段受到的刺激越大，"R"阶段的可靠度越低。因此降低噪声等级是增加作业人员可靠度的最好方法。

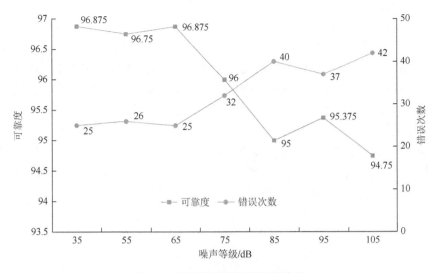

图 7-7　可靠度和错误次数趋势图

$$F = \frac{N}{800} \qquad\qquad (7\text{-}2)$$

$$R = 1 - F \qquad\qquad (7\text{-}3)$$

式中，F 为失误率；N 为失误次数；R 为可靠度。

表 7-5　噪声等级对可靠度的影响统计表

噪声等级/dB	35	55	65	75	85	95	105
失误次数/次	25	26	25	32	40	37	42
失误率 F/%	3.125	3.250	3.125	4.000	5.000	4.625	5.250
可靠度 R/%	96.875	96.750	96.875	96.000	95.000	95.375	94.750

7.3　讨论与结论

7.3.1　讨论

（1）噪声级在 35～75 dB 之间反应时变化不显著，超过 75 dB 后反应时的变化显著。符合煤矿安全规程对井下作业场所的噪声不应超过 85 dB 的规定，也就是控制 S-O-R 模型中"S"环节，使刺激尽量减小，通过培训和技术创新等方法减少"O"环节的反应时，超过标准，矿工的反应时延长，易造成不安全行为发生。

（2）噪声级在 35～65 dB 之间出错次数和可靠度变化不显著，超过 65 dB 出错次数和可靠度的变化非常显著。因此在煤矿生产中，要控制好"R"环节，熟练作业流程，使矿工在遇到紧急情况时能够及时做出正确的操作以减少损失。

（3）噪声对反应时的影响在 75 dB 之后就非常显著，而噪声对错误次数、可靠度的影响在 65 dB 之后就已经非常明显了。建议有条件的矿可以将噪声安全临界值设定为 75 dB，以减少不安全行为的发生。

（4）反应时的曲线与错误次数曲线有着一定的反向变化趋势，也就是"O"环节与"R"环节是相互影响的。因此，在作业中要将 S-O-R 三个环节及作业面当成一个有机整体，既要抓好各环节也要抓好各环节之间的相互关系，将噪声等级控制，矿工培训和应急对策制定等方法有机结合，以减少不安全行为，降低企业损失。

7.3.2　结论

本章通过分析煤矿噪声对矿工反应时与出错数的影响，得出了以下结论。

（1）噪声级在 35～75 dB 之间反应时变化不显著，超过 75 dB 后反应时变化显著。

（2）噪声级在 35～65 dB 之间出错次数和可靠度变化不显著，超过 65 dB 出错次数和可靠度的变化非常显著。

（3）建议有条件的矿可以将噪声安全临界值设定为 75 dB，以减少不安全行为的发生。

7.4　小　　结

本章主要介绍了如下内容。

（1）根据收集的相关资料，整理有用信息，设计试验流程，选取试验材料，选取试验受试者等。

（2）选取矿工进行试验，利用 E-Prime 行为试验软件进行试验，记录下受试者的试验数据。

（3）分析试验数据，得到不同等级的噪声对受试者的行为影响的规律，对规律进行归纳与总结，得出试验结论。

第8章 照度对人影响的试验研究

8.1 照度对人视觉识别性的影响

综采工作面所需的照明一般由机械上安装的灯具和矿工佩戴的矿灯来提供，根据照明方式划分，其属于局部照明，为了深入分析照度对人视觉识别性的影响，本章以采煤机操作面上出现的各类显示仪表作为刺激材料设计试验，研究其安全性。

首先，机器仪表将机器的工作信息传递给人，实现人-机的信息传递，操作者根据仪表信息来了解和掌握机器的运行情况，从而控制和操纵机器。信息传递、处理的速度与准确度直接影响工作的安全性和效率。当人在浏览视觉信息时，通过视觉系统将视觉信息传递给大脑，大脑控制人的眼睛运动来接收信息，这个过程称为视觉感知。作业人员监控仪表显示器的过程就是视觉感知的过程，通过识别和感知显示器所传递的信号来指导自己的行为。仪表显示器所传递的危险信息对人的行为产生作用的过程可分为发现（注意阶段）、识别（识别阶段）、信息判断与决策（判断阶段）、遵守操作（行为阶段）4个阶段。而在这个过程中，发现仪表显示器所传递的危险信息是遵守操作的前提，即人对危险信息的视觉注意程度，而环境状况对生产系统中的人有很大的影响。环境变化会影响人的心理、生理甚至干扰人的正常行为。环境中照度的变化会影响仪表监测人员对危险信息的视觉注意程度，进而影响仪表监测人员迅速而准确地识读显示器所传递的危险信息，然后直接影响人的安全行为的操作状况。因此，研究照度对仪表监控人员监控仪表显示器的视觉识别性的影响规律，对提高监控过程对仪表显示器所传递的危险信息识别性，进而减少人的不安全行为及事故发生有重要意义。

本章研究利用眼动追踪技术，通过 Eye Link II 型高速眼动仪采集不同照度下受试者在警戒用仪表视觉刺激条件下的眼动数据，并将分析结果结合视觉注意理论，得出照度对受试者特征影响的规律，进而为综采工作面环境中照度设计提出最优化建议。

8.1.1 试验设计

1. 试验环境

为了模拟煤矿井下暗环境中不同局部照度水平对矿工视觉识别性的影响，试验于 19:00～23:00 在安静的暗室中进行，环境温度 22℃，湿度 50%。暗室中无一般照明，符合井下综采工作面环境照明状况。试验过程中选择照度为单一变量，通过调节荧光灯改变局部照明的照度值，模拟综采工作面不同局部照明环境状况。

试验前将可调的荧光灯安装在受试者和试验仪器上方作为局部照明，调节灯具的安装位置和照射角度，避免灯具直射受试者眼睛造成眩光。试验过程中，工作面上照度均匀，低于 500 lx 时在试验仪器的屏幕上几乎看不到反射光幕和眩光的存在。

2. 受试者

为保证试验数据的准确性，本试验选取 20 名自愿的在读研究生（男性）作为受试者，受试者在整个试验过程中都主动配合，无厌烦情绪。所选受试者均身体健康，视力或矫正后视力正常，无色盲或色弱现象。试验前对受试者进行视觉疲劳问卷调查，结果发现：20 名受试者调查问卷得分均小于 16 分，即无视觉疲劳现象。

3. 试验仪器

（1）主要试验仪器。主要仪器同 5.1.3 节实验仪器。使用 Eye Link II 型眼动仪可以采集到注视点个数、首次注视时间、平均注视时间、平均眼跳幅度、反应时、瞳孔面积及眼跳个数等眼动数据，是一种精度高，可靠性好的眼动追踪仪器。

（2）辅助试验仪器。Smart Sensor 分体式光照度计、温度计、湿度计、荧光台灯、空调、加湿器、支架等。支架用于固定台灯；照度计和台灯用以调节控制工作面局部照明的照度值；空调和温度计用以控制试验环境温度值保持不变；加湿器和湿度计用以控制试验环境湿度值保持不变。

4. 试验材料

按照标准绘制试验刺激图片，并将所有图片处理成大小和像素相同，且满足编程要求。用眼动仪自带软件 Experiment Builder 将试验刺激图片编入试验程序，依次呈现如表 8-1 所示的 5 个试验刺激图片，在两张图片切换时会以空白屏掩蔽，驻留时间（注视点停留在每张刺激材料上的累计时间）设定为每张图片呈现 3000 ms。

表 8-1　试验刺激图片

图形示意				
圆形	水平直线	竖直直线	水平弧形	竖直弧形

8.1.2　试验过程

试验 1～6 连续进行 6 天，每个试验由 20 名被试者单独进行，并保证室内安静。试验均在人体生理周期相似的时段内（19:00～23:00）完成；试验前进行 15 min 的照明适应，尽量保证样本对试验环境照度的相同性和平等性。每天除试验环境照度发生变化外，每个试验参与试验人员、环境温度、环境湿度相同。

（1）试验 1（无局部照明，屏幕照度值 10 lx）。

适应：试验前受试者坐在被试机前，下颚托在支架上，在小室内的试验照度下适应 15 min，为受试者宣读指导语，使其正确理解试验要求。

校准：受试者戴上眼动仪头盔后，首先进行定标和校准，当误差满足试验要求时，可以开始正式试验。

正式试验：按照试验程序设计依次自动切换试验刺激材料。

（2）试验 2～6。具体步骤和要求同试验 1。只是局部照明的照度逐步增大，依次为 30 lx、100 lx、200 lx、300 lx、450 lx。

（3）试验数据导出及处理。

试验数据自动保存在眼动仪中，首先用自带软件 Data Viewer 将数据导出，用 Excel 对注视点个数（fixation count，FC）和 AFD 进行初步筛选和整理，处理成适合 SPSS 软件分析的格式，然后用 SPSS 软件进行统计分析。

8.1.3　试验数据分析

1. 频数分析

SPSS 的频数分析过程是描述性分析中最常用的方法之一，通过频数分析，可以得到详细的频数表及描述性统计表（表 8-2）和数据分布直方图（图 8-1）。

表 8-2　描述性统计

	照度/lx	均值	标准偏差	N
AFD/ms	10	779.3936	238.96037	100
	30	478.1450	148.67719	100
	100	271.2309	65.54047	100
	200	282.3301	49.30576	100
	300	278.3738	54.19652	100
	450	280.9696	47.54070	100
	总计	395.0738	223.61017	600

续表

	照度/lx	均值	标准偏差	N
	10	4.1400	1.40720	100
	30	6.5600	1.76567	100
	100	9.6200	1.95288	100
FC/个	200	9.6500	1.61667	100
	300	9.7300	1.68688	100
	450	9.5500	1.42400	100
	总计	8.2083	2.70069	600

从频数表（表 8-2）及数据分布直方图（图 8-1）中可以看到，AFD 和 FC 的数据分布不是正态分布而是偏正态分布，大多数 AFI 少于 333 ms。这并不能说明试验数据误差大，试验没有意义。相反，这一点与外国学者 Farley 的研究相符合：在观看线条图画时，AFI 的范围是 125～1000 ms，AFI 的分布不是正态分布而是偏正态分布，且大多数 AFI 少于 333 ms。

2. 单因素多元方差分析

以照度作为自变量，AFD 和 FC 作为因变量，通过 SPSS 对各变量因素进行方差分析，用最小显著性差异（least significant difference，LSD）法对因变量进行两两比较，统计结果见表 8-3。

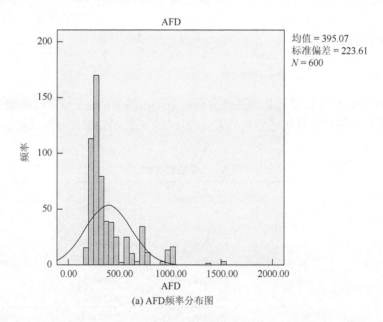

(a) AFD频率分布图

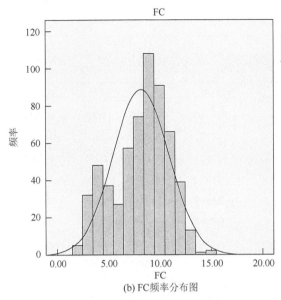

(b) FC频率分布图

图 8-1 带正态曲线的数据分布直方图

表 8-3 AFD 和 FC 多重比较

因变量	（I）照度/lx	（J）照度/lx	均值差值（I-J）	标准误差	Sig.	95%置信区间 下限	95%置信区间 上限
AFD	10	30	301.2486*	17.42899	0.000	267.0187	335.4785
		100	508.1627*	17.42899	0.000	473.9328	542.3926
		200	497.0635*	17.42899	0.000	462.8336	531.2934
		300	501.0198*	17.42899	0.000	466.7899	535.2497
		450	498.4240*	17.42899	0.000	464.1941	532.6539
	30	10	−301.2486*	17.42899	0.000	−335.4785	−267.0187
		100	206.9141*	17.42899	0.000	172.6842	241.1440
		200	195.8149*	17.42899	0.000	161.5850	230.0448
		300	199.7712*	17.42899	0.000	165.5413	234.0011
		450	197.1754*	17.42899	0.000	162.9455	231.4053
	100	10	−508.1627*	17.42899	0.000	−542.3926	−473.9328
		30	−206.9141*	17.42899	0.000	−241.1440	−172.6842
		200	−11.0992	17.42899	0.524	−45.3291	23.1307
		300	−7.1429	17.42899	0.682	−41.3728	27.0870
		450	−9.7387	17.42899	0.577	−43.9686	24.4912

续表

因变量	（I）照度/lx	（J）照度/lx	均值差值（I-J）	标准误差	Sig.	95%置信区间 下限	上限
AFD	200	10	−497.0635*	17.42899	0.000	−531.2934	−462.8336
		30	−195.8149*	17.42899	0.000	−230.0448	−161.5850
		100	11.0992	17.42899	0.524	−23.1307	45.3291
		300	3.9563	17.42899	0.821	−30.2736	38.1862
		450	1.3605	17.42899	0.938	−32.8694	35.5904
	300	10	−501.0198*	17.42899	0.000	−535.2497	−466.7899
		30	−199.7712*	17.42899	0.000	−234.0011	−165.5413
		100	7.1429	17.42899	0.682	−27.0870	41.3728
		200	−3.9563	17.42899	0.821	−38.1862	30.2736
		450	−2.5958	17.42899	0.882	−36.8257	31.6341
	450	10	−498.4240*	17.42899	0.000	−532.6539	−464.1941
		30	−197.1754*	17.42899	0.000	−231.4053	−162.9455
		100	9.7387	17.42899	0.577	−24.4912	43.9686
		200	−1.3605	17.42899	0.938	−35.5904	32.8694
		300	2.5958	17.42899	0.882	−31.6341	36.8257
FC	10	30	−2.4200*	0.23380	0.000	−2.8792	−1.9608
		100	−5.4800*	0.23380	0.000	−5.9392	−5.0208
		200	−5.5100*	0.23380	0.000	−5.9692	−5.0508
		300	−5.5900*	0.23380	0.000	−6.0492	−5.1308
		450	−5.4100*	0.23380	0.000	−5.8692	−4.9508
	30	10	2.4200*	0.23380	0.000	1.9608	2.8792
		100	−3.0600*	0.23380	0.000	−3.5192	−2.6008
		200	−3.0900*	0.23380	0.000	−3.5492	−2.6308
		300	−3.1700*	0.23380	0.000	−3.6292	−2.7108
		450	−2.9900*	0.23380	0.000	−3.4492	−2.5308
	100	10	5.4800*	0.23380	0.000	5.0208	5.9392
		30	3.0600*	0.23380	0.000	2.6008	3.5192
		200	−0.0300	0.23380	0.898	−0.4892	0.4292
		300	−0.1100	0.23380	0.638	−0.5692	0.3492
		450	0.0700	0.23380	0.765	−0.3892	0.5292

续表

因变量	（I）照度/lx	（J）照度/lx	均值差值（I-J）	标准误差	Sig.	95%置信区间	
						下限	上限
FC	200	10	5.5100*	0.23380	0.000	5.0508	5.9692
		30	3.0900*	0.23380	0.000	2.6308	3.5492
		100	0.0300	0.23380	0.898	−0.4292	0.4892
		300	−0.0800	0.23380	0.732	−0.5392	0.3792
		450	0.1000	0.23380	0.669	−0.3592	0.5592
	300	10	5.5900*	0.23380	0.000	5.1308	6.0492
		30	3.1700*	0.23380	0.000	2.7108	3.6292
		100	0.1100	0.23380	0.638	−0.3492	0.5692
		200	0.0800	0.23380	0.732	−0.3792	0.5392
		450	0.1800	0.23380	0.442	−0.2792	0.6392
	450	10	5.4100*	0.23380	0.000	4.9508	5.8692
		30	2.9900*	0.23380	0.000	2.5308	3.4492
		100	−0.0700	0.23380	0.765	−0.5292	0.3892
		200	−0.1000	0.23380	0.669	−0.5592	0.3592
		300	−0.1800	0.23380	0.442	−0.6392	0.2792

从表 8-3 中可以发现，当照度值为 100 lx、200 lx、300 lx、450 lx 时，组与组之间显著性 Sig.都大于 0.05，说明这几组之间的差异不显著，其他各种组合之间差异显著，表 8-3 中已都用"*"标示。由图 8-2 可以更加直观地看出，0～100 lx

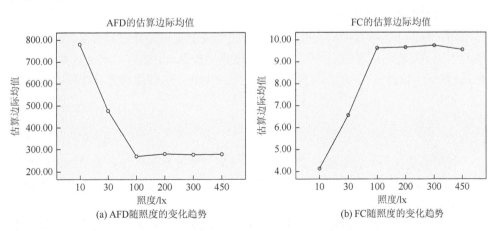

(a) AFD随照度的变化趋势　　　　(b) FC随照度的变化趋势

图 8-2 AFD 及 FC 随照度变化趋势

内，AFD 随着照度的增加迅速下降，下降趋势不断变缓；在照度值达到 100 lx 后，AFD 基本保持稳定，不再随着照度的增加而下降。

8.1.4 讨论

通过上一部分数据分析与处理，发现作业人员在不同照度下的 FC 和 AFD 存在显著的差异，即照度变化对显示仪表识别性的影响显著。

（1）AFD 可以作为受试者视觉认知负荷大小的评价指标，受试者对试验刺激材料的 AFD 越小，则说明受试者的认知负荷越小，该试验材料就越容易识别，相反，受试者对某一图片材料的 AFD 越大，则说明受试者的认知负荷越大，该试验材料的识别难度就越大。

（2）分析 AFD 可以发现，照度差异会导致视觉认知加工过程中的负荷不同。0～100 lx 内，随着照度值的增加，AFD 迅速下降，人们视觉上从看不清楚到识别能力快速提高。并且识别能力随着照度值的增加会产生边际效应，其提高程度逐渐变缓，在照度值达到 100 lx 后，AFD 基本保持稳定，人的视觉识别能力达到极大值，不再随着照度的增加而增加，甚至可以预测当照度值增加到一定程度产生眩光时，人的视觉识别能力会下降。

（3）根据 Yarbus 研究，图画观看和模式识别的 AFD 为 300～350 ms，结合本章试验数据，当照度值达到 70 lx 左右时，AFD 降低到 350 ms，人的视觉辨识能力开始恢复到正常水平。

（4）FC 可以看作受试者对刺激对象注意程度的评价指标，受试者对某一试验图片的 FC 越多，那么受试者对该图片的注意程度就越高，即被注意程度越高，反之，受试者对某一试验图片的 FC 越少，那么受试者对该图片的注意程度就越低，即被注意程度越低。

（5）分析 FC 可以发现，FC 和 AFD 在数值上变化趋势正好相反。随着照度值的增加，试验图片材料在受试者眼中清晰程度提高，更能够引起受试者的注意。在试验中受试者对仪表显示器的注意程度随照度的变化规律也符合边际效应。

8.1.5 结论

利用眼动仪，实验室模拟试验探究不同局部照度水平下作业人员辨识仪表显示器时的 AFD 和 FC 的变化规律，分析试验所得眼动数据，结合视觉注意理论，得出了以下主要结论。

（1）照度对人视觉识别性的影响存在着边际效应，在 0～100 lx 内，人的视觉识别能力随着照度值增加而显著提高，超过 100 lx 后变化不再显著。

（2）照度值达到 70 lx 左右时，平均注视时间降低到 350 ms，人的视觉辨识能力开始恢复到正常水平。所以工作面中的局部照明照度保持在 70 lx 以上，有利于提高工人视觉辨识力，使其及时发现和识别周围环境中的不安全因素，保障工人的作业安全。

8.2　照度对人反应时间及操作可靠度的影响

8.2.1　试验设计

1. 试验环境

为了模拟煤矿井下暗环境中不同局部照度水平对矿工注意力及操作可靠度的影响，试验于 20:00～22:00 在安静的暗室中进行，环境温度 22℃，湿度 50%。暗室中无一般照明，符合井下综采工作面环境照明状况。试验过程中选择照度为单一变量，通过调节荧光灯改变局部照明的照度值，模拟综采工作面不同局部照明环境状况。

试验前将可调的荧光灯安装在受试者和试验仪器上方作为局部照明，调节灯具的安装位置和照射角度，避免灯具直射受试者眼睛造成眩光。试验过程中，工作面上照度均匀，照度值最高可达 500 lx，低于 200 lx 时在试验仪器的屏幕上几乎看不到反射光幕和眩光的存在。

2. 受试者

为保证试验数据的准确性，本试验选取 20 名自愿的在读研究生作为受试者，受试者在整个试验过程中都主动配合，无厌烦情绪。所选受试者均身体健康，视力或矫正后视力正常，无色盲或色弱现象。试验前对受试者进行视觉疲劳问卷调查，结果发现：20 名受试者调查问卷得分均小于 16 分，即无视觉疲劳现象。

3. 试验仪器

舒尔特表是神经医学家舒尔特发明的，是全世界范围内最简单、最有效，也是最科学的注意力测量及训练方法。本次试验使用由 Jianchun Cheng 开发的 iPhone 手机版舒尔特表 app，其测量界面如图 8-3 所示。试验时选用难易程度适中的 6×6 舒尔特方格，格子内任意排列 1～36 的共 36 个数字，快速地按 1～36 的顺序依次点击其位置，记录试验所用时间及出错次数，数完 36 个数字所用的时间越短，则说明受试者注意力水平越高。

8.2.2　试验过程

图8-3　6×6舒尔特表

试验1~6连续进行6天，每个试验由20名受试者单独进行，并保证室内安静。试验均在人体生理周期相似的时段内（20:00~23:00）完成；试验进行15 min的照明适应，尽量保证样本对试验环境照度的相同性和平等性。每天除试验环境照度发生变化外，每个试验参与试验人员、环境温度、环境湿度相同。

1）试验1（无局部照明，手机屏幕照度值约1 lx）

适应阶段：试验前受试者坐在测试位置前，在室内的试验照度下适应15 min，为受试者宣读指导语，使其正确理解试验要求。

正式试验：被试者眼睛距表30~35 cm，视点自然放在表的中心，点击开始进入试验测试，在所有字符全部清晰入目的前提下，按顺序找全所有字符。测试结束后试验者记录下受试者的反应时间和操作失误次数。每名受试者在同一照度下完成三次测量，期间受试者看完一个表后，眼睛稍作休息，不要过分疲劳。

2）试验2~6

具体步骤和要求同试验1，只是局部照明的照度逐步增大，依次为10 lx、30 lx、60 lx、150 lx、300 lx。

3）试验数据统计及处理

用Excel表对反应时间和失误次数进行初步筛选和整理，处理成适合SPSS软件分析的格式，然后用SPSS软件进行统计分析。

8.2.3　试验数据分析

1. 反应时间的单因素方差分析

以照度作为自变量，平均反应时间作为因变量，通过SPSS对各变量因素进行方差分析，得到反应时间的描述性统计（表8-4）。从表8-4中可以直观地看到各个照度值下对应的受试者的反应时间均值、标准偏差、标准误差、极值和置信区间。

表 8-4　描述性统计

照度/lx	N	均值	标准偏差	标准误差	均值的95%置信区间		极小值	极大值
					下限	上限		
1	60	40.4335	5.46788	0.70590	39.0210	41.8460	30.54	53.04
10	60	38.1395	5.74301	0.74142	36.6559	39.6231	25.90	49.52
30	60	36.2233	4.27159	0.55146	35.1199	37.3268	27.49	49.80
60	60	35.0282	5.15566	0.66559	33.6963	36.3600	26.43	47.24
150	60	34.8823	4.59720	0.59350	33.6948	36.0699	26.90	46.04
300	60	36.9492	5.28604	0.68243	35.5836	38.3147	27.17	52.74
总数	360	36.9427	5.42690	0.28602	36.3802	37.5052	25.90	53.04

1）方差齐性检验

方差齐性检验结果如表 8-5 所示，经 Levene 检验，输出的显著性 P 值为 0.141，大于 0.05，因此认为各组的总体方差相等。进一步做方差分析，结果如表 8-6 所示，方差检验 $F = 10.124$，对应的显著性 Sig. = 0.000，小于显著性水平 0.05，因此我们认为 6 组中至少有一个组与另外一个组存在显著性差异。

表 8-5　方差齐性检验

Levene 统计量	df1	df2	显著性
1.669	5	354	0.141

表 8-6　单因素方差分析

			平方和	df	均方	F	显著性
组间	（组合）		1322.766	5	264.553	10.124	0.000
	线性项	对比	165.347	1	165.347	6.328	0.012
		偏差	1157.419	4	289.355	11.073	0.000
	组内		9250.237	354	26.131		
	总数		10573.003	359			

2）LSD 多重比较

用 LSD 法对因变量进行两两比较，统计结果见表 8-7。组与组之间显著性 Sig. 小于 0.05，则说明这几组之间的差异显著，在表 8-7 中已都用"*"标示。

表 8-7 平均反应时间多重比较

（I）照度/lx	（J）照度/lx	均值差（I-J）	标准误差	显著性	95%置信区间	
					下限	上限
1	10	2.29400*	0.93328	0.014	0.4585	4.1295
	30	4.21017*	0.93328	0.000	2.3747	6.0456
	60	5.40533*	0.93328	0.000	3.5699	7.2408
	150	5.55117*	0.93328	0.000	3.7157	7.3866
	300	3.48433*	0.93328	0.000	1.6489	5.3198
10	1	−2.29400*	0.93328	0.014	−4.1295	−0.4585
	30	1.91617*	0.93328	0.041	0.0807	3.7516
	60	3.11133*	0.93328	0.001	1.2759	4.9468
	150	3.25717*	0.93328	0.001	1.4217	5.0926
	300	1.19033	0.93328	0.203	−0.6451	3.0258
30	1	−4.21017*	0.93328	0.000	−6.0456	−2.3747
	10	−1.91617*	0.93328	0.041	−3.7516	−0.0807
	60	1.19517	0.93328	0.201	−0.6403	3.0306
	150	1.34100	0.93328	0.152	−0.4945	3.1765
	300	−0.72583	0.93328	0.437	−2.5613	1.1096
60	1	−5.40533*	0.93328	0.000	−7.2408	−3.5699
	10	−3.11133*	0.93328	0.001	−4.9468	−1.2759
	30	−1.19517	0.93328	0.201	−3.0306	0.6403
	150	0.14583	0.93328	0.876	−1.6896	1.9813
	300	−1.92100*	0.93328	0.040	−3.7565	−0.0855
150	1	−5.55117*	0.93328	0.000	−7.3866	−3.7157
	10	−3.25717*	0.93328	0.001	−5.0926	−1.4217
	30	−1.34100	0.93328	0.152	−3.1765	0.4945
	60	−0.14583	0.93328	0.876	−1.9813	1.6896
	300	−2.06683*	0.93328	0.027	−3.9023	−0.2314
300	1	−3.48433*	0.93328	0.000	−5.3198	−1.6489
	10	−1.19033	0.93328	0.203	−3.0258	0.6451
	30	0.72583	0.93328	0.437	−1.1096	2.5613
	60	1.92100*	0.93328	0.040	0.0855	3.7565
	150	2.06683*	0.93328	0.027	0.2314	3.9023

3）折线图绘制

平均反应时间随照度值变化如图 8-4 所示，从图 8-4 中可以直观地看出，0～60 lx 内，随着照度值的增加，平均反应时间迅速下降，且下降趋势不断变缓，存在边际效应。当照度值达到 60 lx 左右时，平均反应时间基本保持稳定，不再随着照度的增加而快速下降。然而随着照度继续增加，当照度值达到 300 lx 时，在试验手机屏幕显示界面上产生眩光现象，造成受试者视觉上不舒适，导致反应时间急剧增加。

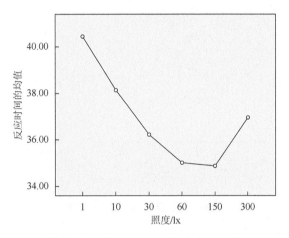

图 8-4　平均反应时间随照度变化趋势

2. 失误次数的统计分析

1）操作可靠度计算

统计不同照度下每组试验中受试者的失误次数，用失误次数总和除以每组试验下的操作次数 2160，得到失误率（F）；用 1 减去失误率，得到受试者的操作可靠度（R），结果见表 8-8。

表 8-8　可靠度计算表

照度值 I/lx	1	10	30	60	150	300
失误次数/次	30	20	18	15	16	18
失误率 F/%	1.39	0.93	0.83	0.69	0.74	0.83
可靠度 R/%	98.61	99.07	99.17	99.31	99.26	99.17

2）绘制折线图

用 Excel 绘制不同照度下操作可靠度的折线图，如图 8-5 所示。可以看出，在没有眩光的情况下，受试者的操作可靠度随着照度值的增加而提高，在本次试验中照度值达到 60 lx 左右时，可靠度达到了最大值。继续增加照度值，当显示器上产生眩光时，会对受试者的操作产生干扰，导致其失误次数增加，操作可靠度降低。

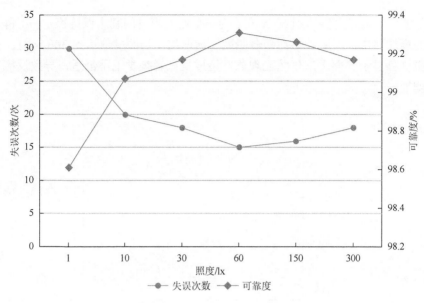

图 8-5　可靠度随照度变化趋势

8.2.4　讨论

通过上一部分数据分析与处理，发现受试者在不同照度下舒尔特测量反应时间和操作失误次数存在显著的差异，即照度变化对受试者反应时间和操作可靠度的影响显著。

（1）舒尔特量表测得的反应时间代表从接受刺激到动作响应之前的大脑的一系列反应时间，主要包括视觉搜索、发现识别、大脑判断、准确操作四个阶段。照明质量越好，受试者越容易识别和判断出目标物，因此反应时间越短，反之，照明质量越差，识别越困难，反应时间越长。

（2）分析反应时间可以发现，照度差异会导致视觉认知加工过程中的识别难易程度不同。0～60 lx 内，随着照度值的增加，平均反应时间迅速下降，且下降趋势不断变缓，存在边际效应。当照度值达到 60 lx 左右时，平均反应时间基本保持稳定，不再随着照度的增加而快速下降。

（3）舒尔特表正常情况下反应时间为平均 1 个字符用 1 s 成绩为优良，因此本试验中 6×6 舒尔特表的优良成绩为 36 s。分析平均反应时间数据发现，照度值增加到 50 lx 左右时，平均反应时间达到优良水平。

（4）分析操作可靠度可以发现，照度差异会影响视觉工作中的行为准确性。0～150 lx 内，随着照度值的增加，操作可靠度相应提高，且变化趋势不断变缓，存在边际效应。当照度值达到 60 lx 左右时，可靠度基本保持稳定。

（5）眩光污染会对人视觉识别和判断产生干扰，因而导致反应时间增加和操作可靠度下降，眩光的产生不但与照度值的大小有着直接的联系，还与灯具安装位置和被视物体的反光能力有关。本试验中当照度值达到 300 lx 以上时，由于光线反射难以避免地在显示器面形成眩光现象，对试验结果产生影响。

（6）不同种类工作下，作业人员的操作方式不同，可靠度在不同工作类别之间没有可比性。本试验的操作可靠度结果只能提供参考，揭示照度对作业人员可靠性影响的一般规律，并不能将其具体数值套用到其他种类作业中。

8.2.5　结论

试验室模拟试验探究不同局部照度水平下，人们在舒尔特量表注意力测量中的平均视觉反应时间和操作可靠度的变化规律，经过统计分析试验数据，得出了以下主要结论。

（1）照度对人视觉识别性的影响存在着边际效应，在 0～150 lx 内，人的视觉反应时间随着照度值增加而显著降低，操作可靠度随着照度值增加而提高，超过 60 lx 后变化不再显著。

（2）照度值达到 50～150 lx 时，平均视觉反应时间在 36 s 以下，人的视觉反应时间达到优良水平。所以工作面中的局部照明照度保持在 50 lx 以上有利于提高工人视觉辨识力，使其及时发现和识别周围环境中的不安全因素并作出反应，保障工人的作业安全。

8.3　小　　结

本章运用眼动追踪技术，从 AFD 和 FC 两个方面，对人在不同局部照明照度下对警戒用仪表的识别性进行了研究；运用舒尔特量表，从平均反应时间和失误次数两个方面，对人在不同照度下的反应时间和操作可靠度进行了研究。根据试验数据的相关分析结果，本研究得出如下主要结论。

（1）照度对人视觉识别性的影响存在着边际效应，在 0～100 lx 内，人的视觉识别能力随着照度值增加而显著提高，超过 100 lx 后变化不再显著。照度值达到 70 lx 左右时，AFD 降低到 350 ms，人的视觉辨识能力开始恢复到正常水平。

（2）照度对人视觉反应时间的影响存在着边际效应，在 0～150 lx 内，人的视觉反应时间随着照度值增加而显著降低；操作可靠度随着照度值增加而提高，超过 60 lx 后变化不再显著。照度值达到 50 lx 时，平均反应时间在 36 s 以下，人的反应时间达到优良水平。

（3）眩光污染会对人视觉识别和判断产生干扰，因而导致反应时间增加和操作可靠度下降，眩光的产生不但与照度值的大小有着直接的联系，还与灯具安装位置和被视物体的反光能力有关。

（4）工作面中局部照明的照度应保持在 70 lx 以上，同时注意避免眩光的产生，这样有利于提高工人视觉辨识力，使其及时发现和识别周围环境中的不安全因素并作出反应，保障工人的作业安全。

第9章 作业时间对人影响的试验研究

9.1 试 验 设 计

9.1.1 所选综采工作面概况

该综采工作面为丁六-23120，属于平煤集团某矿的一个综采工作面，位于二水平丁三采区东部，东接丁六-23140 采空区，西接丁六-23100 采面（设计），北起丁三采区皮带、轨道巷，南邻一水平丁七采空区，地面标高＋220～＋400mm，工作面标高：−184～−143mm；倾斜长度：1085 m；走向长：177.5/187 m；工作面面积：195683 m²。综采工作面现场图片如图 9-1 所示。

图 9-1　综采工作面现场

1. 交通位置

此矿位于平顶山市中心向北 3 km 处，属于平煤集团。大地坐标：东经 113°11′45″～113°22′30″，北纬 33°40′15″～33°48′45″。煤矿专用铁路直达矿井井口，公路交通也很便利。因此，交通十分方便。

2. 矿井瓦斯涌出量

此矿矿井瓦斯涌出量一直较小，矿井瓦斯鉴定等级一直为低瓦斯矿井。

3. 煤尘

此矿主采煤层具有煤尘爆炸危险性，煤尘爆炸指数为 31.74%～39.05%。

4. 煤的自燃倾向

实际生产中，一水平戊二、戊三、戊五等采区多处发生自燃发火现象，煤层自燃发火期为 6～8 个月。

5. 地温及地温梯度

随着煤层标高的加深，地温增加，而从井田的东西部而言，其井田西部地温高于东部地温。该井田地温梯度平均值为 2.92℃/100 m。

6. 地压

在今后的采掘生产活动中，应重视地压的观测和研究，并在构造带等区段加强预防措施。

9.1.2　现场实测

选取时间为单一变量，该综采工作面现场作业环境恶劣，一年四季温度较高，并且不可控，各种环境因素错综复杂，没有恒定不变的环境条件。再加上现场作业人员工作量及工种也不一样，年龄差距甚大，很多不确定的因素在其中，处在开采作业中的综采工作面作业人员很忙碌，测试的过程会影响工作效率，考虑到这些原因，选取时间为单一变量，现场实测煤矿作业人员的心率、体温、血压。

考虑到一个班组有多达几十个作业人员，在工作环境条件下不可能有足够的时间测定所有人的数据，并且不可能在很短的时间内把一组数据测量完。而该综采工作面实行三八工作制，当时跟的班组是下午两点的。综合考虑，选取下井前测量一次，到达工作面测量一次，之后每隔 2 h 测量一次，直到升井后再测量一次。总共测量六组数据，即六个时间节点，如表 9-1 所示。

表 9-1　测量时间分布

时间节点	时间节点
下井前	4 h 后
刚到工作面	6 h 后
2 h 后	升井后

对于脑电、心电数据，由于考虑到不能把电脑带到井下进行现场实测，一是瓦斯粉尘容易引起爆炸，二是正在作业的煤矿作业人员不方便进行测试脑电、心电数据。采取在下井前测量一次脑电、心电数据，测试时间为每个受试者 2 min，在升井后再测一次，做一个工作前后的脑电、心电对比分析。

9.1.3　受试者选择

选择的受试者是下午两点班的当天班组人员，自愿报名参加测试。考虑到工种的多样性，从报名的人选中选择受试者的组成人员如表 9-2 所示，这些煤矿作业人员身体健康状况均良好，没有心血管疾病，无不良嗜好，均自愿参加试验，积极配合主试者测试。

表 9-2　矿上受试者基本信息汇总表

受试者序号	年龄	受教育程度	工种	工龄/年	身高/cm	体重/kg
1	36	高中	采煤机司机	6	175	80
2	32	高中	支架工	4	172	86
3	45	高中	班长	26	174	75
4	46	高中	采煤机司机	26	168	80
5	51	高中	班长	32	172	80
6	37	中技	运输机司机	10	170	60
7	37	中技	机尾超前工	6	178	94
8	41	中技	机尾超前工	8	175	80
9	39	高中	转载机司机	15	180	90
10	30	大专	泵站司机	10	171	80
11	49	高中	验收员	29	172	80
12	50	高中	支架工	30	178	84
13	33	中技	支架工	5	169	80

9.1.4　试验仪器选择

同 4.1.5 节"试验仪器选择"。

9.1.5　试验流程

（1）贴电极片，同时每人发一张《被试信息记录表》，填写个人信息，然后统一交给负责人；

（2）负责人负责量血压、体温，并且同时记录相关数据；

（3）下井后，每隔 2 h 测量一次血压、体温、心率，同时记录当时的温湿度；

（4）上井后重复（1）（2）；

注意事项：在井上测量脑电、心电时需要闭上双眼，静息，保持 3 min 不动。

9.2　血压随工作时间的变化规律研究

9.2.1　试验过程

按照事先设定好的数据采集时间点，下井前量测一次血压，升井后量测一次血压，到达工作面量测一次，之后每 2 h 测定一次血压。

9.2.2　数据分析

1. 原始血压数据

原始血压数据采集如表 9-3 所示。

表 9-3　原始血压数据

受试者序号	组别	高压/mmHg	低压/mmHg
	下井前	131	80
	刚到工作面	121	78
1	2 h 后	118	86
	4 h 后	135	91
	6 h 后	141	93
	升井后	137	89

续表

受试者序号	组别	高压/mmHg	低压/mmHg
2	下井前	133	81
	刚到工作面	125	76
	2 h 后	113	94
	4 h 后	123	68
	6 h 后	132	78
	升井后	140	80
3	下井前	134	75
	刚到工作面	138	72
	2 h 后	119	73
	4 h 后	126	69
	6 h 后	135	76
	升井后	133	78
4	下井前	166	100
	刚到工作面	167	101
	2 h 后	160	91
	4 h 后	145	91
	6 h 后	147	93
	升井后	141	97
5	下井前	139	69
	刚到工作面	131	85
	2 h 后	119	91
	4 h 后	124	88
	6 h 后	129	87
	升井后	132	75
6	下井前	105	63
	刚到工作面	191	77
	2 h 后	105	71
	4 h 后	98	60
	6 h 后	110	65
	升井后	113	72
7	下井前	159	91
	刚到工作面	181	96
	2 h 后	154	106

受试者序号	组别	高压/mmHg	低压/mmHg
7	4 h 后	132	84
	6 h 后	140	90
	升井后	130	86
8	下井前	165	103
	刚到工作面	142	101
	2 h 后	156	111
	4 h 后	122	82
	6 h 后	132	100
	升井后	135	90
9	下井前	131	88
	刚到工作面	142	93
	2 h 后	125	80
	4 h 后	124	86
	6 h 后	132	83
	升井后	145	87
10	下井前	152	93
	刚到工作面	160	95
	2 h 后	141	82
	4 h 后	140	86
	6 h 后	150	93
	升井后	147	94
11	下井前	142	88
	刚到工作面	146	86
	2 h 后	175	116
	4 h 后	170	100
	6 h 后	172	105
	升井后	179	106
12	下井前	174	105
	刚到工作面	193	104
	2 h 后	173	110
	4 h 后	125	82
	6 h 后	152	90
	升井后	158	100

续表

受试者序号	组别	高压/mmHg	低压/mmHg
	下井前	159	102
	刚到工作面	161	99
13	2 h 后	158	94
	4 h 后	146	90
	6 h 后	156	95
	升井后	147	87

2. 单因素方差分析

假设不同作业时间点对应的收缩压和舒张压的样本所在的总体的均值之间没有显著性差异，即收缩压与舒张压在不同作业时间点所对应的总体的均值相等。

将原始数据录入 SPSS 软件中，整理成适合做方差分析的表格。

1）描述性统计

用 SPSS16.0 对收缩压与舒张压做描述性统计，如表 9-4 所示，可以得到不同时间点作业人员对应的收缩压和舒张压样本的均值、方差、标准误差和 95%置信区间，以及最大值和最小值。

表 9-4　收缩压与舒张压描述性统计

		个数	均值	方差	标准误差	95%置信区间		最小值	最大值
						下限	上限		
收缩压	下井前	13	145.38	19.199	5.325	133.78	156.99	105	174
	刚到工作面	13	153.69	24.046	6.669	139.16	168.22	121	193
	2 h 后	13	139.69	24.212	6.715	125.06	154.32	105	175
	4 h 后	13	131.54	16.905	4.689	121.32	141.75	98	170
	6 h 后	13	140.62	15.295	4.242	131.37	149.86	110	172
	升井后	13	141.31	15.607	4.328	131.88	150.74	113	179
	合计	78	142.04	20.066	2.272	137.51	146.56	98	193
舒张压	下井前	13	87.54	13.395	3.715	79.44	95.63	63	105
	刚到工作面	13	89.46	11.027	3.058	82.80	96.13	72	104
	2 h 后	13	92.69	14.557	4.037	83.90	101.49	71	116
	4 h 后	13	82.85	11.037	3.061	76.18	89.52	60	100
	6 h 后	13	88.31	10.657	2.956	81.87	94.75	65	105
	升井后	13	87.77	9.934	2.755	81.77	93.77	72	106
	合计	78	88.10	11.858	1.343	85.43	90.78	60	116

2）方差齐性检验

假设收缩压和舒张压对应不同时间点的样本的总体方差具有齐性,用SPSS16.0运算得到如表 9-5 所示的结果,收缩压方差齐性检验 Sig. = 0.037＜0.05,说明收缩压对应的不同时间点的总体方差不具有齐性,否定原假设,具有统计学意义。舒张压的方差齐性检验值 Sig. = 0.605＞0.05,说明舒张压对应的不同时间点的总体方差具有齐性,原假设成立。

表 9-5　单因素方差齐性检验

	方差齐性检验值	自由度 1	自由度 2	Sig.
收缩压	2.512	5	72	0.037
舒张压	0.727	5	72	0.605

3）单因素方差结果

单因素方差分析结果如表 9-6 所示,可见,收缩压和舒张压的 Sig. 均大于 0.05,所以接受原假设,说明收缩压和舒张压在不同作业时间点所对应的总体的均值相等。虽然没有显著性差异,但是不能说明不具有统计学意义,所测数据依然能说明一定的问题。

表 9-6　收缩压与舒张压的单因素方差结果

		平方和	自由度	均方	F 值	Sig.
收缩压	组间	3449.192	5	689.838	1.802	0.123
	组内	27555.692	72	382.718		
	总和	31004.885	77			
舒张压	组间	663.179	5	132.636	0.940	0.461
	组内	10164.000	72	141.167		
	总和	10827.179	77			

4）折线图绘制

用 Origin7.5 绘制不同测试时间收缩压与舒张压均值的折线图,如图 9-2 所示。可以看出,从收缩压随作业时间的变化来看,收缩压随着时间的变化先升高再降低,等工作 4 h 之后又升高。从舒张压随作业时间的变化来看,舒张压随着时间的变化也是先升高再降低,等工作 4 h 后又升高。两者有共性,当作业人员刚到工作面时,收缩压和舒张压均升高,工作 4 h 后都达到一个最低点。

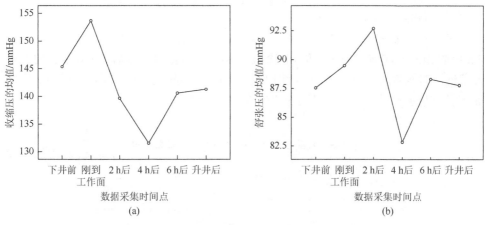

图 9-2　不同测试时间收缩压与舒张压的均值折线图

3. 血压和体重指数间双因素方差分析

假设监测时间点与体重指数及两者的综合作用与收缩压和舒张压的均值的总体之间没有显著性差异，即监测时间和体重指数两者及两者的综合作用对作业人员的血压没有显著影响。

将数据按照双因素方差分析需要的格式输入 SPSS 中，用 SPSS16.0 进行双因素方差分析。

1）重复试验方差分析（收缩压）

运行 SPSS 双因素方差分析，经过分析得到重复试验方差分析的结果如表 9-7 所示。从监测时间点来看，$F=12.684$，Sig.$=0.007<0.01$，说明监测时间点与收缩压具有很强的显著相关性。同理，体重指数 BMI 的 $F=79.275$，Sig.$=0.000<0.01$，说明体重指标对收缩压具有很强的显著相关性。但是，从两者的总和作用来看，$F=0.155$，Sig.$=0.978$，对收缩压的影响不具有显著相关性，说明二者之间不具有独立相关性。

表 9-7　收缩压的重复试验方差分析

		III 型平方和	df	均方	F	Sig.
截距	假设	1283162.634	1	1283162.634	299.240	0.037
	误差	4288.070	1	4288.070[a]		
监测时间点	假设	3430.353	5	686.071	12.684	0.007
	误差	270.456	5	54.091[b]		
体重指数 BMI	假设	4288.070	1	4288.070	79.275	0.000
	误差	270.456	5	54.091[b]		
监测时间点×体重指数 BMI	假设	270.456	5	54.091	0.155	0.978
	误差	22997.167	66	348.442[c]		

注：不同英文字母上标表示存在显著性差异，下同。

2）两两多重比较（收缩压）

进一步用 LSD 两两比较分析，结果如表 9-8 所示。可以看出，刚到工作面和 4 h 后的 Sig.＝0.004＜0.01，说明刚到工作面这个时刻与工作后 4 h 有很强的差异显著性。其他两两组合对比 Sig.值均大于 0.05，说明其他两两之间收缩压的均值之间不具有显著性差异，但是不能认为没有统计学意义。

表 9-8　收缩压基于不同时间点两两多重比较

数据采集时间点（I）	数据采集时间点（J）	平均差异（I-J）	标准误差	Sig.	95%置信区间	
					下限	上限
下井前	刚到工作面	−8.31	7.322	0.261	−22.93	6.31
	2 h 后	5.69	7.322	0.440	−8.93	20.31
	4 h 后	13.85	7.322	0.063	−0.77	28.46
	6 h 后	4.77	7.322	0.517	−9.85	19.39
	升井后	4.08	7.322	0.580	−10.54	18.70
刚到工作面	下井前	8.31	7.322	0.261	−6.31	22.93
	2 h 后	14.00	7.322	0.060	−0.62	28.62
	4 h 后	22.15*	7.322	0.004	7.54	36.77
	6 h 后	13.08	7.322	0.079	−1.54	27.70
	升井后	12.38	7.322	0.095	−2.23	27.00
2 h 后	下井前	−5.69	7.322	0.440	−20.31	8.93
	刚到工作面	−14.00	7.322	0.060	−28.62	0.62
	4 h 后	8.15	7.322	0.269	−6.46	22.77
	6 h 后	−0.92	7.322	0.900	−15.54	13.70
	升井后	−1.62	7.322	0.826	−16.23	13.00
4 h 后	下井前	−13.85	7.322	0.063	−28.46	0.77
	刚到工作面	−22.15*	7.322	0.004	−36.77	−7.54
	2 h 后	−8.15	7.322	0.269	−22.77	6.46
	6 h 后	−9.08	7.322	0.219	−23.70	5.54
	升井后	−9.77	7.322	0.187	−24.39	4.85
6 h 后	下井前	−4.77	7.322	0.517	−19.39	9.85
	刚到工作面	−13.08	7.322	0.079	−27.70	1.54
	2 h 后	0.92	7.322	0.900	−13.70	15.54
	4 h 后	9.08	7.322	0.219	−5.54	23.70
	升井后	−0.69	7.322	0.925	−15.31	13.93

续表

数据采集时间点（I）	数据采集时间点（J）	平均差异（I-J）	标准误差	Sig.	95%置信区间	
					下限	上限
升井后	下井前	−4.08	7.322	0.580	−18.70	10.54
	刚到工作面	−12.38	7.322	0.095	−27.00	2.23
	2 h 后	1.62	7.322	0.826	−13.00	16.23
	4 h 后	9.77	7.322	0.187	−4.85	24.39
	6 h 后	0.69	7.322	0.925	−13.93	15.31

* 表示在 0.05 水平上差异显著，下同。

3）折线图绘制（收缩压）

用 Origin7.5 绘制不同体重指标对应的群体基于不同时间点收缩压的均值折线图，如图 9-3 所示。从图 9-3 可以直观地看出，不管是体重指标正常的群体，还是体重超重的群体，都是刚到工作面的时候收缩压升高，随着作业时间的推进，收缩压一直下降，到工作 4 h 后开始升高，直到升井。从每个时间点测得的数据来看，体重超重的群体的收缩压均高于体重正常的群体，说明身体肥胖的人更容易得高血压，心血管所承受的压力比正常人要大。

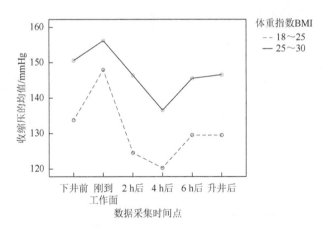

图 9-3　不同体重指标群体对应的不同作业时间点的收缩压均值折线图

4）重复试验方差分析（舒张压）

运行 SPSS 双因素方差分析，经过分析得到重复试验方差分析的结果如表 9-9 所示。从监测时间点来看，$F = 14.311$，Sig. $= 0.006 < 0.01$，说明监测时间点对舒张压具有很强的显著相关性。同理，体重指数 BMI 的 $F = 193.307$，Sig. $= 0.000 < 0.01$，说明体重指标对舒张压具有很强的显著相关性。但是，从两者的总和作用

来看，$F = 0.061$，Sig. $= 0.997 > 0.05$，对舒张压的影响不具有显著相关性，说明二者之间不具有独立相关性。

表 9-9　舒张压的重复试验方差分析

		平方和	df	均方	F	Sig.
截距	假设	494491.157	1	494491.157	323.115	0.035
	误差	1530.388	1	1530.388ᵃ		
监测时间点	假设	566.507	5	113.301	14.311	0.006
	误差	39.584	5	7.917ᵇ		
体重指数 BMI	假设	1530.388	1	1530.388	193.307	0.000
	误差	39.584	5	7.917ᵇ		
监测时间点× 体重指数 BMI	假设	39.584	5	7.917	0.061	0.997
	误差	8594.028	66	130.213ᶜ		

5）两两多重比较（舒张压）

进一步用 LSD 两两比较分析，结果如表 9-10 所示。可以看出，到工作面 2 h 和 4 h 后的 Sig. $= 0.031 < 0.05$，说明工作后 2 h 与工作后 4 h 有较强的差异显著性。其他两两组合对比 Sig.值均大于 0.05，说明其他两两之间舒张压的均值之间不具有显著性差异，但是不能认为没有统计学意义。

表 9-10　舒张压基于不同时间点两两多重比较

数据采集时间点（I）	数据采集时间点（J）	平均差异(I-J)	标准误差	Sig.	95%置信区间 下限	95%置信区间 上限
下井前	刚到工作面	−1.92	4.476	0.669	−10.86	7.01
	2 h 后	−5.15	4.476	0.254	−14.09	3.78
	4 h 后	4.69	4.476	0.298	−4.24	13.63
	6 h 后	−0.77	4.476	0.864	−9.71	8.17
	升井后	−0.23	4.476	0.959	−9.17	8.71
刚到工作面	下井前	1.92	4.476	0.669	−7.01	10.86
	2 h 后	−3.23	4.476	0.473	−12.17	5.71
	4 h 后	6.62	4.476	0.144	−2.32	15.55
	6 h 后	1.15	4.476	0.797	−7.78	10.09
	升井后	1.69	4.476	0.707	−7.24	10.63
2 h 后	下井前	5.15	4.476	0.254	−3.78	14.09
	刚到工作面	3.23	4.476	0.473	−5.71	12.17

续表

数据采集时间点（I）	数据采集时间点（J）	平均差异（I-J）	标准误差	Sig.	95%置信区间	
					下限	上限
2 h 后	4 h 后	9.85*	4.476	0.031	0.91	18.78
	6 h 后	4.38	4.476	0.331	−4.55	13.32
	升井后	4.92	4.476	0.275	−4.01	13.86
4 h 后	下井前	−4.69	4.476	0.298	−13.63	4.24
	刚到工作面	−6.62	4.476	0.144	−15.55	2.32
	2 h 后	−9.85*	4.476	0.031	−18.78	−0.91
	6 h 后	−5.46	4.476	0.227	−14.40	3.47
	升井后	−4.92	4.476	0.275	−13.86	4.01
6 h 后	下井前	0.77	4.476	0.864	−8.17	9.71
	刚到工作面	−1.15	4.476	0.797	−10.09	7.78
	2 h 后	−4.38	4.476	0.331	−13.32	4.55
	4 h 后	5.46	4.476	0.227	−3.47	14.40
	升井后	0.54	4.476	0.905	−8.40	9.47
升井后	下井前	0.23	4.476	0.959	−8.71	9.17
	刚到工作面	−1.69	4.476	0.707	−10.63	7.24
	2 h 后	−4.92	4.476	0.275	−13.86	4.01
	4 h 后	4.92	4.476	0.275	−4.01	13.86
	6 h 后	−0.54	4.476	0.905	−9.47	8.40

* 表示在 0.05 水平上差异显著，下同。

6）折线图绘制（舒张压）

用 Origin7.5 绘制不同体重指标对应的群体基于不同时间点舒张压的均值折线图，如图 9-4 所示。从图 9-4 可以直观地看出，不管是体重指标正常的群体，还是体重超重的群体，都是刚到工作面的时候收缩压升高，随着作业时间的推进，收缩压继续升高，到工作 2 h 后开始下降，在工作 4 h 后开始升高，直到升井又一次下降。从每个时间点测得的数据来看，体重超重的群体的舒张压均高于体重正常的群体，也说明身体肥胖的人更容易得高血压，心血管所承受的压力比正常人要大。

4. 血压和工龄间双因素方差分析

方法同前，依次进行重复试验方差分析（表 9-11）、两两比较（表 9-12）、折

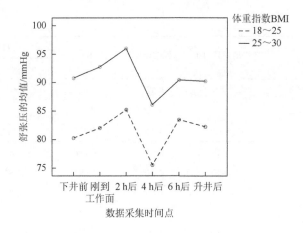

图9-4　不同体重指标群体对应的不同作业时间点的舒张压均值折线图

线图的绘制（图9-5）。根据图表可以得到跟血压和体重指标相类似的结论，即收缩压和舒张压对监测时间点和工龄两因素具有显著性差异，双因素方差分析具有统计学意义；通过 LSD 两两比较得到刚到工作面和工作 4 h 后血压的差异性显著；对于收缩压来说，工龄在 20 年以上的群体，平均值要高于其他工龄的群体，其次是工龄为 10 年以下的群体，工龄在 10～20 年工龄的群体，整体上舒张压处于最低。对于舒张压来说，工龄在 10 年以下的群体整体上均值最大，其次是工龄在 20 年以上的，均值最小的是工龄在 10～20 年的群体。总体上，血压都是先到达工作面升高，随着时间的推移降低然后再升高，等升井后恢复到跟下井的时候差不大。

表 9-11　收缩压的重复试验方差分析

独立变量: 收缩压

		平方和	df	均方	F	Sig.
截距	假设	1463118.668	1	1463118.668	1.279E3	0.001
	误差	2339.769	2.045	1143.928[a]		
监测时间点	假设	4151.617	5	830.323	3.936	0.026
	误差	2388.568	11.322	210.976[b]		
工龄	假设	2339.674	2	1169.837	5.707	0.022
	误差	2049.885	10	204.989[c]		
监测时间点×工龄	假设	2049.885	10	204.989	0.531	0.862
	误差	23166.133	60	386.102[d]		

表 9-12　收缩压基于不同时间点两两多重比较

数据采集时间点（I）	数据采集时间点（J）	平均差异（I-J）	标准误差	Sig.	95%置信区间	
					下限	上限
下井前	刚到工作面	−8.31	7.707	0.285	−23.72	7.11
	2 h 后	5.69	7.707	0.463	−9.72	21.11
	4 h 后	13.85	7.707	0.077	−1.57	29.26
	6 h 后	4.77	7.707	0.538	−10.65	20.19
	升井后	4.08	7.707	0.599	−11.34	19.49
刚到工作面	下井前	8.31	7.707	0.285	−7.11	23.72
	2 h 后	14.00	7.707	0.074	−1.42	29.42
	4 h 后	22.15*	7.707	0.006	6.74	37.57
	6 h 后	13.08	7.707	0.095	−2.34	28.49
	升井后	12.38	7.707	0.113	−3.03	27.80
2 h 后	下井前	−5.69	7.707	0.463	−21.11	9.72
	刚到工作面	−14.00	7.707	0.074	−29.42	1.42
	4 h 后	8.15	7.707	0.294	−7.26	23.57
	6 h 后	−0.92	7.707	0.905	−16.34	14.49
	升井后	−1.62	7.707	0.835	−17.03	13.80
4 h 后	下井前	−13.85	7.707	0.077	−29.26	1.57
	刚到工作面	−22.15*	7.707	0.006	−37.57	−6.74
	2 h 后	−8.15	7.707	0.294	−23.57	7.26
	6 h 后	−9.08	7.707	0.244	−24.49	6.34
	升井后	−9.77	7.707	0.210	−25.19	5.65
6 h 后	下井前	−4.77	7.707	0.538	−20.19	10.65
	刚到工作面	−13.08	7.707	0.095	−28.49	2.34
	2 h 后	0.92	7.707	0.905	−14.49	16.34
	4 h 后	9.08	7.707	0.244	−6.34	24.49
	升井后	−0.69	7.707	0.929	−16.11	14.72
升井后	下井前	−4.08	7.707	0.599	−19.49	11.34
	刚到工作面	−12.38	7.707	0.113	−27.80	3.03
	2 h 后	1.62	7.707	0.835	−13.80	17.03
	4 h 后	9.77	7.707	0.210	−5.65	25.19
	6 h 后	0.69	7.707	0.929	−14.72	16.11

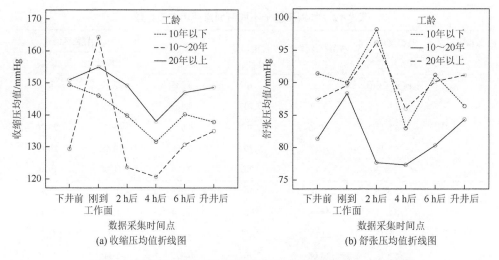

图 9-5　不同工龄群体对应的不同作业时间点的血压均值折线图

9.2.3　讨论

（1）从单因素方差分析结果可以看出，以工作时间为单一变量，收缩压和舒张压在刚到达工作面的时候均升高。

从收缩压随作业时间的变化来看，收缩压随着时间的变化先升高再降低，等工作 4 h 之后又升高。从舒张压随作业时间的变化来看，舒张压随着时间的变化也是先升高再降低，等工作 4 h 后又升高。这是由于当煤矿作业人员工作一段时间后，他们体内的血液和外界达到了新的平衡，血压逐渐趋于稳定，随工作时间的增加，人体开始出现疲劳，所需要的能量开始增加，逐渐增大血液循环，提供更多的能量，同时血液带给血管壁的压力增大。等工作结束升井后，人体又逐渐适应了地面的环境，达到新的平衡，逐渐恢复到接近下井前的血压值。

（2）从血压-工作时间-体重指标双因素方差分析可以得到，不管是体重指标正常的群体，还是体重超重的群体，都是刚到工作面的时候收缩压升高，随着作业时间的推进，收缩压一直下降，到工作 4 h 后开始升高，直到升井。原因是血压的变化具有共性，均是先由气压和空气的含量变化引起血压的升高，然后靠人体的自我调节能力逐渐下降，又由于能量供需的原因，血液循环加快，达到最后的平衡。

从每个时间点测得的数据来看，体重超重的群体的收缩压均高于体重正常的群体，说明身体肥胖的人更容易得高血压，心血管所承受的压力比正常人要大。这是由于，体重肥胖的群体需要更多的能量去维持身体的新陈代谢，心脏所承受的压力更大，要达到同样的血液循环，需要付出更多的努力，心脏会更加吃力。所以，控制饮食，控制体重有利于身心健康，降低高血压的风险。

（3）从血压-工作时间-工龄双因素方差分析可以得到，收缩压和舒张压对监测时间点和工龄两因素之间具有显著性差异，双因素方差分析具有统计学意义；通过 LSD 两两比较得到刚到工作面和工作 4 h 后血压的差异性显著。原因是在刚到达工作面的时候由于刚到达一个新的气候环境，人体为达到新的平衡而加速循环，血压到达最大值，同理，当工作 4 h 后，人体的能量供给需要消耗之前储存的能量来维持工作所需，因此会加快自身新陈代谢，以获取充足的能量。

对于收缩压来说，工龄在 20 年以上的群体，平均值要高于其他工龄的群体，其次是工龄为 10 年以下的群体，工龄在 10~20 年工龄的群体，整体上处于最低。原因是工龄越高，背后他们的年龄通常也越高，身体体质不如年轻人好，再加上有些年长的煤矿作业人员有高血压疾病，这也造成这个群体的平均血压值要处于最高位置。而工龄为 10 年以下的群体年轻力壮，通常这些工作人员被安排的工作比较累，也致使他们需要更多的体力劳动，理所当然血压相对 10~20 年工龄的群体要高一些。

对于舒张压来说，工龄在 10 年以下的群体整体上均值最大，其次是工龄在 20 年以上的，均值最小的是工龄在 10~20 年的群体。总体上，血压都是先到达工作面升高，随着时间的推移降低然后再升高，等升井后恢复到跟下井的时候差不大。这是由于工龄在 10 年以下的作业人员身强力壮，被安排在重体力劳动的岗位，血液循环压力比较大，而 10~20 年工龄的群体身体素质较好，工作量也相对较少，舒张压处于最低。工龄在 20 年以上的，虽然工作量不是最大，但是舒张压也不是最小，更说明了这个群体身体素质比较差，应该提高防范意识，注意安全。

9.2.4　结论

（1）血压随工作时间的变化是先升高后降低，如果不考虑下井前和升井后，在工作面，血压随工作时间的增加先降低后升高。

（2）体重肥胖的群体的平均血压值要高于体重正常的群体，其随着时间轴的增减趋势一致。

（3）工龄越高的作业人员血压也相对比较高，随着工龄的增加血压也逐渐增高。

9.3　心率随工作时间的变化规律研究

9.3.1　试验过程

试验过程同 9.2.1 节，在此不再阐述。

9.3.2　数据分析

1. 原始心率数据

心率原始数据采集如表 9-13 所示。

表 9-13　原始心率数据

受试者序号	组别	心率/次
1	下井前	76
	刚到工作面	69
	2 h 后	76
	4 h 后	76
	6 h 后	77
	升井后	80
2	下井前	82
	刚到工作面	69
	2 h 后	69
	4 h 后	75
	6 h 后	82
	升井后	93
3	下井前	80
	刚到工作面	66
	2 h 后	71
	4 h 后	76
	6 h 后	80
	升井后	79
4	下井前	95
	刚到工作面	98
	2 h 后	99
	4 h 后	89
	6 h 后	94
	升井后	94
5	下井前	77
	刚到工作面	70

续表

受试者序号	组别	心率/次
5	2 h 后	67
	4 h 后	72
	6 h 后	70
	升井后	67
6	下井前	70
	刚到工作面	72
	2 h 后	104
	4 h 后	78
	6 h 后	74
	升井后	77
7	下井前	92
	刚到工作面	95
	2 h 后	99
	4 h 后	70
	6 h 后	94
	升井后	100
8	下井前	68
	刚到工作面	74
	2 h 后	79
	4 h 后	63
	6 h 后	75
	升井后	69
9	下井前	89
	刚到工作面	84
	2 h 后	85
	4 h 后	75
	6 h 后	78
	升井后	92
10	下井前	91
	刚到工作面	93
	2 h 后	95
	4 h 后	84

受试者序号	组别	心率/次
10	6 h 后	90
	升井后	86
11	下井前	80
	刚到工作面	83
	2 h 后	76
	4 h 后	85
	6 h 后	88
	升井后	94
12	下井前	77
	刚到工作面	79
	2 h 后	81
	4 h 后	75
	6 h 后	82
	升井后	90
13	下井前	86
	刚到工作面	88
	2 h 后	90
	4 h 后	96
	6 h 后	100
	升井后	104

2. 描述性统计

借助 SPSS16.0，经过运算整理得到关于心率数据的描述性统计表，如表 9-14 所示。可以直观地看到各个作业时间点对应的作业人员心率的均值、方差、标准误差、最值和置信区间。

表 9-14　心率数据的描述性统计

时间点	个数	均值	方差	标准误差	均值的 95%置信区间		最小值	最大值
					下限	上限		
下井前	13	81.77	8.408	2.332	76.69	86.85	68	95
刚到工作面	13	80.00	10.977	3.045	73.37	86.63	66	98
2 h 后	13	83.92	12.426	3.446	76.41	91.43	67	104

续表

时间点	个数	均值	方差	标准误差	均值的95%置信区间		最小值	最大值
					下限	上限		
4 h 后	13	78.00	8.612	2.389	72.80	83.20	63	96
6 h 后	13	83.38	9.079	2.518	77.90	88.87	70	100
升井后	13	86.54	11.406	3.164	79.65	93.43	67	104
总计	78	82.27	10.309	1.167	79.94	84.59	63	104

3. 单因素方差分析

假设不同作业时间点对应的心率样本所在总体的均值之间没有显著性差异，即煤矿作业人员心率在不同作业时间点所对应的总体的均值相等。

用 SPSS16.0 对样本数据进行单因素方差分析，方差齐性检验结果如表 9-15 所示，经 Levene 检验，P 值 = 0.277＞0.05，不具有显著性差异，说明方差具有齐性。进一步做单因素方差分析，结果如表 9-16 所示，F = 1.131，Sig. = 0.352＞0.05，不具有显著性差异，但这不能说明不具有统计学意义，只能说明样本所对应的总体均值相等。

表 9-15　心率值方差齐性检验

Levene 检验	自由度 1	自由度 2	Sig.
1.291	5	72	0.277

表 9-16　心率值的单因素方差分析

	平方和	自由度	均值	F 值	Sig.
组间	595.808	5	119.162	1.131	0.352
组内	7587.538	72	105.382		
总和	8183.346	77			

4. 心率随工作时间变化折线图绘制

用 Origin7.5 绘制对应时间点作业人员心率均值的折线图，如图 9-6 所示。可以得到，刚到工作面作业人员的平均心率比下井前有所降低，开始工作 2 h 后又增大，4 h 后心率达到最低点，随后又继续增大，升井后的心率值要大于下井前的心率。

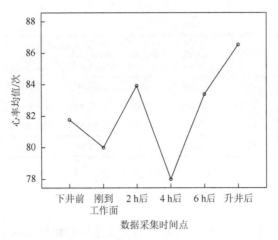

图 9-6　心率均值随时间变化折线图

5. 多因素方差分析

为了进一步探索体重指数、工龄是否对心率有影响，用 SPSS16.0 对所得数据进行多因素方差分析，结果如表 9-17 所示。可以看出监测时间点、体重指数、工龄及两两综合的 Sig.值均大于 0.05，即这些因素对心率的影响没有显著性差异，即从统计学上考虑，这些因素对心率没有影响。但这不能说明这些因素不具有统计学意义。

表 9-17　影响心率的多因素方差分析

		平方和	df	均方	F	Sig.
截距	假设	394542.151	1	394542.151	277.442	0.042
	误差	1365.241	0.960	1422.073[a]		
监测时间点	假设	528.260	5	105.652	1.091	0.460
	误差	505.231	5.219	96.813[b]		
体重指数 BMI	假设	1448.942	1	1448.942	11.789	0.053
	误差	312.685	2.544	122.909[c]		
工龄	假设	142.593	2	71.297	0.581	0.617
	误差	327.819	2.671	122.755[d]		
监测时间点×体重指数 BMI	假设	367.934	5	73.587	1.485	0.270
	误差	551.260	11.126	49.546[e]		
监测时间点×工龄	假设	720.903	10	72.090	1.495	0.268
	误差	482.323	10	48.232[f]		

续表

		平方和	df	均方	F	Sig.
体重指数 BMI× 工龄	假设	197.793	2	98.897	2.050	0.179
	误差	482.323	10	48.232^f		
监测时间点×体重 指数 BMI×工龄	假设	482.323	10	48.232	0.493	0.885
	误差	4107.333	42	97.794^g		

6. 折线图绘制

用 Origin7.5 绘制考虑体重指数和工龄的折线图,如图 9-7 所示。从体重指数来看,体重超重的群体心率要普遍高于体重指数正常的群体,每个时间点都有这个共性。从时间轴来看,作业人员到达作业面时心率比在下井前小,随着工作时间增加,到工作 4 h 后,心率降到最低点,之后又继续增加,升井后的心率要大于下井前的心率均值。从工龄来看,三条折线整体的增减趋势一致,存在相交的现象。下井之前,工龄在 20 年以上的群体平均心率最大,心率最小的是工龄在10 年以下的群体,当来到工作面,工龄在 20 年以上的群体的心率降到最低,2 h后均有升高的趋势;4 h 后除了工龄在 20 年以上的群体继续升高外另外两个群体的心率均下降;工作 6 h 后,工龄在 10 年以下的心率最快;随后升井后均有上升,并且大于下井前的心率。

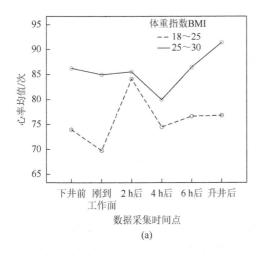

(a)

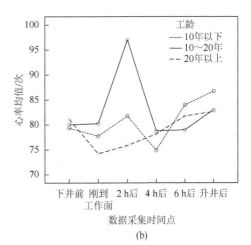

(b)

图 9-7 不同体重指数和工龄群体对应的不同作业时间点心率均值折线图

9.3.3　讨论

　　单因素方差分析及多因素方差分析，综采工作面作业人员的心率随时间没有显著性差异，但是不能说明没有统计学意义。

　　（1）从单因素方差分析的折线图来看，刚到工作面作业人员的平均心率比下井前有所降低，原因是煤矿作业人员刚下到工作面，作业人员为了适应新的气候条件作出自身的调节，降低心率，结合血压变化，血压增高，人体达到新的平衡。

　　开始工作 2 h 后平均心率又增大，原因是作业人员开始工作以后，作业量比较大，任务比较重，需要不停地做体力劳动，心跳加快，促进血液循环，需氧量增加，以提供足够的能量来维持工作的顺利进行。

　　4 h 后平均心率达到最低点，在前文也提到过，4 h 后人体供需平衡最佳，这也是心率降到最低点的原因所在，说明工作 4 h 后，人体摄入的食物已经基本上消耗殆尽，人开始出现饥饿，随后心脏加快跳动提供更多的养分运往每个需要能量的组织与器官。4 h 后，人体储存的脂肪等开始消耗，消耗脂肪所需的氧气量更大，这也是加快心率的原因。

　　心率随后又继续增大，升井后的心率值要大于下井前的心率，原因是人开始出现疲惫，口渴和饥饿伴随而来。

　　（2）从多因素方差分析体重指标的折线图来看，体重超重的群体心率要普遍高于体重指数正常的群体，原因是体重超重的群体，为了保持能量的供应，人体需要更多的能量及更多的养分来达到供给平衡。体重指标较高的人处于亚健康状态，行动也不如正常指标的群体自如，再加上体重本身过高对于个体来说也是一种负担，做同样的工作需比别人消耗更多的能量。

　　（3）从多因素方差分析工龄折线图来看，三条折线整体的增减趋势一致，存在相交的现象。说明工龄对心率没有明显的影响。

　　下井之前，工龄在 20 年以上的群体平均心率最大，因为工龄大的群体年龄也大，心率是跟年龄相关的，随着年龄的增大人的脉搏跳动频率也在增大。心率最小的是工龄在 10 年以下的群体，说明年轻人脉搏跳动的频率最小，从侧面印证了心率跟年龄相关的结论。

　　当来到工作面，工龄在 20 年以上的群体的心率降到最低，2 h 后均有升高的趋势，原因是那些长年累月工作在煤矿的作业人员已经适应了这种环境，经常处于这种环境下，心率比年轻人更低，也说明了年长的作业人员的调节机制没有年轻人的好。

　　4 h 后除了工龄在 20 年以上的群体继续升高外，另外两个群体的心率均下降，说明工龄越大脉搏越弱，越不敏感，机体自我调节力降低。在工作中要减轻劳动力，做适合年长人做的工作，有利于生产安全和人的健康。工作 6 h 后，工龄在 10 以下的心率最快，主要是年轻人干的活儿最重，体力消耗比较明显，也说明 6 h 后人的机体已经开始疲劳，不适合继续作业，容易引起人因失误，建议班组时间做适当的调整，以 6 小时作业为宜。

升井后心率均有上升，并且大于下井前的心率，说明人的心率也跟人体的生物节律有关，在晚上人的心率比白天要高一些。

9.3.4　结论

（1）综采工作面作业人员的心率随工作时间的延长先降低后升高，在工作 4 h 后达到最低点。

（2）从作业人员的体重指标来看，体重较大的作业人员的心率要高于体重正常的群体，越胖心率越快。

（3）从作业人员工龄的影响来看，工龄越大的作业人员心率变化越缓慢，身体的自我调节能力越差。

9.4　体温随工作时间的变化规律研究

9.4.1　试验过程

试验过程同 9.2.1 节，在此不再阐述。

9.4.2　数据分析

1. 原始体温数据

原始体温数据采集自三位受试者，如表 9-18 所示。

表 9-18　原始体温数据

受试者序号	组别	体温/℃
1	下井前	36.1
	刚到工作面	35.6
	2 h 后	36.4
	4 h 后	35.6

受试者序号	组别	体温/℃
1	6 h 后	36.1
	升井后	36.3
2	下井前	36.7
	刚到工作面	36.1
	2 h 后	35.2
	4 h 后	35.5
	6 h 后	36.2
	升井后	36.2
3	下井前	36.9
	刚到工作面	35.9
	2 h 后	35.7
	4 h 后	35.6
	6 h 后	36
	升井后	36.3

2. 描述性统计

借助 SPSS16.0，经过运算整理得到关于心率数据的描述性统计表，如表 9-19 所示。可以直观地看到各个作业时间点对应的作业人员体温的均值、方差、标准误差、最值和置信区间。

表 9-19　体温数据的描述性统计

时间点	个数	均值	方差	标准误差	均值的95%置信区间		最小值	最大值
					下限	上限		
下井前	13	36.415	0.2911	0.0807	36.239	36.591	36.0	36.9
刚到工作面	13	36.185	0.4688	0.1300	35.901	36.468	35.1	36.9
2 h 后	13	36.115	0.5414	0.1501	35.788	36.443	35.1	36.8
4 h 后	13	36.131	0.4715	0.1308	35.846	36.416	35.5	37.0
6 h 后	13	36.338	0.3525	0.0978	36.125	36.551	35.6	36.9
升井后	13	36.438	0.4053	0.1124	36.194	36.683	35.8	37.3
总计	78	36.271	0.4364	0.0494	36.172	36.369	35.1	37.3

3. 单因素方差分析

假设不同作业时间点对应的体温样本所在总体的均值之间没有显著性差异，即煤矿作业人员体温在不同作业时间点所对应的总体的均值相等。

用 SPSS16.0 对样本数据进行单因素方差分析，方差齐性检验结果如表 9-20 所示，经 Levene 检验，P 值 $= 0.275 > 0.05$，不具有显著性差异，说明方差具有齐性。进一步做单因素方差分析，结果如表 9-21 所示，$F = 1.475$，Sig. $= 0.209 > 0.05$，不具有显著性差异，但这不能说明不具有统计学意义，只能说明样本所对应的总体均值相等。

表 9-20　体温值方差齐性检验

Levene 检验	自由度 1	自由度 2	Sig.
1.297	5	72	0.275

表 9-21　体温值的单因素方差分析

	平方和	自由度	均值	F	Sig.
组间	1.362	5	0.272	1.475	0.209
组内	13.300	72	0.185		
总和	14.662	77			

4. 体温随工作时间变化折线图绘制

用 Origin7.5 绘制对应时间点作业人员体温均值的折线图，如图 9-8 所示。可

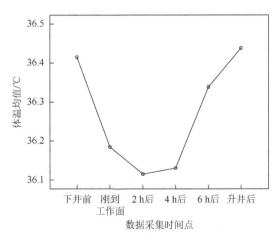

图 9-8　体温均值随时间变化折线图

以看到，刚到工作面时，作业人员的平均体温比下井前低，开始工作 2 h 后达到最低，随后又继续升高，升井后的体温要高于下井前的体温。

5. 多因素方差分析

为了进一步探索体重指数、工龄是否对体温有所影响，用 SPSS16.0 对所得数据进行多因素方差分析，结果如表 9-22 所示。可以看出监测时间点、体重指数、工龄及两两综合的 Sig.值均大于 0.05，即这些因素对体温的影响没有显著性差异，即从统计学上出发，这些因素对体温没有影响，但是不能说明这些因素不具有统计学意义。

表 9-22　影响体温的多因素方差分析

		平方和	df	均方	F	Sig.
截距	假设	79341.019	1	79341.019	6.316E4	0.000
	误差	3.370	2.683	1.256[a]		
监测时间点	假设	0.990	5	0.198	5.493	0.418
	误差	0.024	0.654	0.036[b]		
体重指数 BMI	假设	0.530	1	0.00	0.00	0.00
	误差	0.00	0.00[c]	0.00		
工龄	假设	1.607	2	0.804	14.120	0.200
	误差	0.053	0.935	0.057[d]		
监测时间点×体重指数 BMI	假设	0.183	5	0.037	0.372	0.858
	误差	1.098	11.174	0.098[e]		
监测时间点×工龄	假设	0.950	10	0.095	0.995	0.503
	误差	0.955	10	0.095[f]		
体重指数 BMI×工龄	假设	0.115	2	0.057	0.601	0.567
	误差	0.955	10	0.095[f]		
监测时间点×体重指数 BMI×工龄	假设	0.955	10	0.095	0.474	0.898
	误差	8.466	42	0.202[g]		

6. 折线图绘制

用 Origin7.5 绘制考虑体重指数和工龄的折线图，如图 9-9 所示。从体重指数来看，体重超重的群体体温要普遍高于体重指数正常的群体，每个时间点都有这个共性。从时间轴来看，作业人员到达作业面时体温比在下井前低，随着工作时间增加，到工作 2 h 后，体重超重的群体心率降到最低点，体重正常的群体体温相对稳定，4 h 后，两个群体体温均随时间增大。从工龄来看，工龄在 20 年以下的群体体温比较稳定，工龄多于 20 年的群体体温波动比较大。下井之前，工龄在 20 年以上的群体平均体温最高，体温最低的是工龄在 10 年以下的群体，当来到工作面，工龄在 20 年以上的群体的体温降到最低，2 h 后只有工龄在 20 年以上的群体有升高的趋势；4 h 后工龄在 20 年以上的群体升高得更加明显；工作 6 h 后，工龄在 10～20 年的体温最高；在井下工作过程中，工龄在 20 年以上的作业人员的体温总是最低，升井后工龄在 10～20 年的群体的体温降低，其他两个群体均有升高，且均值接近相等。

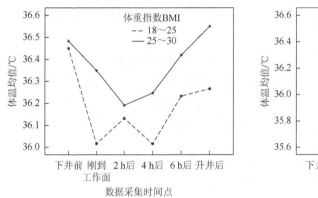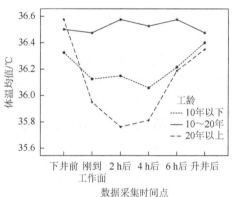

图 9-9　不同体重指标和工龄群体对应的不同作业时间点体温均值折线图

9.4.3　讨论

单因素方差分析及多因素方差分析，综采工作面作业人员的体温随时间没有显著性差异，但是不能说明没有统计学意义。

（1）从单因素方差分析的折线图来看，刚到工作面作业人员的平均体温比下井前有所降低，原因是煤矿作业人员刚下到工作面，人体新陈代谢产生的热量低于散发出去的热量，导致体温比外界要低。

开始工作 2 h 后平均体温降到最低点，原因是作业人员开始工作以后，人体新陈代谢产生的能量不仅要用来维持体温的恒定，也要对外界做功，使生物能转化为机械能。

从 2 h 后到 4 h 后，作业人员的平均体温变化不大，说明这个时间段人体已经达到了一个平衡，人体产能比较稳定。随后开始增大，升井后的体温值要高于下井前的体温，原因是人开始出现疲惫，口渴和饥饿感伴随而来，人体的脂肪等储备能量开始发挥作用，产能过多，一部分多余的热量开始使体温升高。

（2）从多因素方差分析体重指标的折线图来看，体重超重的群体体温要普遍高于体重指数正常的群体，原因是体重超重的群体，散热比较慢，体内产能比体重正常的群体要多，相对来说体温比较容易保持。肥胖的人心血管比较发达，心率也比较快，血压也比较高，产能比较多，维持体温恒定的能力比较强，这也是胖人不怕冷的原因。

（3）从多因素方差分析工龄折线图来看，工龄在 20 年以下的群体体温比较稳定，工龄在 20 年以上的群体体温波动比较大，原因是随着年龄的增长，作业人员机体的自我调节能力下降。下井之前，工龄在 20 年以上的群体平均体温最高，体温最小的是工龄在 10 年以下的群体，原因是工龄较大的群体注意保暖，机体散热较慢，心血管比年轻人稍微细一些，血管压力比较大，血液循环过程中产生更多的热量。

当来到工作面时，工龄在 20 年以上的群体的体温降到最低，说明当作业人员服装一样的时候，年龄越大，机体产热的能力越差，越难维持正常的平衡。2 h 后只有工龄在 20 年以上的群体体温有升高的趋势，说明年轻人更容易达到身体能量的供需平衡，工龄比较大的作业人员短时间内还不能使体温升高到原有状态。

4 h 后工龄在 20 年以上的群体升高得更加明显，说明随着机体的调节，体能消耗不变，但是产能明显过剩，多出的热量用来使体温迅速升高；工作 6 h 后，工龄在 10～20 年的体温最高，依然很稳定，说明他们的机体调节能力很强；在井下工作过程中，工龄在 20 年以上的作业人员的体温总是最低，升井后工龄在 10～20 年的群体的体温降低，其他两个群体均有升高，且均值接近相等。

9.4.4　结论

（1）综采工作面作业人员的体温随工作时间的增长先降低后升高，在工作 2 h 后达到最低点。

（2）从作业人员的体重指标来看，体重较大的作业人员的体温要高于体重正常的群体，越胖体温越高。

（3）从作业人员工龄的影响来看，工龄越大的作业人员体温变化越快，身体的自我调节能力越差。

9.5　小　结

本章主要论述了现场实测一定时间间隔综采工作面作业人员生理特征的变化规律，分析了选取时间作为单一变量试验的可行性。根据试验室条件确定几个时间监测点，介绍了平煤一矿所选综采工作面的基本情况，参加试验的受试者的选取及基本情况，总共选取 13 个矿工作为受试者，涵盖班长和每个工种。

介绍了试验仪器的选择、整个试验的思路及逻辑可行性。详细给出了试验的整个过程，叙述了试验设计的合理性和可行性。

用单因素方差分析对试验数据进行处理，得到了不同生理指标随工作时间变化的折线图，根据折线图得到各个生理指标随工作时间变化的规律。通过多因素方差分析，得到体重指标和工龄对各个生理指标的影响。

先后分析了血压、心率、体温随工作时间的变化规律。提出了将班组时间调整为 6 h 的合理性。

本章的研究成果可使煤矿作业人员了解自己的生理变化规律，更合理地进行作业人员之间的工作分配，有利于煤矿的安全生产。

第10章　综采工作面环境对人的综合影响研究

本章以安全生理学为基础，对综采工作面环境进行相似试验模拟，利用实验室模拟数据，首先分析单因素环境变量与人体各项生理指标关系模型。在单因素模型基础上，分析多因素环境变量与人体各项生理指标关系模型，为人的可靠度计算提供理论分析基础。

10.1　试　验　准　备

实验室模拟要实现对矿井综采工作面作业环境的模拟。但是井下综采工作面内的环境多种多样、错综复杂，这些环境因素均会对井下作业人员的生理指标及心理状态产生一定的影响。因试验条件限制，根据实际情况，并结合科学设计原则，本书对综采工作面环境做一定的简化处理，仅对井下综采工作面内对现场作业人员影响最为显著的温度场、湿度场、噪声场和照明场四方面环境因素进行模拟，并通过采集受试者的生理、心理数据，对作业人员进行安全劳动时间和可靠度研究。

10.1.1　试验平台

试验平台外围由不锈钢板搭建而成，内部构成微气候环境舱。微气候环境舱的密封效果较好，在舱体的顶部安装送风口，回风口设置在下部。地面铺设有胶皮地砖，具有一定的隔热效果。根据安全工程原理对装备的功能、空间、材料和内部仪器设备采取合理的规划与布局，使其运行起来安全、高效。

本试验平台主要实现温度、湿度、噪声和照明的单独控制，因此将试验平台从功能上分成四部分，分别称为温度子系统、湿度子系统、噪声子系统和照明子系统。另外试验平台内实现了自动化控制，每个子系统均可单独工作，互不干扰，而且可以通过自动化控制实现各个子系统之间协同工作，使得环境变量的控制更加灵活。

（1）温度子系统主要采用试验系统内的加热器和空调来共同调控，温度可调节的范围是 0～50℃。

（2）湿度子系统主要由智能湿度控制仪、加湿器组成。湿度的可调节范围是 0%～100%。

（3）噪声子系统主要由音响和噪声分贝仪组成，主要作用是营造一个类似井下工作面的高噪声环境。

（4）照明子系统由 LED 灯、不同瓦数灯泡和照度仪组成，主要作用是创造一个类似井下工作面照明条件的状态。

10.1.2　受试者

为了实现研究目的，本试验选择 30 名受试者为检验对象，要求受试者身体健康，不存在疾病史，并且受试者各项生理指标在一定范围内，避免受试者自身差异导致试验科学性与准确性的降低。测试前受试者应睡眠充足，饮食规律。测验过程中，所有受试者穿着矿用服饰、胶鞋，头戴安全帽，服装热阻大约为 0.8 clo。

实验前对被试人员进行培训，适应跑台运动，掌握生理指标采集仪器的操作使用规则，了解实验本质及预备实验有可能对身体造成的危害，签署同意参加实验协议。

10.1.3　测量工具介绍

为了对井下作业人员进行安全劳动时间和可靠度研究，需要在试验过程中对受试者的各项生理数据及心理数据进行采集。为了充分反映受试者的生理及心理状况，选择受试者的收缩压、舒张压、平均压、心率、呼吸率、体温等生理指标和反映作业人员情绪变化的心理指标进行测量。

日常所说的血压水平是指人体的动脉血压，动脉血压是指动脉血管内的血液对于单位面积血管壁的侧压力。收缩压是当人的心脏收缩时，动脉内的压力上升，心脏收缩的中期，动脉内压力最高，此时血液对血管内壁的压力称为收缩压，亦称高压，收缩压反映了每博输出量的大小。正常人收缩压处于 90～140 mmHg 范围。舒张压就是当人的心脏舒张时，动脉血管弹性回缩，产生的压力称为舒张压，又称低压。心脏舒张时，主动脉压下降，在心舒末期动脉血压处于最低值，称为舒张压，舒张压反映了外周阻力的大小。正常人舒张压处于 60～90 mmHg 范围。动脉血压是保持血液流动和血流量的必要条件，因此，血压是衡量心血管功能的重要指标之一。如果血压过低，血流量不能满足组织代谢需要，血液供应不足，甚至导致脑组织缺血缺氧；如果血压过高，则可能导致心室肥大、心力衰竭、血管破裂，更严重的可能影响生命。

平均压指的是一个心动周期中动脉血压的平均值。正常成年人平均动脉压正常值为 70～105 mmHg。计算公式如下：平均动脉压 =（收缩压 + 2×舒张压）/3。正常的血压是血液循环流动的前提，血压在多种因素调节下保持正常，从而提供各组织器官足够的血量，以维持正常的新陈代谢。血压过低或过高（低血压、高血压）都会造成严重后果，所以对受试者的血压数据进行测量收集，进而对其生理状态进行综合分析。

心率是指正常人安静状态下每分钟心跳的次数，也称安静心率，一般为 60～100 bpm，可因年龄、性别或其他生理因素产生个体差异。心率变化与心脏疾病密切相关，所以通过对受试者心率进行检测，可以进而反映出受试者的心脏健康状况。

呼吸是机体与外界环境之间的气体交换过程，是人体维持各项生命活动的基本生理过程之一。通过呼吸，机体不断地从外界环境中获取氧气，同时排出体内产生的 CO_2，以维持机体新陈代谢的需要。呼吸率是一种形容每分钟呼吸次数的医学术语，胸部的一次起伏就是一次呼吸，即一次吸气一次呼气，又称为呼吸频率。通过对受试者呼吸率的检测可以了解受试者的即时生理状态。

体温是指人和高等动物机体的温度。正常体温是机体进行生命活动的必要基础条件。对人来说，如体温低于 25℃，酶类在低温下将失去活性，影响新陈代谢，如体温超过 43℃，蛋白质变性也失去活性，两种情况都会导致死亡。

心境状态量表（POMS）是一种可以用来研究心境状态的有效方法，从 20 世纪 70 年代以来，研究者们曾使用心境状态量表就体育活动对心境状态的影响进行了广泛的研究，起到了非常好的效果。我们可以采用心境状态量表对受试者的心理状况进行适当的调查、分析。

矿井作业环境模拟舱内的多参数测试系统可以对受试者的生理指标数据进行测量，测量工具情况如表 10-1 所示。

表 10-1　测量工具介绍

生理参数	测量工具
血压（收缩压、舒张压、平均压）	欧姆龙电子血压计：采用测振法进行血压的测量，一次测量传感器可以显示收缩压、舒张压、平均压三个参数的值
心率	Polar 心率表：使用时将心率表带在人体的手腕上，运动结束后读取心率数据
呼吸率	通过 MP150 多道生理仪的呼吸模块来进行测量，通过测量人体呼吸轮廓的图像来计算机体呼吸的频率
体温	欧姆龙红外线耳式电子体温计：把受试者耳朵轻轻往后拽，当耳孔露出时，把感温部沿着耳孔轻轻插入
心理指标	心境状态量表

10.1.4　调查问卷

本节利用调查问卷对作业人员心理指标进行评测，步骤如图 10-1 所示。

图 10-1　调查问卷步骤示意图

10.2　试验方案与试验过程

10.2.1　试验方案

试验所选取的受试者身体健康，他们一般处于舒适的环境中，很少能接触到井下高温、高湿、强噪声、弱照明等恶劣环境，这也导致受试者与井下作业人员的身体素质有所差别。研究表明，长期处于恶劣环境的人，机体会产生一定的适应能力。例如，进行过预试验的人与没有进行过预试验的人相比，机体对热环境反应更加迅速，可以明显缓解劳动过程中的心率、呼吸频率、皮肤温度等生理指标变化[425, 426]。可以证明预试验训练可以提高人对于高温环境的适应能力，降低人体疲劳。人体在受到一定强度的噪声刺激时，能减少高噪声暴露所致的听力损伤，即长时间处于噪声环境中的人，机体会对听觉系统产生一定的保护作用，表现出一定的适应性反应[427-428]。因此，直接利用大学生样本进行试验，会导致试验结果出现偏差，在正式试验前，应对样本进行预处理。

试验样本首先在登记处进行登记，按 1～30 分别进行编号，之后在预设的环境中进行一段时间的预试验，尽可能使试验样本更好地模拟井下作业人员的身体状况。预试验结束之后，立即对受试者进行正式试验。受试者在试验平台的作业环境模拟区分别受到温度、湿度、噪声和照明四种环境条件刺激，每次试验除需要改变的自变量外，其他环境参数保持正常状态。试验过程中对受试者的生理指标和心理指标进行测量并记录。模拟试验结束后，综合分析每一种环境因素对受试者的生理和心理的影响，给出综合评价。实验方案如图 10-2 所示。

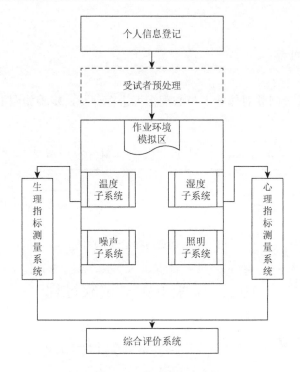

图 10-2　试验方案流程

10.2.2　预处理

　　为了能够更好地模拟井下工作状态，本次预试验对受试者采用体力锻炼的方式进行。试验前对参与试验的受试者健康状况进行检查，确保受试者处于健康的状态后进行预试验。试验过程中对受试者的生理参数进行跟踪检查，一旦出现不良反应，立刻停止试验。受试者在跑步机上进行跑步运动，跑步运动分 6 次完成，共计 120 min，每次运动结束后休息 10 min，休息期间可以补水，但不能离开环境仓。受试者在特定的环境中进行较大强度的体育训练，通过周围环境反复刺激，提升受试者的耐受能力，为正式试验做准备。预处理具体步骤如下。

　　（1）试验者准备试验，在试验开始前 30 min 试验人员打开环境舱内的加热器、加湿机、噪声仪和 LED 强光灯等设备，创造一个类似井下工作面的环境。环境温度稳定在 37℃，上下波动范围为±1℃；湿度稳定在 80%，上下波动范围为 5%；噪声稳定在 85 dB，上下波动范围为 2 dB；照明稳定在 50 lx，上下波动范围为 10 lx。

　　（2）受试者提前到达实验室，在缓冲房间内休息调整 20 min 以稳定各项生理指标，并逐步适应环境仓环境。试验者对受试者的生理健康状况进行检查，告知受试者试验过程中的注意事项。

（3）受试者进入环境舱，首先适应环境 10 min，在此期间试验人员讲解运动的动作要领及试验流程。

（4）受试者按照设定跑步速度运动，运动速度为 8 km/h，运动时间为 20 min。运动结束后休息 10 min，根据需要补水。

（5）重复步骤（4）5 次，整个试验过程共计 190 min。试验结束后，关掉环境舱内设备，受试者在实验室内进行休息调整。

（6）每天重复进行步骤（1）～（5），持续两周后结束。

10.2.3　试验过程

试验过程分为温度单因素、湿度单因素、噪声单因素和照明单因素对人体生理及心理影响四部分，每一部分需要保证只有一个环境因素发生变化，其他环境因素保证正常稳定状态，并以此分析单环境因素对人体生理心理的影响。因此每一部分的试验需要四个子系统协同运作，例如，在分析温度对人体生理和心理的影响时，需要控制其他环境变量不变，控制温度发生变化以此来分析温度对样本生理和心理指标的影响。然后将测得受试者的生理指标和心理数据进行汇总，对十个受试者数据分别求取平均值，为后续建模做数据支撑。每一部分的试验过程如下。

1. 温度影响试验

结合平煤集团反馈的实际监测数据，参考煤矿作业操作规程，分别控制温度为 20℃、22℃、24℃、26℃、28℃、30℃、32℃、34℃、36℃、38℃、40℃，受试者静坐 15 min，之后分别测量受试者的收缩压、舒张压、心率、呼吸率、体温和率压积等生理指标，并让受试者填写心境状态表。为保证受试者生理指标初始值处在相对稳定状态，本部分试验分成 11 天进行，即每天只进行一种温度的测量。而在整个试验过程中，湿度、噪声和照度参数值维持稳定不变，其中湿度为 60%，噪声为 50 dB，照度为 100 lx。

2. 湿度影响试验

将湿度参数设置为 11 个不同水平值，分别为 50%、55%、60%、65%、70%、75%、80%、85%、90%、95%、100%（相对湿度）。受试者保持静坐 15 min，然后测量受试者的生理指标和心理指标。为保证受试者生理指标初始值处在相对稳定状态，本部分试验分成 11 天进行。本次试验过程中其他环境因素保持不变，其中温度为 25℃，噪声为 50 dB，照度为 100 lx。

3. 噪声影响实验

将噪声参数设置为 11 个不同水平值，分别为 50 dB、55 dB、60 dB、65 dB、70 dB、75 dB、80 dB、85 dB、90 dB、95 dB、100 dB，受试者保持 15 min 静坐，然后进行生理和心理指标的测量。为保证受试者生理、心理指标初始值处在相对稳定状态，本部分试验分成 11 天进行。受试者在完成每一次试验后要聆听 20 min 的旋律优美的轻音乐，来缓解和消除强噪声对人体产生的影响。而在整个试验过程中，其他环境参数值维持稳定不变，其中温度为 25℃，湿度为 60%，照度为 100 lx。

4. 照明影响试验

将照明参数设置为 11 个不同水平值，分别为 5 lx、15 lx、25 lx、35 lx、50 lx、75 lx、100 lx、125 lx、150 lx、175 lx、200 lx。试验前进行 15 min 的照明适应，尽量保证受试者对试验环境照度的相同性和平等性，之后受试者保持静坐 15 min。为保证受试者生理指标初始值处在相对稳定状态，本部分试验分成 11 天进行。而在整个试验过程中，温度、湿度和噪声参数值维持稳定不变，其中温度为 25℃，湿度为 60%，噪声为 50 dB。所测 30 个受试者生理指标平均值的试验结果见表 10-2～表 10-5。

表 10-2　温度影响试验结果

温度/℃	收缩压/mmHg	舒张压/mmHg	心率/bpm	呼吸率/bpm	体温/℃	率压积/(bpm×mmHg)	疲劳度
20	124	73	77	16	36.0	95.48	0
22	108	68	81	16	36.5	87.48	1
24	113	64	86	18	36.7	97.18	1
26	104	65	84	21	36.1	87.36	0
28	109	68	89	19	36.4	97.01	2
30	101	65	87	19	36.3	87.87	3
32	107	64	90	22	36.9	96.30	4
34	99	64	90	22	36.2	89.10	5
36	110	57	94	21	37.5	103.40	6
38	119	59	94	25	37.5	111.86	8
40	120	58	98	26	37.8	117.60	9

表 10-3　湿度影响试验结果

湿度/%	收缩压/mmHg	舒张压/mmHg	心率/bpm	呼吸率/bpm	体温/℃	率压积/(bpm×mmHg)	疲劳度
50	109	68	84	17	36.3	91.56	0
55	108	68	84	16	36.2	90.72	1
60	107	67	85	16	36.2	90.95	2
65	108	65	84	17	36.1	90.72	1
70	107	67	85	19	36.2	90.95	2
75	108	68	85	18	36.1	91.80	4
80	107	67	86	21	36.4	92.02	4
85	109	66	85	20	36.3	92.65	4
90	110	65	86	19	36.4	94.60	4
95	109	66	87	21	36.6	94.83	5
100	112	65	87	21	36.7	97.44	6

表 10-4　噪声影响试验结果

噪声/dB	收缩压/mmHg	舒张压/mmHg	心率/bpm	呼吸率/bpm	体温/℃	率压积/(bpm×mmHg)	疲劳度
50	115	79	66	15	37.1	75.90	0
55	110	78	71	20	36.3	78.10	1
60	113	75	74	19	37.0	83.62	0
65	109	70	82	14	36.1	89.38	2
70	106	67	82	19	36.2	86.92	0
75	113	65	84	19	36.5	94.92	2
80	108	60	92	19	36.4	99.36	4
85	107	58	97	20	36.5	103.79	5
90	112	56	100	26	37.4	112.00	7
95	116	54	102	23	37.1	118.32	2
100	128	53	104	27	38.0	133.12	3

表 10-5　照明影响试验结果

照度/lx	收缩压/mmHg	舒张压/mmHg	心率/bpm	呼吸率/bpm	体温/℃	率压积/(bpm×mmHg)	疲劳度
5	107	71	84	20	36.4	89.88	1
15	108	70	84	19	36.3	90.72	0
25	106	71	85	19	36.4	90.10	1

续表

照度/lx	收缩压/mmHg	舒张压/mmHg	心率/bpm	呼吸率/bpm	体温/℃	率压积/(bpm×mmHg)	疲劳度
35	107	70	85	19	36.4	90.95	0
50	107	71	84	20	36.5	89.88	1
75	108	72	86	20	36.4	92.88	1
100	107	71	85	19	36.6	90.95	0
125	109	72	87	20	36.5	94.83	1
150	108	72	86	21	36.6	92.88	2
175	109	72	87	20	36.5	94.83	2
200	110	72	86	22	36.7	94.60	3

10.2.4　多因素环境试验设计

利用正交试验设计的思想，即采用一种现成的正交表，通过科学地选取试验条件，分析出合理的试验结果，从而减少试验的次数，达到分清各因素对试验结果的影响，并按照影响的大小确定多因素试验搭配方案或最优化工艺条件。井下综采工作面所研究的主要影响因素有四种，若安排所有因素的试验，那么试验次数将会非常多，很难全部试施。因此针对多因素试验采用正交试验进行设计。

首先将 4 种环境因素分别划分为 4 种水平值，各环境影响因素及水平见表 10-6。

表 10-6　因素水平表

水平	温度/℃	湿度/%	噪声/dB	照度/lx
1	25	70	60	5
2	30	80	70	50
3	35	90	80	100
4	40	100	90	200

根据已知的正交表进行计算，对多因素进行正交设计，所得结果如表 10-7 所示，一共配置了 16 种方式进行多因素试验，减少了试验次数，以便能更好地分清各个因素之间的相互作用。

表 10-7　正交试验设计结果

序号	温度/℃	湿度/%	噪声/dB	照度/lx
1	25	70	60	5
2	25	80	70	50
3	25	90	80	100
4	25	100	90	200
5	30	70	70	5
6	30	80	60	50
7	30	90	90	100
8	30	100	80	200
9	35	70	80	5
10	35	80	90	50
11	35	90	60	100
12	35	100	70	200
13	40	70	90	5
14	40	80	80	50
15	40	90	70	100
16	40	100	60	200

　　对设计的 16 种正交试验，分别利用受试者进行实验，所得受试者生理指标的平均值如表 10-8 所示。

表 10-8　正交影响试验结果

序号	温度/℃	湿度/%	噪声/dB	照度/lx	收缩压/mmHg	舒张压/mmHg	心率/bpm	呼吸率/cpm	体温/℃	率压积/(mmHg×bpm)	疲劳度
1	25	70	60	5	134	70	76	25	37.2	83.60	1
2	25	80	70	50	138	76	73	20	36.4	83.00	1
3	25	90	80	100	132	76	71	13	35.1	85.04	2
4	25	100	90	200	143	74	83	11	35.6	83.72	3
5	30	70	70	100	136	78	83	20	35.6	91.96	3
6	30	80	60	200	126	74	74	21	35.5	88.60	3
7	30	90	90	5	131	67	88	13	35.6	91.08	5
8	30	100	80	50	132	69	76	18	37.3	84.55	6
9	35	70	80	200	145	79	90	20	36.8	97.00	5

序号	温度/℃	湿度/%	噪声/dB	照度/lx	收缩压/mmHg	舒张压/mmHg	心率/bpm	呼吸率/cpm	体温/℃	率压积/(mmHg×bpm)	疲劳度
10	35	80	90	100	137	69	89	17	37.0	90.05	6
11	35	90	60	50	126	76	80	24	35.1	82.27	5
12	35	100	70	5	135	64	82	21	36.2	81.60	6
13	40	70	90	50	143	75	93	19	35.5	111.94	11
14	40	80	80	5	139	69	91	22	38.6	105.10	11
15	40	90	70	200	138	70	87	24	37.0	110.01	10
16	40	100	60	100	133	65	86	26	36.9	98.79	9

10.3　单因素环境影响分析

符号说明

温度：x_1；湿度：x_2；噪声：x_3；照明：x_4。

收缩压：y_1；舒张压：y_2；心率：y_3；呼吸率：y_4；体温：y_5；率压积（率压积 = 心率×收缩压）：$y_6 = y_1 \times y_3$；疲劳度：y_7。

现取温度、湿度、噪声、照明这四个环境因素为自变量，收缩压、舒张压、心率、呼吸率、体温、率压积这六个生理指标和疲劳度为因变量。自变量和因变量之间满足一定的函数关系式，先研究因变量与单个变量之间的关系，然后分析它们之间的函数关系式，并借助图表进行研究。

10.3.1　数据的处理与分析

在多指标评价体系中，由于各评价指标的性质不同，其通常具有不同的量纲和数量级。当各指标间的水平相差很大时，如果直接用原始指标值进行分析，就会突出数值较高的指标在综合分析中的作用，相对削弱数值水平较低指标的作用。因此，为了保证结果的可靠性，需要对原始指标数据进行标准化处理。本着统一化、简单化、清晰化的原则，将试验数据进行以下处理：因变量中的率压积与其他六个因变量相差两个数量级，把率压积单位扩大 100 倍，数据缩小两个数量级，化成和其他六个因变量相差不大的数据；同时，把疲劳度的数值增加 50，使这些数据具有可比性。

10.3.2　温度与各生理心理指标的回归模型

1. 温度与收缩压的关系

为研究温度和收缩压的关系，先做出散点图观察两者相关性，然后作出反映两者关系的拟合曲线和残差图。标绘的残差有助于确定建立的模型是否适用，是否满足回归假设。

由图 10-3 可以看出，随着温度升高，收缩压先减小后增大。检查残差用来提供有关模型对数据的拟合优度的信息，图 10-3 中残差是随机分布在零点周围的，即拟合优度良好。为准确判断温度和收缩压的一元函数关系，用 SPSS做进一步的统计分析，得到一元二次相关方程。温度与收缩压函数模型参数表见表 10-9。

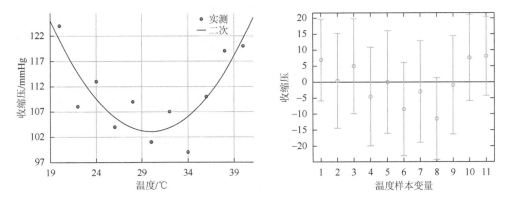

图 10-3　温度和收缩压的拟合及残差图

表 10-9　温度与收缩压函数模型参数表

方程式	模型指标				模型系数		
	R^2	F	自由度	显著性	常数	b_1	b_2
二次模型	0.872	10.283	10	0.006	267.070	-10.948	0.183

温度和收缩压的一元函数模型为

$$y_1 = 0.183x_1^2 - 10.948x_1 + 267.070 \tag{10-1}$$

模型在 5%的置信水平上显著，实际数据中有 87.2%可由模型确定。

当温度处于较高或者较低时，交感神经兴奋，肾上腺髓质分泌的肾上腺素和去甲肾上腺素增加，心迷走神经受抑制，支配骨骼肌血管的交感胆碱能纤维发放冲动，结果导致心搏量加强，收缩压升高，以维持肌肉的血流量；而当温度处于较适宜的情况下，交感神经兴奋性下降，收缩压处于相对较低的水平。

2. 温度与舒张压的关系

从图 10-4 的散点图可以看出，温度升高，舒张压减小。对数据进行相关分析，得到函数参数如表 10-10 所示。从图 10-4 的残差图可以看出，数据的残差离零点均较近，且残差的置信区间均包含零点，这说明拟合的直线能较好地符合原始数据。

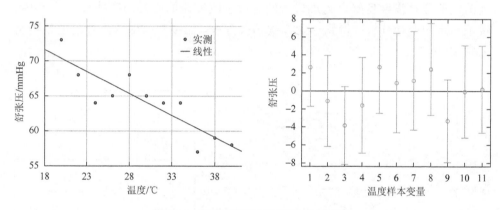

图 10-4　温度与舒张压的拟合及残差图

表 10-10　温度与舒张压函数模型系数表

方程式	模型指标				模型系数	
	R^2	F	自由度	显著性	常数	b_1
线性模型	0.877	30.091	10	0.000	82.909	−0.627

温度和舒张压的一元函数模型为

$$y_2 = -0.627x_1 + 82.909 \qquad (10\text{-}2)$$

模型在 5%的置信水平上显著，实际数据中有 87.7%可由模型确定。

当温度上升时，静脉血管舒张，外周阻力减小，舒张压随之下降。

3. 温度与心率的关系

首先作出温度和心率的散点图（图 10-5），从图中观察相关性。

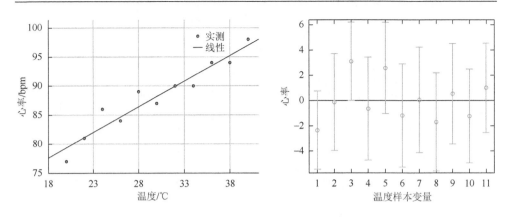

图 10-5　温度和心率的拟合及残差图

从图 10-5 中看出，随温度升高，心率增大，二者呈线性正相关。残差随机分布在零点周围说明模型拟合良好。将数据导入 SPSS 做进一步的统计分析可得一元线性函数模型的参数。温度与心率函数模型参数表见表 10-11。

表 10-11　温度与心率函数模型参数表

方程式	模型指标				模型系数	
	R^2	F	自由度	显著性	常数	b_1
线性模型	0.921	104.416	10	0.000	62.727	0.882

温度和心率的一元函数模型为

$$y_3 = 0.882x_1 + 62.727 \qquad (10\text{-}3)$$

模型在 5%的置信水平上显著，实际数据中有 92.1%可由模型确定。

一方面，当温度增加时，基础代谢率增加，与此同时，静脉回流增加，可使心房压力感受性反射加强，同时牵拉窦房结使心率加快；另一方面，温度上升可导致肌肉细胞乳酸生成增多，血液的 pH 下降，氢离子浓度增多，刺激颈动脉体和主动脉体的化学感受器，促进心率加快。

4. 温度和呼吸率的关系

先作出温度和呼吸率的散点图（图 10-6），观察两者相关性。

从图 10-6 中看出，随温度升高，呼吸率增大，二者呈线性正相关。残差随机分布在零点的周围说明模型拟合良好。然后用 SPSS 做数据的统计分析可得一元线性函数模型的参数。温度与呼吸率函数模型参数表见表 10-12。

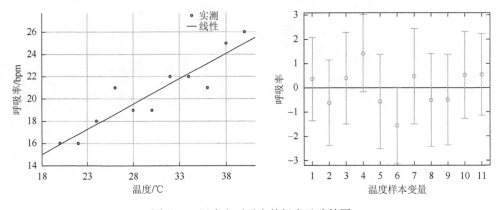

图 10-6　温度和呼吸率的拟合及残差图

表 10-12　温度与呼吸率函数模型参数表

方程式	模型指标				模型系数	
	R^2	F	自由度	显著性	常数	b_1
线性模型	0.852	51.724	10	0.000	−6.818	0.445

温度和呼吸率的一元函数模型为

$$y_4 = 0.445x_1 - 6.818 \qquad (10\text{-}4)$$

模型在 5% 的置信水平上显著，实际数据中有 85.2% 可由模型确定。

呼吸运动是呼吸肌的协调运动，呼吸运动在很大程度上受大脑皮质的随意控制，但呼吸运动的基本特征还在于它的自动节律性，这种节律性随体内新陈代谢活动导致的内环境变化而发生相适应的变化。当温度升高时，体内需氧量增加，反射性地引起呼吸频率的增快及肺通气量的增加；同时，机体产生的二氧化氮增加，刺激外周化学感受器而调节呼吸运动。运动中细胞产生的氢离子也较平静时增加，氢离子可刺激中枢化学感受器，提高延髓呼吸中枢的兴奋性，使呼吸增强；血液中二氧化碳及氢离子浓度上升，可刺激主动脉体和颈动脉体的化学感受器，使呼吸反射加深加快，肺通气量增加。考虑到作业环境的条件，不能排除劳动中出现缺氧的情况，外周化学感受器能随缺氧程度发放相应冲动，推动并维持呼吸中枢的兴奋活动，使其加深加快，增加通气量。此外，呼吸运动在热代谢过程中也起作用，当外部环境的温度升高或体内产热过程加强时，可反射性地引起呼吸频率加速，借呼出气体而散热。

5. 温度和体温的关系

先作出温度和体温的散点图（图 10-7），再确定两者之间的相关性。

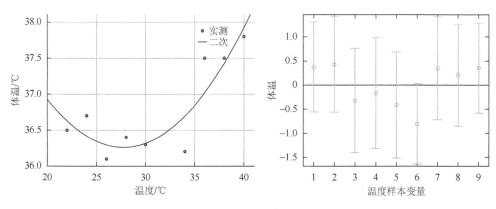

图 10-7　温度和体温的拟合及残差图

从散点图很容易看出：随温度升高，体温先减小后增大。数据的残差分布随
机，能较好地模拟原始数据。用 SPSS 模拟出一元函数的数学模型，模型系数表
见表 10-13。

表 10-13　温度与体温函数模型系数表

方程式	模型指标				模型系数		
	R^2	F	自由度	显著性	常数	b_1	b_2
线性模型	0.804	12.311	8	0.008	44.830	−0.618	0.011

温度和体温的一元函数模型为

$$y_5 = 0.011x_1^2 - 0.618x_1 + 44.830 \tag{10-5}$$

模型在 5%的置信水平上显著，实际数据中有 80.4%可由模型确定。

当外界温度较低时，为维持体内脏器核心温度，体内产热方式多样，可将体
温维持在相对较高的水平；当外界温度较为适宜时，代谢率下降，机体温度也保
持在相对较为平稳的水平；当外界温度明显升高时，机体交感神经兴奋，代谢率
增加，体温上升至较高水平。

6. 温度和率压积的关系

先画出温度和率压积的散点图（图 10-8），再研究两者之间的相关性。

从散点图可以看出：一定范围内，率压积随温度先降低后升高。残差随机分
布在零点周围且都包含零点，说明模型拟合良好。用 SPSS 作立方模拟曲线得到
函数关系的参数（表 10-14）。因为数据本身大小的差异容易影响最后的权值分配，
故将率压积的物理单位扩大 100 倍，即数值缩小 100 倍，以方便之后的权重分配
及影响计算结果的精确程度。

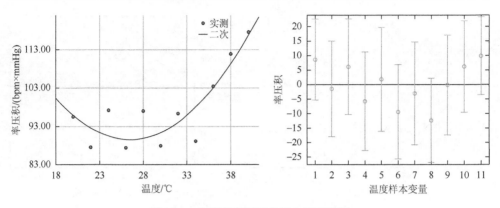

图 10-8　温度和率压积的拟合及残差图

表 10-14　温度与率压积函数模型参数表

方程式	模型指标				模型系数		
	R^2	F	自由度	显著性	常量	b_1	b_2
二次模型	0.774	13.715	10	0.003	194.931	−7.950	0.150

温度和率压积的一元函数模型为

$$y_6 = 0.150x_1^2 - 7.950x_1 + 194.931 \tag{10-6}$$

模型在 5%的置信水平上显著，实际数据中有 77.4%可由模型确定。

7. 温度和疲劳度的关系

先作出温度和疲劳度的散点图（图 10-9），再研究两者之间的相关性。

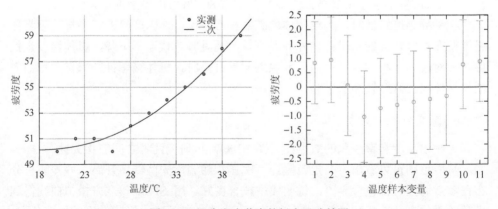

图 10-9　温度和疲劳度的拟合及残差图

从图 10-9 中看出，疲劳度随温度的升高而增加，呈正相关关系。残差随机分布在零点周围说明模型拟合良好。将数据导入 SPSS 做进一步的统计分析可得一元线性函数模型的参数（表 10-15）。

表 10-15　温度与疲劳度函数模型参数表

方程式	模型指标				模型系数		
	R^2	F	自由度	显著性	常数	b_1	b_2
二次模型	0.975	1510.587	10	0.000	56.949	−0.734	0.020

温度和疲劳度的一元函数模型为

$$y_7 = 0.020x_1^2 - 0.734x_1 + 56.949 \tag{10-7}$$

模型在 5%的置信水平上显著，实际数据中有 97.5%可由模型确定。

综上分析得，温度与各因素之间的模型为

$$\boldsymbol{Y}_1 = \boldsymbol{A}_1\boldsymbol{X}_1 \tag{10-8}$$

式中，$\boldsymbol{Y}_1 = (y_1, y_2, y_3, y_4, y_5, y_6, y_7)^{\mathrm{T}}$，$\boldsymbol{X}_1 = (x_1^2, x_1, 1)^{\mathrm{T}}$，

$$\boldsymbol{A}_1 = \begin{bmatrix} 0.183 & -10.948 & 267.070 \\ 0 & -0.627 & 82.909 \\ 0 & 0.882 & 62.727 \\ 0 & 0.445 & -6.818 \\ 0.011 & -0.618 & 44.830 \\ 0.150 & -7.950 & 194.931 \\ 0.020 & -0.734 & 56.949 \end{bmatrix}$$

10.3.3　湿度与各生理心理指标的回归模型

1. 湿度和收缩压的关系

在温度、噪声和照度三个自变量为某一定值的条件下，分析湿度和收缩压的函数关系，将二者的数据导入 SPSS 软件中，通过对得出的湿度和收缩压的散点图（图 10-10）进行分析，发现二者满足一元二次函数。

随着湿度的增加，收缩压的数值先减小后增加。残差随机分布在零点周围且都包含零点，说明模型拟合良好。通过对数据进行回归分析，选取数学模型为二次函数，得出如表 10-16 所示数据。

R^2 表示拟合的模型能解释因变量的变化的百分数，表 10-16 中 $R^2 = 0.794$，表示拟合的方程能解释因变量 79.4%的变化。由表 10-16 中模型系数可得拟合曲线的函数表达式为

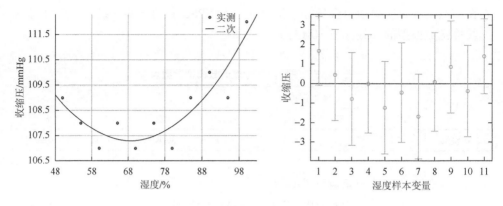

图 10-10　湿度与收缩压的拟合及残差图

$$y_1 = 0.004x_2^2 - 0.589x_2 + 127.508 \tag{10-9}$$

表 10-16　湿度与收缩压函数模型参数表

方程式	模型指标				模型系数		
	R^2	F	自由度	显著性	常数	b_1	b_2
二次模型	0.794	15.422	10	0.002	127.508	−0.589	0.004

模型在 5%的置信水平上显著，实际数据中有 79.4%可由模型确定。

由函数表达式可知，二次曲线的开口朝上，随着湿度的增加收缩压大致呈先减小后增加的趋势，说明我们建立的一元函数模型是正确的。

当空气中湿度处于较低或较高水平时，可引起人体皮肤不适，进而引起交感神经兴奋，使心搏量增加，收缩压升高，当湿度处于较适宜范围时，交感神经兴奋性下降，收缩压降低。

2. 湿度和舒张压的关系

先作出湿度和舒张压的散点图和拟合曲线（图 10-11），再确定两者之间的相关性。

从图 10-11 中看出，在一定范围内，舒张压不断地减小，二者呈明显的负相关。残差是随机分布在零点周围的，即拟合优度良好。湿度与舒张压函数模型参数表见表 10-17。

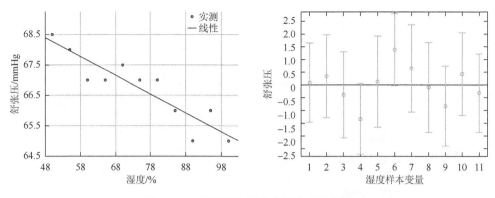

图 10-11　舒张压与湿度的拟合及残差图

表 10-17　湿度与舒张压函数模型参数表

方程式	模型指标			模型系数		
	R^2	F	自由度	显著性	常数	b_1
线性模型	0.829	43.531	10	0.001	71.364	−0.062

舒张压与湿度之间的函数表达式为

$$y_2 = -0.062x_2 + 71.364 \tag{10-10}$$

模型在 5%的置信水平上显著，实际数据中有 82.9%可由模型确定。

当湿度上升时，皮肤表面散热效率降低，皮下及静脉血管舒张，使外周阻力减小，舒张压随之下降。

3. 湿度和心率的关系

先作出湿度与心率的散点图和拟合曲线（图 10-12），再确定两者之间的相关性。

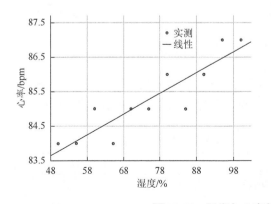
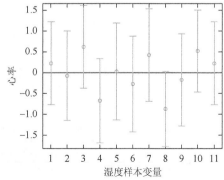

图 10-12　湿度与心率的拟合图及残差图

由图 10-12 可知，在一定范围内，心率随着湿度的增加而增大。残差随机分布在零点的周围，说明拟合优度良好。湿度与心率函数模型参数表见表 10-18。

表 10-18　湿度与心率函数模型参数表

方程式	模型指标				模型系数	
	R^2	F	自由度	显著性	常数	b_1
线性模型	0.813	39.048	10	0.000	80.773	0.060

心率与湿度的函数表达式为

$$y_3 = 0.060x_2 + 80.773 \qquad (10\text{-}11)$$

模型在 5%的置信水平上显著，实际数据中有 81.3%可由模型确定。

湿度增加与交感神经兴奋增加有关，交感神经兴奋可导致肾上腺髓质分泌的肾上腺素和去甲肾上腺素增加，心迷走神经受抑制，结果导致心率增加。

4. 湿度和呼吸率的关系

先作出湿度和呼吸率的散点图和拟合曲线（图 10-13），再确定两者之间的关系。

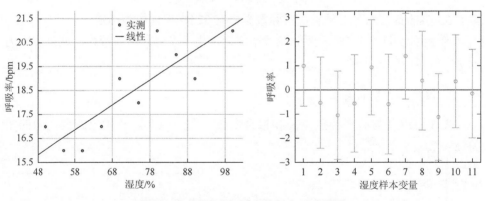

图 10-13　呼吸率与湿度的拟合及残差图

由图 10-13 可知，在一定范围内，呼吸率随着湿度的增加而增大。残差随机分布在零点的周围，说明拟合优度良好。湿度与呼吸率函数模型参数表见表 10-19。

表 10-19　湿度与呼吸率函数模型参数表

方程式	模型指标				模型系数	
	R^2	F	自由度	显著性	常数	b_1
线性模型	0.875	29.507	10	0.000	10.864	0.104

呼吸率与湿度的表达式为

$$y_4 = 0.104x_2 + 10.864 \qquad (10-12)$$

模型在 5%的置信水平上显著，实际数据中有 87.5%可由模型确定。

呼吸运动在热代谢过程中也起相关作用，当环境中湿度增加时，皮肤蒸发散热不明显，可反射性地引起呼吸频率加速，借呼出气体而散热。

5. 湿度和体温的关系

先作出湿度和体温的散点图和拟合曲线（图 10-14），再确定两者之间的相关性。

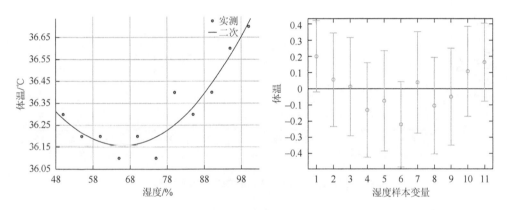

图 10-14　湿度与体温的拟合及残差图

由图 10-14 可知，在一定范围内，体温随着湿度的增加而先减小后增大。残差随机分布在零点的周围，说明拟合优度良好。湿度与体温函数模型参数表见表 10-20。

表 10-20　湿度与体温函数模型参数表

方程式	模型指标				模型系数		
	R^2	F	自由度	显著性	常数	b_1	b_2
二次模型	0.891	32.855	10	0.000	38.270	−0.064	0.0005

体温与湿度的函数表达式为

$$y_5 = 0.0005x_2^2 - 0.064x_2 + 38.270 \qquad (10-13)$$

模型 5%的置信水平上显著，实际数据中有 89.1%可由模型确定。

当湿度较低时可引起皮肤不适甚至过敏，导致皮下血管收缩，由皮肤蒸发散热及辐射散热减少，机体温度增加，当湿度较高时可能影响皮肤表面蒸发散热，导致体温略有升高。

6. 湿度和率压积的关系

由图 10-15 可知，在一定范围内，率压积随着湿度的增加先减小后增大。残差随机分布在零点的周围，说明模型拟合良好。湿度与率压积函数模型参数表见表 10-21。

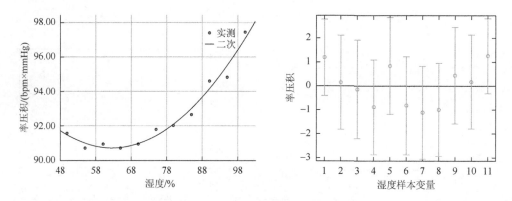

图 10-15　湿度与率压积的拟合及残差图

表 10-21　湿度与率压积函数模型参数表

方程式	模型指标				模型系数		
	R^2	F	自由度	显著性	常数	b_1	b_2
二次模型	0.975	154.833	10	0.000	108.658	−0.572	0.005

率压积与湿度的表达式为

$$y_6 = 0.005x_2^2 - 0.572x_2 + 108.658 \qquad (10\text{-}14)$$

模型在 5%的置信水平上显著，实际数据中有 97.5%可由模型确定。

7. 湿度和疲劳度的关系

由图 10-16 可知，在一定范围内，随着湿度的增加，疲劳度逐渐增大，呈明显的正线性关系。残差随机分布在零点的周围，说明拟合优度良好。湿度与疲劳度函数模型参数表见表 10-22。

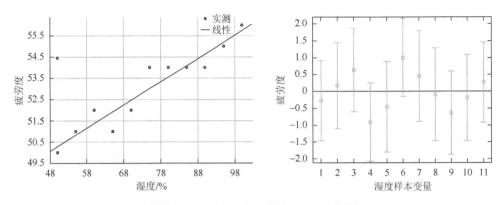

图 10-16　湿度与疲劳度的拟合及残差图

表 10-22　湿度与疲劳度函数模型参数表

方程式	模型指标				模型系数	
	R^2	F	自由度	显著性	常数	b_1
线性模型	0.909	90.000	10	0.000	44.818	0.109

疲劳度与湿度的函数表达式为

$$y_7 = 0.109x_2 + 44.818 \qquad (10\text{-}15)$$

模型在 5%的置信水平上显著，实际数据中有 90.9%可由模型确定。

综上分析得，湿度与各因素之间的模型为

$$\boldsymbol{Y}_2 = \boldsymbol{A}_2 \boldsymbol{X}_2 \qquad (10\text{-}16)$$

式中，$\boldsymbol{Y}_2 = (y_1, y_2, y_3, y_4, y_5, y_6, y_7)^{\mathrm{T}}$，$\boldsymbol{X}_2 = (x_2^2, x_2, 1)^{\mathrm{T}}$，

$$\boldsymbol{A}_2 = \begin{bmatrix} 0.004 & -0.589 & 127.508 \\ 0 & -0.062 & 71.364 \\ 0 & 0.060 & 80.773 \\ 0 & 0.104 & 10.864 \\ 0.0005 & -0.064 & 38.270 \\ 0.005 & -0.572 & 108.658 \\ 0 & 0.109 & 44.818 \end{bmatrix}$$

10.3.4　噪声与各生理心理指标的回归模型

1. 噪声和收缩压的关系

在温度、湿度和照度三个自变量为定值的条件下，先作出噪声和收缩压的散点图（图 10-17）。

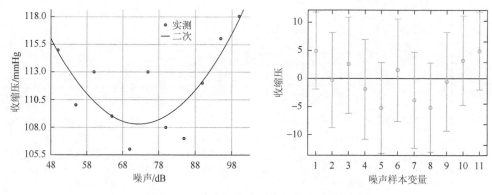

图 10-17　噪声与收缩压的拟合及残差图

随着噪声的增加，收缩压的数值先减小后增加。残差随机分布在零点周围且都包含零点说明模型拟合良好。通过对数据进行回归分析，选取数学模型为二次函数，得出如表 10-23 所示数据。

表 10-23　噪声与收缩压函数模型参数表

方程式	模型指标				模型系数		
	R^2	F	自由度	显著性	常数	b_1	b_2
二次模型	0.806	7.437	10	0.015	175.569	−1.854	0.013

R^2 表示拟合的模型能解释因变量的变化的百分数，表 10-23 中 $R^2 = 0.806$，表示拟合的方程能解释因变量 80.6%的变化。由表 10-23 中模型系数可得拟合曲线的函数表达式为

$$y_1 = 0.013x_3^2 - 1.854x_3 + 175.569 \qquad (10\text{-}17)$$

模型在 5%的置信水平上显著，实际数据中有 80.6%可由模型确定。

噪声最初作用于听觉器官，主观感觉为耳发胀、耳鸣、耳闷。噪声作用于中枢神经系统，能使大脑皮质的兴奋和抑制平衡失调，导致条件反射异常。人耳习惯于 60～70 dB 的环境噪声，也能短时间地忍受强噪声。但持续的强噪声就会影响健康，声压级达到一定程度，耳膜会感到压痛，更高的声强下则有振动感。当外界环境噪声较高或较低时，可导致人脑的紧张和焦虑，情绪因素可在一定程度上影响血压，当人处于紧张焦虑等情绪时可导致神经兴奋异常，进而导致收缩压上升。

2. 噪声和舒张压的关系

先作出噪声和舒张压的散点图和拟合曲线（图 10-18），再确定两者之间的相关性。

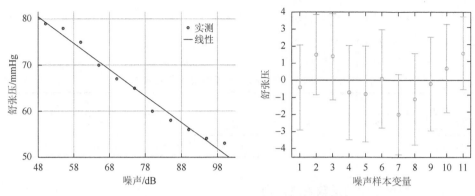

图 10-18　噪声与舒张压的拟合及残差图

从图 10-18 中看出，在一定范围内，随着噪声增加，舒张压不断地减小，二者呈明显的负相关关系。残差是随机分布在零点周围的，即拟合优度良好。噪声与舒张压函数模型参数表见表 10-24。

表 10-24　噪声与舒张压函数模型参数表

方程式	模型指标				模型系数	
	R^2	F	自由度	显著性	常数	b_1
线性模型	0.981	456.463	10	0.000	107.818	−0.571

舒张压与噪声之间的函数表达式为

$$y_2 = -0.571x_3 + 107.818 \qquad (10\text{-}18)$$

模型在 5%的置信水平上显著，实际数据中有 98.1%可由模型确定。

3. 噪声和心率的关系

从图 10-19 中看出，在一定范围内，随着噪声增加，心率不断地增大，二者

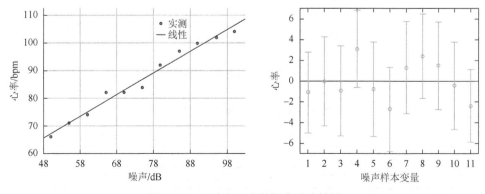

图 10-19　噪声与心率的拟合及残差图

呈明显的正相关关系。残差是随机分布在零点周围的，即拟合优度良好。噪声与心率函数模型参数表见表 10-25。

表 10-25　噪声与心率函数模型参数表

方程式	模型指标				模型系数	
	R^2	F	自由度	显著性	常数	b_1
线性模型	0.979	428.911	10	0.000	27.818	0.785

心率与噪声之间的函数表达式为

$$y_3 = 0.785x_3 + 27.818 \tag{10-19}$$

模型在 5%的置信水平上显著，实际数据中有 97.9%可由模型确定。

当噪声增加时，可引起人体生理感官不适及情绪焦虑，进而引起交感神经兴奋，导致心率增加。

4. 噪声和呼吸率的关系

从图 10-20 中看出，在一定范围内，随着噪声增加，呼吸率先减小后增大，二者呈二次相关。残差是随机分布在零点周围的，即拟合优度良好。噪声与呼吸率函数模型参数表见表 10-26。

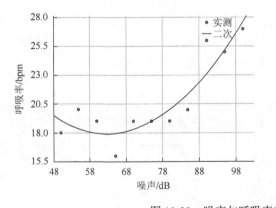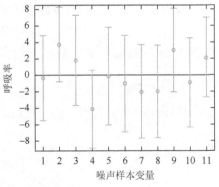

图 10-20　噪声与呼吸率的拟合及残差图

表 10-26　噪声与呼吸率函数模型参数表

方程式	模型指标				模型系数		
	R^2	F	自由度	显著性	常数	b_1	b_2
二次模型	0.837	20.501	10	0.001	45.998	−0.892	0.007

呼吸率与噪声之间的函数表达式为

$$y_4 = 0.007x_3^2 - 0.892x_3 + 45.998 \tag{10-20}$$

模型在 5%的置信水平上显著，实际数据中有 83.7%可由模型确定。

人耳较为适应 60 dB 的环境噪声，当外界环境噪声较高或较低时，可导致人脑的紧张和焦虑，情绪因素可在一定程度上影响呼吸，紧张焦虑等情绪可导致呼吸频率增加。

5. 噪声和体温的关系

从图 10-21 中看出，在一定范围内，随着噪声增加，体温先减小后增大，二者呈二次相关。残差是随机分布在零点周围的，即拟合优度良好。噪声与体温函数模型参数表见表 10-27。

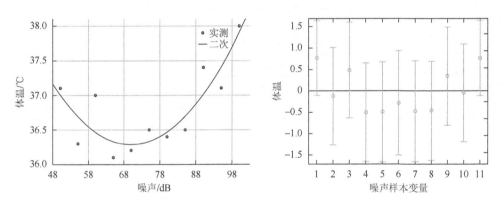

图 10-21　噪声与体温的拟合及残差图

表 10-27　噪声与体温函数模型参数表

方程式	模型指标				模型系数		
	R^2	F	自由度	显著性	常数	b_1	b_2
二次模型	0.758	12.502	10	0.003	45.079	−0.251	0.002

体温与噪声之间的函数表达式为

$$y_5 = 0.002x_3^2 - 0.251x_3 + 45.079 \tag{10-21}$$

模型在 5%的置信水平上显著，实际数据中有 75.8%可由模型确定。

6. 噪声和率压积的关系

从图 10-22 中看出，在一定范围内，率压积随着噪声增加而增大，二者呈明显的正相关。残差是随机分布在零点周围的，即拟合优度良好。噪声与率压积函数模型参数表见表 10-28。

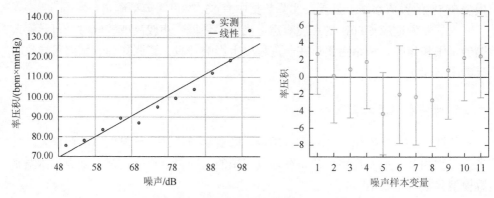

图 10-22　噪声与率压积的拟合及残差图

表 10-28　噪声与率压积函数模型参数表

方程式	模型指标				模型系数	
	R^2	F	自由度	显著性	常数	b_1
二次曲线模型	0.941	144.554	10	0.000	19.578	1.043

率压积与噪声之间的函数表达式为

$$y_6 = 1.043x_3 + 19.578 \qquad (10\text{-}22)$$

模型在 5%的置信水平上显著，实际数据中有 94.1%可由模型确定。

7. 噪声和疲劳度的关系

从图 10-23 中看出，在一定范围内疲劳度随着噪声增加而增大，二者呈明显

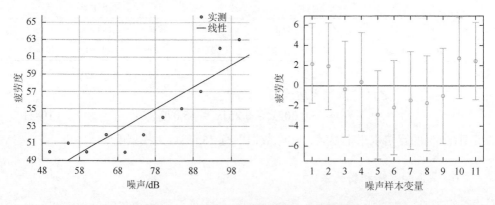

图 10-23　噪声与疲劳度的拟合及残差图

的正相关。残差是随机分布在零点周围的，即拟合优度良好。噪声与疲劳度函数模型参数表见表 10-29。

表 10-29　噪声与疲劳度函数模型参数表

方程式	模型指标				模型系数	
	R^2	F	自由度	显著性	常数	b_1
二次模型	0.811	38.684	10	0.000	35.091	0.255

疲劳度与噪声之间的函数表达式为

$$y_7 = 0.255x_3 + 35.091 \tag{10-23}$$

模型在 5%的置信水平上显著，实际数据中有 81.1%可由模型确定。

综上分析得，噪声与各因素之间的模型为

$$\boldsymbol{Y}_3 = \boldsymbol{A}_3 \boldsymbol{X}_3 \tag{10-24}$$

式中，$\boldsymbol{Y}_3 = (y_1, y_2, y_3, y_4, y_5, y_6, y_7)^{\mathrm{T}}$，$\boldsymbol{X}_3 = (x_3^2, x_3, 1)^{\mathrm{T}}$，

$$\boldsymbol{A}_3 = \begin{bmatrix} 0.013 & -1.854 & 175.569 \\ 0 & -0.571 & 107.818 \\ 0 & 0.785 & 27.818 \\ 0.007 & -0.892 & 45.998 \\ 0.002 & -0.251 & 45.079 \\ 0 & 1.043 & 19.578 \\ 0 & 0.255 & 35.091 \end{bmatrix}$$

10.3.5　照度与各生理心理指标的回归模型

1. 照度和收缩压的关系

在温度、湿度和噪声三个自变量为定值的条件下，先作出照度和收缩压的散点图（图 10-24）。

随着照度的增加，收缩压逐渐增大，二者呈明显正相关的关系。残差随机分布在零点周围且都包含零点，说明模型拟合良好。通过对数据进行回归分析，选取数学模型为线性，得出表 10-30 的数据。

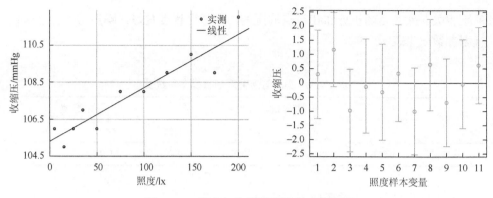

图 10-24　照度与收缩压的拟合及残差图

表 10-30　照度与收缩压函数模型参数表

方程式	模型指标				模型系数	
	R^2	F	自由度	显著性	常数	b_1
线性模型	0.885	69.157	10	0.015	105.305	0.029

R^2 表示拟合的模型能解释因变量的变化的百分数，$R^2 = 0.885$，表示拟合的方程能解释因变量 88.5% 的变化。由表 10-30 中模型系数可得拟合曲线的函数表达式为

$$y_1 = 0.029x_4 + 105.305 \qquad (10\text{-}25)$$

模型在 5% 的置信水平上显著，实际数据中有 88.5% 可由模型确定。

2. 照度和舒张压的关系

先作出照度和舒张压的散点图和拟合曲线（图 10-25），再确定两者之间的相关性。

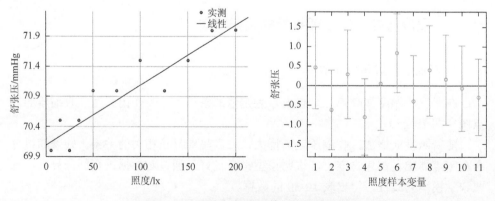

图 10-25　照度与舒张压的拟合及残差图

从图 10-25 中看出，在一定范围内，随着照度增加，舒张压不断地增大，二者呈明显的正相关。残差是随机分布在零点周围的，即拟合优度良好。照度与舒张压函数模型参数表见表 10-31。

表 10-31　照度与舒张压函数模型参数表

方程式	模型指标				模型系数	
	R^2	F	自由度	显著性	常数	b_1
线性模型	0.860	55.189	10	0.000	70.161	0.010

舒张压与照度之间的函数表达式为

$$y_2 = 0.010x_4 + 70.161 \qquad (10\text{-}26)$$

模型在 5% 的置信水平上显著，实际数据中有 86.0% 可由模型确定。

3. 照度和心率的关系

从图 10-26 中看出，在一定范围内，随着照度增加，心率不断地增大，二者呈明显的正相关。残差是随机分布在零点周围的，即拟合优度良好。照度与心率函数模型参数表见表 10-32。

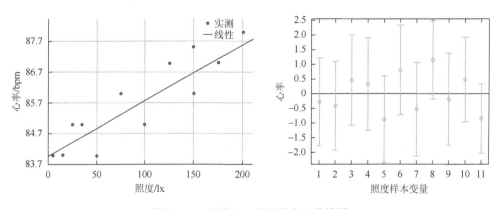

图 10-26　照度与心率的拟合及残差图

表 10-32　照度与心率函数模型参数表

方程式	模型指标				模型系数	
	R^2	F	自由度	显著性	常数	b_1
线性模型	0.806	37.507	10	0.000	83.973	0.018

心率与照度之间的函数表达式为

$$y_3 = 0.018x_4 + 83.973 \tag{10-27}$$

模型在 5%的置信水平上显著，实际数据中有 80.6%可由模型确定。

4. 照度和呼吸率的关系

从图 10-27 中看出，在一定范围内，随着照度增加，呼吸率逐渐增大，二者呈明显的正线性相关。残差是随机分布在零点周围的，即拟合优度良好。照度与呼吸率函数模型参数表见表 10-33。

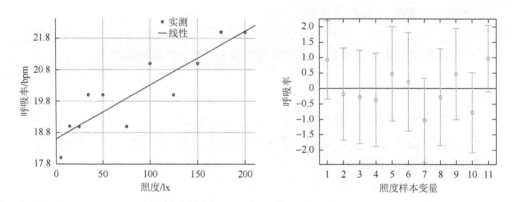

图 10-27　照度与呼吸率的拟合及残差图

表 10-33　照度与呼吸率函数模型参数表

方程式	模型指标				模型系数	
	R^2	F	自由度	显著性	常数	b_1
线性模型	0.798	35.462	10	0.000	18.605	0.017

呼吸率与照度之间的函数表达式为

$$y_4 = 0.017x_4 + 18.605 \tag{10-28}$$

模型在 5%的置信水平上显著，实际数据中有 79.8%可由模型确定。

5. 照度和体温的关系

从图 10-28 中看出，在一定范围内，随着照度增加，体温逐渐增大，二者呈明显的正线性相关。残差是随机分布在零点周围的，即拟合优度良好。照度与体温函数模型参数表见表 10-34。

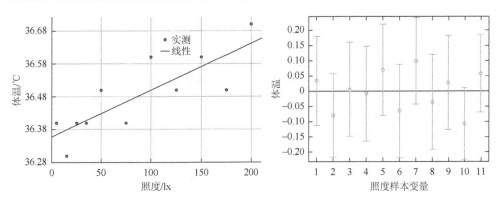

图 10-28　照度与体温的拟合及残差图

表 10-34　照度与体温函数模型参数表

方程式	模型指标				模型系数	
	R^2	F	自由度	显著性	常数	b_1
线性模型	0.780	19.140	10	0.002	36.359	0.001

体温与照度之间的函数表达式为

$$y_5 = 0.001x_4 + 36.359 \qquad (10\text{-}29)$$

模型在 5%的置信水平上显著，实际数据中有 78.0%可由模型确定。

6. 照度和率压积的关系

从图 10-29 中看出，在一定范围内率压积随着照度增加而增大，二者呈明显的正相关。残差是随机分布在零点周围的，即拟合优度良好。照度与率压积函数模型参数表见表 10-35。

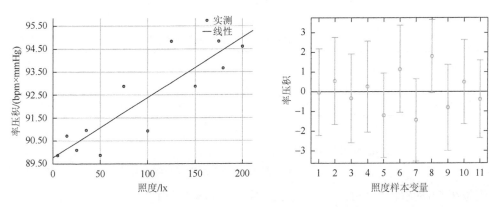

图 10-29　照度与率压积的拟合及残差图

表 10-35　照度与率压积函数模型参数表

方程式	模型指标				模型系数	
	R^2	F	自由度	显著性	常数	b_1
线性模型	0.765	29.355	10	0.000	89.787	0.026

率压积与照度之间的函数表达式为

$$y_6 = 0.026x_4 + 89.787 \qquad （10\text{-}30）$$

模型在 5%的置信水平上显著，实际数据中有 76.5%可由模型确定。

7. 照度和疲劳度的关系

从图 10-30 中看出，在一定范围内，疲劳度随着照度增加而增大，二者呈明显的正相关。残差是随机分布在零点周围的，即拟合优度良好。照度与疲劳度函数模型参数表见表 10-36。

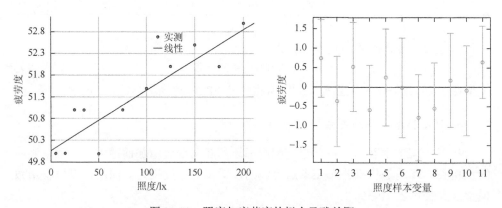

图 10-30　照度与疲劳度的拟合及残差图

表 10-36　照度与疲劳度函数模型参数表

方程式	模型指标				模型系数	
	R^2	F	自由度	显著性	常数	b_1
线性模型	0.844	48.808	10	0.000	50.058	0.014

疲劳度与照度之间的函数表达式为

$$y_7 = 0.014x_4 + 50.058 \qquad （10\text{-}31）$$

模型在 5%的置信水平上显著，实际数据中有 84.4%可由模型确定。

综上分析得，照明与各因素之间的模型为

$$Y_4 = A_4 X_4 \tag{10-32}$$

式中，$Y_4 = (y_1, y_2, y_3, y_4, y_5, y_6, y_7)^T$，$X_4 = (x_4^2, x_4, 1)^T$，

$$A_4 = \begin{bmatrix} 0 & 0.029 & 105.305 \\ 0 & 0.010 & 70.161 \\ 0 & 0.018 & 83.973 \\ 0 & 0.017 & 18.605 \\ 0 & 0.001 & 36.359 \\ 0 & 0.026 & 89.787 \\ 0 & 0.014 & 50.058 \end{bmatrix}$$

10.4　多因素环境影响分析

10.4.1　数据的处理与分析

对单因素结果进行汇总。温度与各因素之间的模型为

$$Y_1 = A_1 X_1 , \text{(a)}$$

式中，$Y_1 = (y_1, y_2, y_3, y_4, y_5, y_6, y_7)^T$，$X_1 = (x_1^2, x_1, 1)^T$，

$$A_1 = \begin{bmatrix} 0.183 & -10.948 & 267.070 \\ 0 & -0.627 & 82.909 \\ 0 & 0.882 & 62.727 \\ 0 & 0.445 & -6.818 \\ 0.011 & -0.618 & 44.830 \\ 0.150 & -7.950 & 194.931 \\ 0.020 & -0.734 & 56.949 \end{bmatrix}$$

综上分析得，湿度与各因素之间的模型为

$$Y_2 = A_2 X_2 , \text{(b)}$$

式中，$Y_2 = (y_1, y_2, y_3, y_4, y_5, y_6, y_7)^T$，$X_2 = (x_2^2, x_2, 1)^T$，

$$A_2 = \begin{bmatrix} 0.004 & -0.589 & 127.508 \\ 0 & -0.062 & 71.364 \\ 0 & 0.060 & 80.773 \\ 0 & 0.104 & 10.864 \\ 0.0005 & -0.064 & 38.270 \\ 0.005 & -0.572 & 108.658 \\ 0 & 0.109 & 44.818 \end{bmatrix}$$

综上分析得，噪声与各因素之间的模型为

$$Y_3 = A_3 X_3 , \text{(c)}$$

式中，$Y_3 = (y_1, y_2, y_3, y_4, y_5, y_6, y_7)^T$，$X_3 = (x_3^2, x_3, 1)^T$，

$$A_3 = \begin{bmatrix} 0.013 & -1.854 & 175.569 \\ 0 & -0.571 & 107.818 \\ 0 & 0.785 & 27.818 \\ 0.007 & -0.892 & 45.998 \\ 0.002 & -0.251 & 45.079 \\ 0 & 1.043 & 19.578 \\ 0 & 0.255 & 35.091 \end{bmatrix}$$

综上分析得，照度与各因素之间的模型为

$$Y_4 = A_4 X_4 , \text{(d)}$$

式中，$Y_4 = (y_1, y_2, y_3, y_4, y_5, y_6, y_7)^T$，$X_4 = (x_4^2, x_4, 1)^T$，

$$A_4 = \begin{bmatrix} 0 & 0.029 & 105.305 \\ 0 & 0.010 & 70.161 \\ 0 & 0.018 & 83.973 \\ 0 & 0.017 & 18.605 \\ 0 & 0.001 & 36.359 \\ 0 & 0.026 & 89.787 \\ 0 & 0.014 & 50.058 \end{bmatrix}$$

10.4.2　多元线性回归

多元回归可以弥补一元回归无法完全解释的变化信息。虽然有时几个影响因素主次难以区分，或者有的因素虽属次要，但也不能略去其作用，因此选用多元非线性回归方程是恰当的。多元回归用来描述因变量 y 如何依赖于自变量 $x_1, x_2, x_3, \cdots, x_k$。本章 y 为因变量，x_1, x_2, x_3, x_4 为自变量，则多元回归模型为

$$y = B \times [1, x_1, x_2, x_3, x_4, x_1^2, x_2^2, x_3^2, x_1x_2, x_1x_3, x_1x_4, x_2x_3, x_2x_4, x_3x_4]^T \quad (10\text{-}33)$$

式中，B 为回归系数；$x_1x_2, x_1x_3, x_1x_4, x_2x_3, x_2x_4, x_3x_4$ 为交互项，代表两因素交互影响。

由于线性回归方程比较简单，所以将非线性模型转换为线性模型。对方程中的变量作如下变换：

$x_5 = x_1^2, x_6 = x_2^2, x_7 = x_3^2, x_8 = x_1x_2, x_9 = x_1x_3, x_{10} = x_1x_4, x_{11} = x_2x_3, x_{12} = x_2x_4, x_{13} = x_3x_4,$
则原方程变为

$$y = \boldsymbol{B} \times [1, x_1, x_2, x_3, x_4, x_5, x_6, x_7, x_8, x_9, x_{10}, x_{11}, x_{12}, x_{13}]^{\mathrm{T}} \quad\quad （10\text{-}34）$$

式中，$\boldsymbol{B} = [b_0, b_1, b_2, b_3, b_4, b_5, b_6, b_7, b_8, b_9, b_{10}, b_{11}, b_{12}, b_{13}]$，这样就可用线性模型的方法进行处理。

以下根据正交试验数据，应用线性化的基本模型分别对各个因变量进行回归分析，得出回归模型。然后对原始数据进行标准化处理，再通过主成分分析确定各个因素对因变量的影响权重。

10.4.3　收缩压与多环境因素的回归模型

根据单因素回归分析所得的模型（a）～（d）可知，收缩压 y_1 是 x_1, x_2, x_3 的二次函数，是 x_4 的一次函数，所以综合多因素基本模型可得收缩压对各因素的回归模型为

$$y_1 = b_1 \times [1, x_1, x_2, x_3, x_4, x_5, x_6, x_7, x_8, x_9, x_{10}, x_{11}, x_{12}, x_{13}]^{\mathrm{T}} \quad\quad （10\text{-}35）$$

使用 SPSS 进行逐步回归分析，得到模型结果如表 10-37 所示。

表 10-37　收缩压模型回归系数

参数	b_0	b_1	b_2	b_3	b_4	b_5	b_6
估算	186.045	−2.226	−1.4803	1.2915	0.0035	0.1088	0.0094

参数	b_7	b_8	b_9	b_{10}	b_{11}	b_{12}	b_{13}
估算	−0.0047	−0.0262	−0.0325	0	0.0062	0	0

根据系数 $\boldsymbol{B}$ 的数值可知，逐步回归过程中建立的回归模型如下。

$$\begin{aligned}\widehat{y_1} = {} & 186.045 - 2.226x_1 - 1.4803x_2 + 1.2915x_3 + 0.0035x_4 + 0.1088x_5 \\ & + 0.0094x_6 - 0.0047x_7 - 0.0262x_8 - 0.0325x_9 + 0.0062x_{11}\end{aligned} \quad （10\text{-}36）$$

回归方程的决定系数 $R^2 = 0.9936$，方程的拟合性良好，变量对 y_1 的解释能力较强。交互项系数 b_{10}, b_{12}, b_{13} 非常小，接近零，同时系数的置信区间包含零点，表示其所对应的 x_1x_4, x_2x_4, x_3x_4 这三个交互项对因变量影响不显著，所以经过逐步回归，最终模型中去掉了这三个交互项。二次项系数的正负代表单独过量增加某个因素时收缩压的变化；交互项系数反映两者共同作用对收缩压的影响，例如，同时增加或减小温度和照度对收缩压的影响较温度和湿度同时变化产生的影响显著下降。

在模型中分别以温度、湿度、噪声、照度其中一个为唯一自变量，其余三个按照单因素模型中的参数条件赋值，可得单因素和多因素两种模型的对比图，如图 10-31 所示。

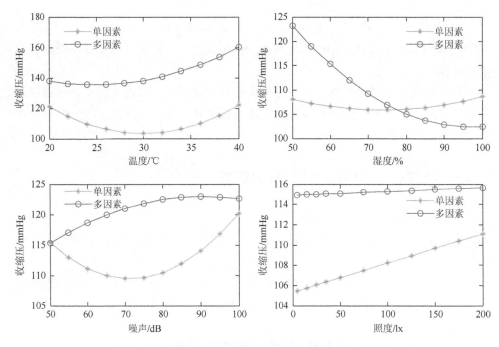

图 10-31　收缩压的单因素和多因素两种模型的对比图

　　根据模型和对比图分析可知，多因素模型中在一定范围内，单独增加温度、噪声和照度会使收缩压增大；而单独增加湿度会使收缩压减小；图 10-31 中可见照度在多因素模型结果中非常平缓，表明其对收缩压影响不大。

　　下一步计算各因素对收缩压的影响权重，注意因为几个自变量的单位和变化范围（量纲）不同，所以不能直接通过系数大小来判断哪个因素对因变量的影响大或与因变量关系更密切。主成分分析法会尽可能多地保留原始变量的信息。因为主成分的表达式中各变量已经不是原始变量，而是标准化的变量。所以为了消除量纲和数量级的影响，需要对原始指标进行标准化处理，得到标准化处理后的四个变量数据后，再通过主成分系数精确确定各个因素的影响权重，这样构造的权重集将会更加合理。

　　从表 10-38 中标准化权重可以看出，噪声对收缩压影响最大，温度和湿度的影响次之，照度影响最小。

表 10-38　影响收缩压的各个因素权重占比

变量	系数	成分矩阵	未标准化权重	标准化权重
温度	3.288	0.382	1.256	0.344
湿度	0.553	0.757	0.419	0.115

变量	系数	成分矩阵	未标准化权重	标准化权重
噪声	2.993	0.661	1.978	0.541
照度	0.005	0.214	0.001	0.000

10.4.4　舒张压与多环境因素的回归模型

根据单因素回归分析所得的模型（a）～（d）可知，舒张压 y_2 为 x_1, x_2, x_3, x_4 的一次函数，所以综合多因素基本模型可得舒张压对各因素的回归模型为

$$y_2 = b_2 \times [1, x_1, x_2, x_3, x_4, x_8, x_9, x_{10}, x_{11}, x_{12}, x_{13}]^{\mathrm{T}} \qquad (10\text{-}37)$$

使用 SPSS 进行逐步回归分析，得到的模型结果如表 10-39 所示。

表 10-39　舒张压模型回归系数

参数	b_0	b_1	b_2	b_3	b_4	b_5	b_6
估算	−164.772	7.5282	2.1355	1.5581	−0.0338	0	0

参数	b_7	b_8	b_9	b_{10}	b_{11}	b_{12}	b_{13}
估算	0	−0.0599	−0.0366	0.0002	0.0036	0.0003	0

注："—"表示此项在该多元回归中不存在，下同。

由此得出，回归方程如下：

$$\begin{aligned}
\widehat{y_2} = &-164.772 + 7.5282x_1 + 2.1355x_2 + 1.5581x_3 - 0.0338x_4 \\
&- 0.0599x_8 - 0.0366x_9 + 0.0002x_{10} + 0.0036x_{11} + 0.0003x_{12}
\end{aligned} \qquad (10\text{-}38)$$

回归方程的决定系数 $R^2 = 0.9899$，回归方程的拟合性良好。交互项系数 b_{13} 非常小，接近零，同时系数的置信区间包含零点，表示其所对应的 x_3x_4 这个交互项对因变量影响不显著，所以最终模型中去掉了这个交互项。在六个交互项中，温度和湿度、温度和噪声的共同作用对舒张压影响较大，湿度和噪声的交互影响次之，其他交互项的影响较小。

回归模型和对比图（图 10-32）分析可知，多因素模型在一定范围内，单独增加温度会使舒张压增大；而单独增加湿度、噪声和照度均使舒张压减小；图 10-32 中可见噪声、照度在多因素模型结果中变得更加平缓，表明其独立性被显著削弱。

从表 10-40 中标准化权重可以看出，噪声对舒张压影响最大，湿度和温度的影响次之，照度影响最小。

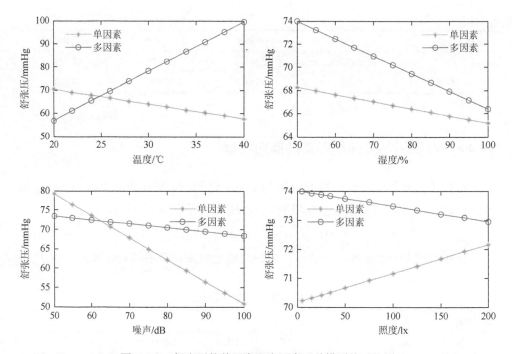

图 10-32 舒张压的单因素和多因素两种模型的对比图

表 10-40 影响舒张压的各个因素权重占比

变量	系数	成分矩阵	未标准化权重	标准化权重
温度	0.533	0.382	0.204	0.127
湿度	0.711	0.757	0.538	0.337
噪声	1.288	0.661	0.851	0.533
照度	0.018	0.214	0.004	0.002

10.4.5 心率与多环境因素的回归模型

根据单因素回归分析所得的模型（a）～（d）可知，心率 y_3 是 x_1, x_2, x_3, x_4 的一次函数，所以综合多因素基本模型可得心率对各因素的回归模型为

$$y_3 = b_3 \times [1, x_1, x_2, x_3, x_4, x_8, x_9, x_{10}, x_{11}, x_{12}, x_{13}]^\mathrm{T} \qquad (10\text{-}39)$$

使用 SPSS 进行逐步回归分析，得到的模型结果见表 10-41。

表 10-41　心率模型回归系数

参数	b_0	B_1	b_2	b_3	b_4	b_5	b_6
估算	31.414	2.1827	−0.6923	0.7789	−0.0087	—	—
参数	b_7	b_8	b_9	b_{10}	b_{11}	b_{12}	b_{13}
估算	—	0.0036	−0.0221	0.0003	0.0036	0.0005	−0.0005

由此得出，回归方程如下：

$$\hat{y}_3 = 31.414 + 2.1827x_1 - 0.6923x_2 + 0.7789x_3 - 0.0087x_4 + 0.0036x_8 \qquad (10\text{-}40)$$
$$- 0.0221x_9 + 0.0003x_{10} + 0.0036x_{11} + 0.0005x_{12} - 0.0005x_{13}$$

回归方程的决定系数 $R^2 = 0.9965$，说明其拟合性良好。在六个交互项中，温度和噪声的共同作用对心率影响较大，温度和湿度的交互影响次之，其他交互项的影响较小。

根据回归模型和对比图（图 10-33）分析可知，多因素模型中在一定范围内，单独增加温度、噪声会使心率增大；而单独增加湿度会使心率减小；图 10-33 中可见照度在两种模型结果中都较平缓，表明其对心率影响不大。

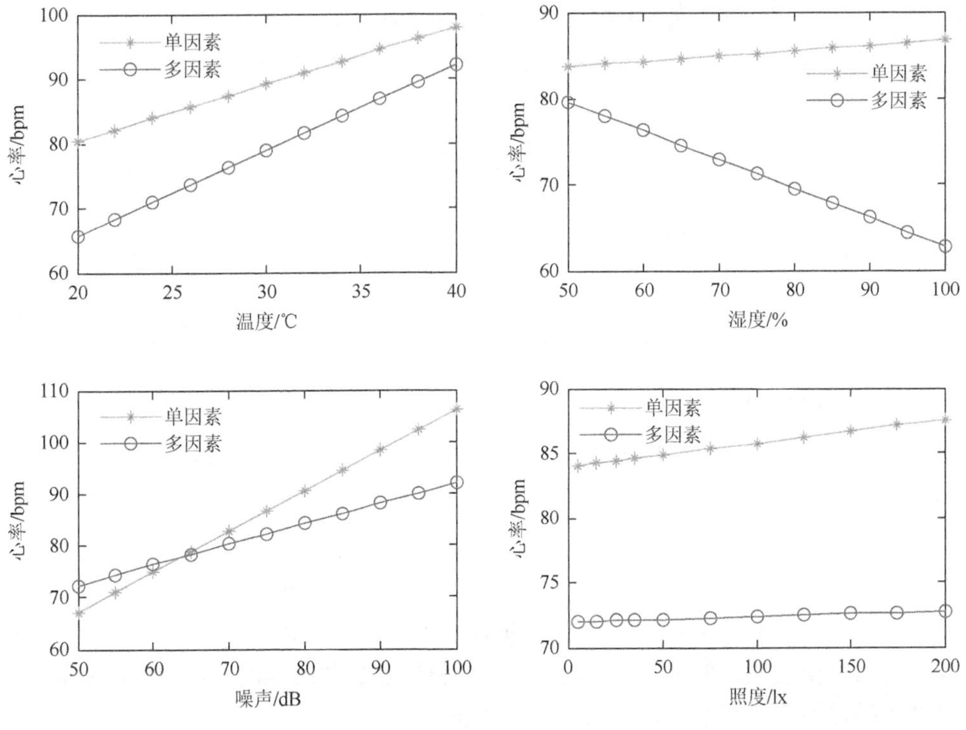

图 10-33　心率的单因素和多因素两种模型的对比图

从表 10-42 中标准化权重可以看出，温度对心率影响最大，噪声的影响次之，湿度和照度的影响最微弱。

表 10-42　影响心率的各个因素权重占比

变量	系数	成分矩阵	未标准化权重	标准化权重
温度	2.507	0.382	0.958	0.635
湿度	0.055	0.757	0.042	0.028
噪声	0.764	0.661	0.505	0.336
照度	0.002	0.214	0.000	0.001

10.4.6　呼吸率与多环境因素的回归模型

根据单因素回归分析所得的模型（a）～（d）可知，呼吸率 y_4 是 x_1, x_2, x_4 的一次函数，是 x_3 的二次函数，所以综合多因素基本模型，可得呼吸率对各因素的回归模型为

$$y_4 = b_4 \times [1, x_1, x_2, x_3, x_4, x_7, x_8, x_9, x_{10}, x_{11}, x_{12}, x_{13}]^{\mathrm{T}} \tag{10-41}$$

使用 SPSS 进行逐步回归分析，得到的模型结果如表 10-43 所示。

表 10-43　呼吸率模型回归系数

参数	b_0	b_1	b_2	b_3	b_4	b_5	b_6
估算	−8.8822	1.4971	0.1973	0.1468	−0.0006	—	—

参数	b_7	b_8	b_9	b_{10}	b_{11}	b_{12}	b_{13}
估算	−0.0008	−0.0078	−0.0059	0	0.0015	0	0

由此得出，回归方程如下：

$$\begin{aligned}\widehat{y_4} = &-8.8822 + 1.4971x_1 + 0.1973x_2 + 0.1468x_3 - 0.0006x_4 \\ &- 0.0008x_7 - 0.0078x_8 - 0.0059x_9 + 0.0015x_{11}\end{aligned} \tag{10-42}$$

回归方程的决定系数 $R^2 = 0.9899$，说明其拟合性良好。

交互项系数 b_{10}, b_{12}, b_{13} 非常小，接近零，同时系数的置信区间包含零点，表示其所对应的 x_1x_4, x_2x_4, x_3x_4 这三个交互项对因变量影响不显著，所以最终模型中去掉了这三个交互项。在六个交互项中，温度和湿度的共同作用对呼吸率影响较大，温度和噪声的交互影响次之，其他交互项的影响较小。

根据回归模型和对比图（图 10-34）分析可知，多因素模型在一定范围内，单

独增加温度、湿度会使呼吸率增大；而单独增加噪声会使呼吸率减小；图 10-34 中可见照明在多因素模型结果中变得非常平缓，表明其独立性被显著削弱，且其对呼吸率影响不大。

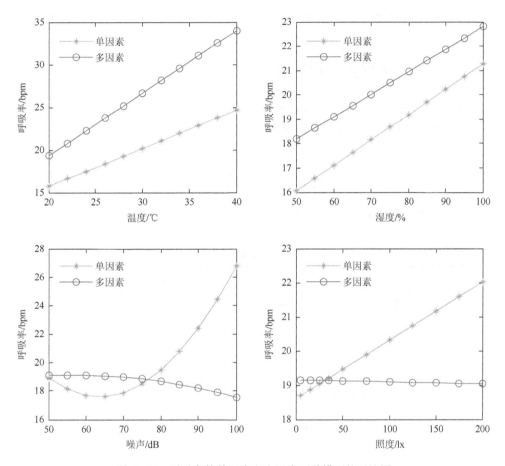

图 10-34　呼吸率的单因素和多因素两种模型的对比图

从表 10-44 中标准化权重可以看出，噪声对呼吸率影响最大，温度的影响次之，湿度的影响较小，照度影响最微弱。

表 10-44　影响呼吸率的各个因素权重占比

变量	系数	成分矩阵	未标准化权重	标准化权重
温度	1.991	0.382	0.761	0.318
湿度	0.198	0.757	0.150	0.063

变量	系数	成分矩阵	未标准化权重	标准化权重
噪声	2.227	0.661	1.472	0.618
照度	0.005	0.214	0.001	0.001

10.4.7　体温与多环境因素的回归模型

根据单因素回归分析所得的模型（a）～（d）可知，体温 y_5 是 x_1, x_2, x_3 的二次函数，是 x_4 的一次函数，所以综合多因素基本模型可得体温对各因素的回归模型为

$$y_5 = b_5 \times [1, x_1, x_2, x_3, x_4, x_5, x_6, x_7, x_8, x_9, x_{10}, x_{11}, x_{12}, x_{13}]^{\mathrm{T}} \tag{10-43}$$

使用 SPSS 进行逐步回归分析，可得模型结果如表 10-45 所示。

表 10-45　体温模型回归系数

参数	b_0	b_1	b_2	b_3	b_4	b_5	b_6
估算	47.738	−0.2991	−0.1403	−0.0867	0.00003	0.0045	0.0011

参数	b_7	b_8	b_9	b_{10}	b_{11}	b_{12}	b_{13}
估算	0.0003	−0.0009	0.0022	0	−0.0002	0	0

由此得出，回归方程如下：

$$\widehat{y_5} = 47.738 - 0.2991x_1 - 0.1403x_2 - 0.0867x_3 + 0.00003x_4 + 0.0045x_5$$
$$+ 0.0011x_6 + 0.0003x_7 - 0.0009x_8 + 0.0022x_9 - 0.0002x_{11} \tag{10-44}$$

回归方程的决定系数 $R^2 = 0.9649$，说明回归方程的拟合性良好。

对应的 x_1x_4, x_2x_4, x_3x_4 这三个交互项对因变量影响不显著，所以最终模型中去掉了这三个交互项。在六个交互项中，温度和噪声对体温影响最大，温度和湿度、湿度和噪声的交互作用对体温有影响，其他交互项的影响较小。

根据回归模型和对比图（图 10-35）分析可知，多因素模型中过量单独增加或减少温度或湿度都会使体温增大；而单独增加噪声会使体温减小；由图 10-35 中可见照度在两种模型结果中都较平缓，表明其对体温影响不大。

从表 10-46 中标准化权重可以看出，湿度对体温影响最大，噪声的影响次之，温度的影响较小，照度的影响最微弱。

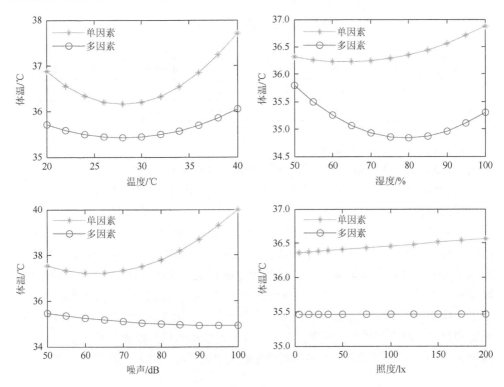

图 10-35　体温的单因素和多因素两种模型的对比图

表 10-46　影响体温的各个因素权重占比

变量	系数	成分矩阵	未标准化权重	标准化权重
温度	1.688	0.382	0.645	0.204
湿度	1.783	0.757	1.350	0.425
噪声	1.773	0.661	1.172	0.370
照度	0.005	0.214	0.001	0.001

10.4.8　率压积与多环境因素的回归模型

根据单因素回归分析所得的模型（a）～（d）可知，率压积 y_6 是 x_1, x_2 的二次函数，是 x_3, x_4 的一次函数，所以综合多因素基本模型可得率压积对各因素的回归模型为

$$y_6 = b_6 \times [1, x_1, x_2, x_3, x_4, x_5, x_6, x_8, x_9, x_{10}, x_{11}, x_{12}, x_{13}]^{\mathrm{T}} \qquad (10\text{-}45)$$

使用 SPSS 进行逐步回归分析，得到的模型结果如表 10-47 所示。

表 10-47　率压积模型回归系数

参数	b_0	b_1	b_2	b_3	b_4	b_5	b_6
估算	173.6527	−0.599	−3.1822	1.1567	0.0251	0.1593	0.0156
参数	b_7	b_8	b_9	b_{10}	b_{11}	b_{12}	b_{13}
估算	—	−0.0392	−0.0701	0.0006	0.0176	0	−0.0006

由此得出，回归方程如下：

$$\widehat{y_6} = 173.6527 - 0.599x_1 - 3.1822x_2 + 1.1567x_3 + 0.0251x_4 + 0.1593x_5 \qquad (10\text{-}46)$$
$$+ 0.0156x_6 - 0.0392x_8 - 0.0701x_9 + 0.0006x_{10} + 0.0176x_{11} - 0.0006x_{13}$$

回归方程的决定系数 $R^2 = 0.9978$，说明回归方程的拟合性良好。

交互项系数 b_{12} 非常小，接近零，同时系数的置信区间包含零点，表示其所对应的 x_2x_4 这个交互项对因变量影响不显著，所以最终模型中去掉了这个交互项。在六个交互项中，温度和噪声的共同作用影响最大，温度和湿度、湿度和照度、噪声和照度的交互作用对率压积的影响较小，其他交互项的影响十分微弱。

根据回归模型和对比图（图 10-36）分析可知，多因素模型中在一定范围内，单独增加温度、噪声和照度会使率压积增大；而过量单独增加或减少湿度都会使率压积增大；图 10-36 中可见照明在多因素模型结果中较平缓，表明其对率压积影响不大。

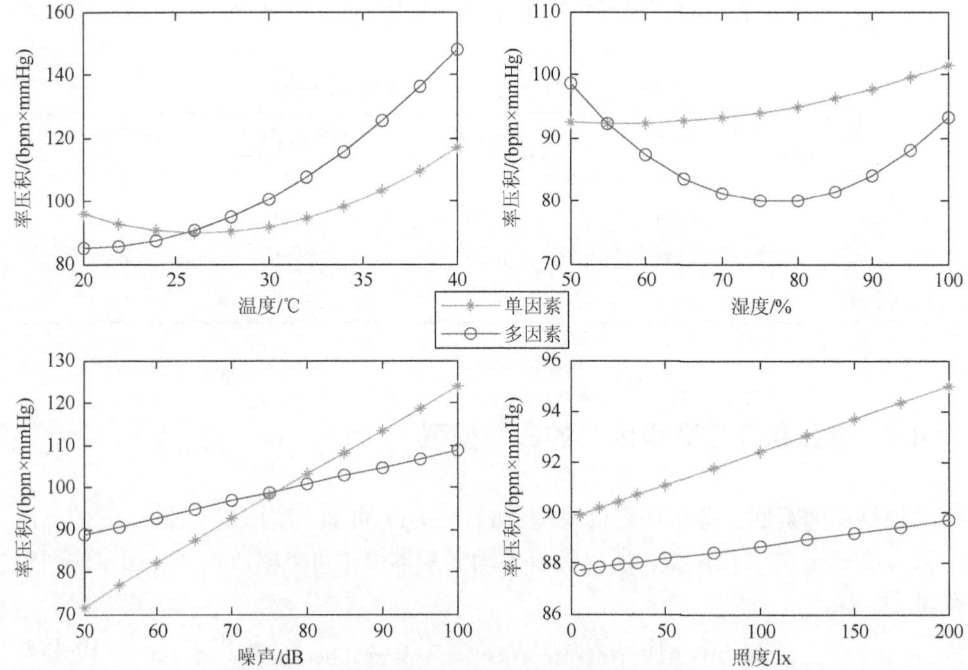

图 10-36　率压积的单因素和多因素两种模型的对比图

从表 10-48 中标准化权重可以看出，湿度对率压积影响最大，温度和噪声的影响次之，照度的影响最微弱。

表 10-48 影响率压积的各个因素权重占比

变量	系数	成分矩阵	未标准化权重	标准化权重
温度	4.212	0.382	1.609	0.374
湿度	2.749	0.757	2.081	0.484
噪声	0.909	0.661	0.601	0.140
照度	0.038	0.214	0.008	0.002

10.4.9 疲劳度与多环境因素的回归模型

根据单因素回归分析所得的模型（a）～（d）可知，疲劳度 y_7 与 x_2, x_3, x_4 为一次函数，与 x_1 为二次函数，所以综合多因素基本模型可得心率对各因素的回归模型为

$$y_7 = b_7 \times [1, x_1, x_2, x_3, x_4, x_5, x_8, x_9, x_{10}, x_{11}, x_{12}, x_{13}]^{\mathrm{T}} \quad (10\text{-}47)$$

使用 SPSS 进行逐步回归分析，得到的模型结果如表 10-49 所示。

表 10-49 疲劳度模型回归系数

参数	b_0	b_1	b_2	b_3	b_4	b_5	b_6
估算	27.6735	−0.568	−0.1114	−0.5952	−0.0018	0.0225	—

参数	b_7	b_8	b_9	b_{10}	b_{11}	b_{12}	b_{13}
估算	—	−0.0076	0.0049	0	0.0055	0	0

由此得出，回归方程如下：

$$\widehat{y_7} = 27.6735 - 0.568x_1 - 0.1114x_2 - 0.5952x_3 - 0.0018x_4$$
$$+ 0.0225x_5 - 0.0076x_8 + 0.0049x_9 + 0.0055x_{11} \quad (10\text{-}48)$$

回归方程的决定系数 $R^2 = 0.9806$，说明回归方程的拟合性良好。

交互项系数 b_{10}, b_{12}, b_{13} 非常小，接近零，同时系数的置信区间包含零点，表示其所对应的 x_1x_4, x_2x_4, x_3x_4 这三个交互项对因变量影响不显著，所以最终模型中去掉了这三个交互项。在六个交互项中，温度和湿度的共同作用对呼吸率影响较大，温度和噪声或湿度和噪声的交互影响次之，其他交互项的影响较小。

根据回归模型和对比图 10-37 分析可知，多因素模型中在一定范围内，单独增加温度、湿度会使疲劳度增大；而单独增加噪声和照度会使疲劳度略有减小。

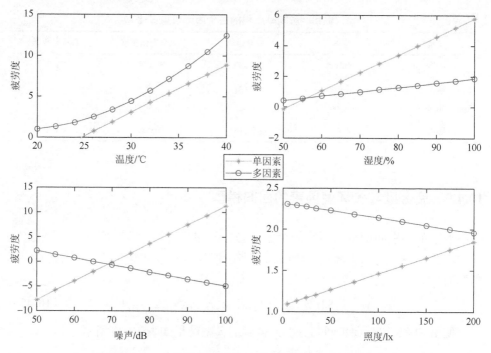

图 10-37　疲劳度的单因素和多因素两种模型的对比图

从表 10-50 中标准化权重可以看出，噪声和湿度对疲劳度影响较大，温度的影响较小，照度的影响最微弱。

表 10-50　影响疲劳度的各个因素权重占比

变量	系数	成分矩阵	未标准化权重	标准化权重
温度	0.194	0.382	0.074	0.091
湿度	0.381	0.757	0.288	0.356
噪声	0.675	0.661	0.446	0.551
照度	0.008	0.214	0.002	0.002

综上分析得，各因变量与 4 个环境因素之间的模型为

$$\hat{Y} = BX \tag{10-49}$$

式中，$\hat{Y} = (y_1, y_2, y_3, y_4, y_5, y_6, y_7)^T$，

$$\boldsymbol{B}^{\mathrm{T}} = \begin{bmatrix} 81.506 & 0.3970 & 0.6537 & -83.32620 & 3.2466 & 6.2002 & 217.0343 \\ -3.2876 & 0.5331 & 2.5074 & 1.9901 & 1.6884 & 0.1944 & -4.2120 \\ -0.5530 & 0.7109 & -0.0553 & -0.1984 & 1.7831 & -0.3808 & -2.7491 \\ 2.9929 & 1.2878 & 0.7641 & 2.2267 & 0.0049 & 0.6751 & 0.9093 \\ 0.0045 & -0.0176 & -0.0017 & -0.0046 & -0.0073 & 0.0083 & 0.0381 \\ 0.0721 & 0 & 0 & 0 & 0.0278 & 0.0418 & 0.1704 \\ 0.0053 & 0 & 0 & 0 & 0.0092 & 0 & 0.0150 \\ -0.0136 & 0 & 0 & -0.0079 & -0.0050 & 0 & 0 \\ -0.0056 & -0.0047 & -0.0060 & 0.0015 & -0.0073 & -0.0046 & -0.0290 \\ -0.0117 & -0.0067 & -0.0161 & -0.0257 & -0.0360 & -0.0305 & -0.0446 \\ -0.0001 & -0.0001 & 0 & 0 & 0.0001 & 0 & 0 \\ -0.0056 & -0.0122 & 0 & -0.0001 & 0.0036 & 0.0054 & 0.0109 \\ 0 & 0 & 0 & 0 & 0 & 0 & 0 \\ 0 & 0 & 0 & 0 & 0 & 0 & 0 \end{bmatrix}$$

$$X = (1, x_1, x_2, x_3, x_4, x_1^2, x_2^2, x_3^2, x_1 x_2, x_1 x_3, x_1 x_4, x_2 x_3, x_2 x_4, x_3 x_4)^{\mathrm{T}}$$

10.4.10　试验结果分析

通过对试验结果进行深入的分析、研究，并结合相关医学知识对所得试验结果做出合理的解释。

人们在高温高湿的环境中劳作时，循环系统机能发生一系列的变化，大脑皮质的兴奋活动影响了边缘系统、下丘脑指导延髓等各级心血管中枢一系列整体性的协调反应，使交感神经兴奋，肾上腺髓质分泌的肾上腺素和去甲肾上腺素增加，心迷走神经受抑制，支配骨骼肌血管的交感胆碱能纤维发放冲动，结果导致心率加快，心搏加强，血压升高，以维持肌肉的血流量。交感神经的兴奋还可使全身静脉血管收缩，增加体循环平均压，促进静脉血流的回流，保证心输出量的增加。而静脉回流增加，可使心房压力感受性反射加强，同时牵拉窦房结使心率加快。活动过程中，由于无氧功能过程增强，乳酸生成增多，血液的 pH 下降，氢离子浓度增多，刺激颈动脉体和主动脉体的化学感受器，促进心率加快。

呼吸运动是呼吸肌的协调运动，呼吸运动在很大程度上受大脑皮质的随意控制，但呼吸运动的基本特征还在于它的自动节律性，这种节律性随体内新陈代谢活动导致的内环境变化而发生相适应的变化。工人在高温高湿环境下劳动时，体内需氧量增加，反射性地引起呼吸频率的增快及肺通气量的增加，运动时机体产生的二氧化氮增加，刺激外周化学感受器而调节呼吸运动。且运动中细胞产生的氢离子也较平静时增加，氢离子可刺激中枢化学感受器，提高延髓呼吸中枢的兴奋性，使呼吸增强；血液中二氧化碳及氢离子浓度上升，可刺激主动脉体和颈动脉体的化学感受器，使呼吸反射加深加快，肺通气量增加。此外，呼吸运动在热代谢过程中也起作用，当外部环境的温度或体内产热过程加强时，可反射性地引起呼吸频率加速，借呼出气体而散热。

运动开始时，由于血液重新分配以满足肌肉的需要，皮肤血管先收缩，后因体内产热增加，体温升高，通过下丘脑体温中枢调节机理，引起皮肤血管扩张以促进散热。工人在高温高湿环境下劳动时，体内物质能量代谢加快，产热增加，虽然体温调节加强了散热过程，但仍因落后于产热过程而使体温增高，体温适度的增高可提高神经系统的兴奋性，加快神经传导速度，使骨骼肌收缩速度加快，减少肌肉的黏滞性，提高肌肉组织中血流速度和血流量，加快氧和二氧化碳的交换速度，进而提高人体运动能力。

10.5　多因素模型验证

为了验证建立的多因素模型的正确性，依托平煤一矿对 30 个作业人员样本生理数据进行实测，实测结果见表 10-51。为确保采集结果的真实有效性，保证采集的 30 个样本所处环境相同，并对环境数据进行记录，即温度 38℃，湿度 75%，噪声 87 dB，照度 50 lx。

表 10-51　实测作业人员样本生理数据

样本序号	收缩压/mmHg	舒张压/mmHg	心率/bpm	呼吸率/bpm	体温/℃	率压积/(bpm×mmHg)
1	145	64	92	19	36.8	10823
2	135	71	88	20	36.6	10473
3	136	66	88	17	35.2	9691
4	131	62	90	22	36.3	9999
5	146	79	92	15	35.3	10532
6	141	74	93	19	37.4	10083
7	129	70	94	18	36.0	9529
8	138	61	90	19	36.8	10956
9	135	75	97	19	36.3	10596
10	135	62	91	17	36.9	10159
11	137	72	88	17	36.2	10696
12	131	75	92	19	37.1	10069
13	130	73	86	20	37.3	10018

续表

样本序号	收缩压/mmHg	舒张压/mmHg	心率/bpm	呼吸率/bpm	体温/℃	率压积/(bpm×mmHg)
14	132	66	91	21	38.1	10214
15	138	69	92	21	36.5	10231
16	140	73	94	22	35.9	10310
17	129	71	92	19	36.0	11116
18	138	68	90	16	37.8	10480
19	131	77	92	17	35.8	10074
20	144	64	98	19	37.5	10575
21	138	75	91	17	36.8	10509
22	143	69	94	17	37.8	9582
23	129	80	94	20	35.1	10770
24	135	71	91	18	36.5	10384
25	118	79	91	21	35.7	10281
26	126	84	96	22	39.0	9383
27	131	65	92	19	37.4	10357
28	143	69	94	20	37.8	9635
29	136	65	92	21	35.9	10103
30	143	63	89	22	36.3	10112

通过建立的多因素模型，结合井下实测的环境数据计算出作业人员生理指标模拟值，所得结果如表 10-52 所示。

表 10-52　作业人员生理指标模拟值

	收缩压/mmHg	舒张压/mmHg	心率/bpm	呼吸率/bpm	体温/℃	率压积/(bpm×mmHg)
模拟值	136	70	91	19	36.7	101.8

模型的结果应该能反映作业人员在所采集环境下的生理指标数据，即将作业人员各项生理指标作为随机变量，所得模拟值应该能比较好地描述作业人员总体的统计特征。因此可采用单样本 t 检验验证多因素模型。即将模拟值作为已知值 μ_0，通过样本 t 检验来检验作业人员的生理指标均值与模拟值 μ_0 是否相等，以此来验证多因素模型的正确性。

作假设 H_0: $\mu \geqslant 0.05$，$\mu < 0.05$，利用 SPSS 分别对各项生理指标作单样本 t 检验，结果见表 10-53。

表 10-53　生理指标作单样本 *t* 检验结果

	t	自由度	显著性（双尾）	平均值差值	差值95%置信区间	
					下限	上限
舒张压（检验值 = 70）	0.306	29	0.762	0.3349	−1.907	2.577
收缩压（检验值 = 136）	−0.891	29	0.380	−0.9767	−3.220	1.266
心率（检验值 = 91）	0.603	29	0.551	0.767	−3.37	1.83
体温（检验值 = 36.7）	−0.312	29	0.757	−0.0549	−0.415	0.305
呼吸率（检验值 = 19）	−1.009	29	0.321	−1.2234	−3.703	1.256
率压积（检验值 = 10179）	1.020	29	0.316	79.000	−79.43	237.43

分析表 10-53 可知，所检验的六种生理指标显著性水平均大于 0.05，因此可以认为，通过多因素模型得出的模拟值与井下作业人员总体的均值相同，能很好地反映井下作业人员的生理指标，验证了模型建立的正确性。

10.6　小　　结

本章以安全生理学为基础，对综采工作面环境进行相似试验模拟，根据试验结果，分别得到了单环境因素与多环境因素下的人-环模型。

（1）试验平台分为四部分，分别为温度子系统、湿度子系统、噪声子系统和照度子系统。测量了血压（收缩压、舒张压、平均压）、心率、呼吸率、体温和心理指标。

（2）对受试者进行预试验，使得其能适应真实的综采工作面环境。结果表明，热习服、噪声习服、照度习服训练可以提高受试者对于综采工作面作业环境的适应能力，受试者更能真实模拟作业人员在综采工作面作业环境中的真实状态。

（3）依据实验室模拟所得原始数据，在单环境因素条件下，分别建立了温度、湿度、噪声和照度与人体各项生理心理指标（收缩压、舒张压、心率、呼吸率、体温、率压积和疲劳度）的回归模型。

（4）依据实验室模拟所得原始数据，并且结合单环境因素建模结果，建立了多环境因素与人体各项生理心理指标（收缩压、舒张压、心率、呼吸率、体温、率压积和疲劳度）的回归模型。

第11章 综采工作面不同环境条件下作业人员 可靠度模型研究

本章以多因素作业环境与人体各项生理指标的关系模型为基础，利用功能函数与极限状态方程，得到可靠度积分模型。而后利用蒙特卡罗（Monte Carlo）数值模拟方法，对建立的可靠度积分模型进行数值模拟，得出模型的数值解，从而计算出综采工作面不同位置作业人员的可靠度。

11.1 传统人的可靠度模型

由于煤矿生产是在井下进行作业，工作环境恶劣，所以环境因素极易影响人的可靠度。为提高人的可靠度、减少事故发生概率，需要对综采工作面环境下人的可靠度进行研究。

综采工作面环境因素主要包括温度、湿度、噪声、照度等，其对人的可靠性影响如下[429-430]。

1. 温度对人可靠度的影响

根据现场观测数据的统计分析，建立数学模型，得到温度对人可靠度的影响系数 k_1 为

$$k_1 = \begin{cases} e^{0.0048(x_1-15)} & x_1 < 15 \\ 1 & 15 \leqslant x_1 \leqslant 21 \\ e^{-0.0035(x_1-21)} & x_1 > 21 \end{cases} \tag{11-1}$$

式中，x_1 为工作面温度，℃。

2. 湿度对人可靠度的影响

经实地测试数据统计分析，建立数学模型，得到空气湿度对人可靠度的影响系数 k_2 为

$$k_2 = \begin{cases} e^{0.00068(x_2-45)} & x_2 < 45 \\ 1 & 45 \leqslant x_2 \leqslant 55 \\ e^{-0.00071(x_2-55)} & x_2 > 55 \end{cases} \tag{11-2}$$

式中，x_2 为工作面空气湿度，%。

3. 噪声对人可靠度的影响

根据现场观测数据的统计分析，综采工作面作业人员可靠度受噪声的影响系数 k_3 为

$$k_3 = \begin{cases} 1 & x_3 \leqslant 60 \\ e^{-0.00125(x_3-60)} & x_3 > 60 \end{cases} \tag{11-3}$$

式中，x_3 为噪声强度，dB。

4. 照度对人可靠度的影响

照度对工作效率、工作质量、安全及人的视力、情绪和身体健康都有影响。通过试验，当照度从 10 lx 增加到 100 lx 时，视力可提高 70%。在照度较差的情况下，作业者反复辨认目标，会引起疲劳、视力下降，导致全身疲劳而降低作业可靠性。根据试验结果，照度对人可靠度的影响系数 k_4 为

$$k_4 = \begin{cases} e^{0.00012(x_4-100)} & x_4 < 100 \\ 1 & x_4 \geqslant 100 \end{cases} \tag{11-4}$$

式中，x_4 为照度，lx。

5. 煤尘对人可靠度的影响

综采工作面里的煤尘不仅恶化了环境，而且影响了作业人员的视线，吸入粉尘过多会对人体健康造成危害，综采工作面煤尘对人可靠度的影响系数 k_5 为

$$k_5 = \begin{cases} 1 & x_5 \leqslant 10 \\ e^{-0.0021(x_5-10)} & x_5 > 10 \end{cases} \tag{11-5}$$

式中，x_5 为煤尘密度，mg/m³。

6. 风速对人可靠度的影响

根据现场实测数据的统计分析，综采工作面风速对人可靠度影响系数 k_6 为

$$k_6 = \begin{cases} e^{0.097(x_6-0.5)} & x_6 < 0.5 \\ 1 & 0.5 \leqslant x_6 \leqslant 3 \\ e^{-0.061(x_6-3)} & x_6 > 3 \end{cases} \tag{11-6}$$

式中，x_6 为风速，m/s。

11.1.1　人子系统的可靠度计算模型

由分析可知，人的可靠度由两部分组成：一是人本身在信息的接受—处理—

输出过程中的可靠度，二是在某种环境因素下人的可靠度。

所以在综采工作面复杂环境条件下，人的可靠度 η 为

$$\eta = \lambda_1 \lambda_2 \lambda_3 k_1 k_2 k_3 k_4 k_5 k_6 \tag{11-7}$$

式中，k_1 为环境温度因素对可靠度的影响系数；k_2 为环境湿度因素对可靠度的影响系数；k_3 为环境噪声因素对可靠度的影响系数；k_4 为环境照度因素对可靠度的影响系数；k_5 为环境煤尘因素对可靠度的影响系数；k_6 为环境风速因素对可靠度的影响系数；λ_1 为人接受信息的可靠度，通常取 0.9999；λ_2 为人判断处理信息的可靠度，通常取 0.9995；λ_3 为人决策输出信息的可靠度，通常取 0.9999。

11.1.2　量化作业工人作业环境的安全区域、潜在危险区域、危险区域

通过对人可靠度的研究，分析影响作业人员可靠度的环境因素。其中主要的环境因素包括温度、湿度、照度、噪声等。本节对环境因素进行了深入分析，把各环境因素划分为三个不同的区域，分别为安全区域、潜在危险区域、危险区域。为分析单环境因素对可靠度的影响，在分析单环境因素时，认为其他因素的影响因子为 1。作业人员的可靠度在 0.99 以上，人的可靠性最高，认为是安全区域；将计算所得人的可靠度在 0.97～0.99 范围内的环境因素划为潜在危险区域，在此区域内，人的可靠性有所下降，发生人因失误的概率较大。

（1）把人的可靠度在 0.97 以下的温度区域划为危险区域，在此区域范围内，人因失误的发生率进一步升高，由划分原则，把 15～21℃划为安全温度区域，此区域温度范围内，人的作业可靠度最高。温度区域划分图如图 11-1 所示。

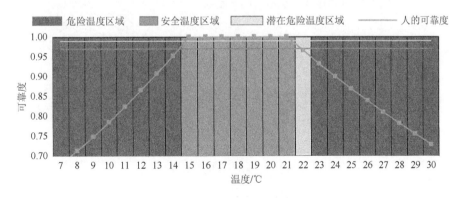

图 11-1　温度区域划分图

（2）研究认为，由于湿度和温度关系密切，并且与温度相比，人们对湿度的反应不很敏感。把湿度在 29%～68% 之间的区域划为安全湿度区域，此区域湿度

范围内，人的作业可靠度最高。湿度区域划分图如图 11-2 所示。

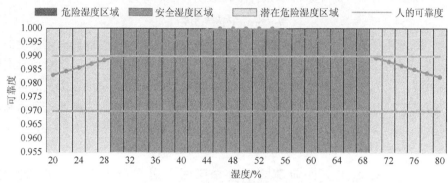

图 11-2　湿度区域划分图

（3）在所有相对稳定的环境因素中，温度、湿度等因素基本稳定，而噪声却极不稳定。研究认为，噪声在 60 dB 以下的区域为安全噪声区域；噪声在 60～80 dB 的区域为潜在危险噪声区域，此区域内人的可靠度逐渐降低；噪声大于 80 dB 的区域为危险噪声区域。试验表明：当噪声强度达到 90 dB 时，人的视觉细胞敏感性下降，识别弱光反应时间延长；当噪声达到 95 dB 时，有 40%的人瞳孔放大，视觉模糊；而噪声达到 115 dB 时，多数人的眼球对光亮度的适应都有不同程度的减弱。所以长时间处于噪声环境中的人很容易发生眼疲劳、眼痛、眼花和视线不清等现象。噪声区域划分图如图 11-3 所示。

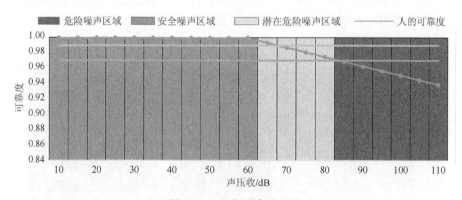

图 11-3　噪声区域划分图

（4）照度对人的可靠度也起着重要作用，照度不仅影响作业工人的工作效率，还影响作业工人的可视度和心情等，从而影响人的可靠度。研究发现，照度在 60 lx 以上时，人的可靠度影响系数为 1，为安全照度区域。照度区域划分图如图 11-4 所示。

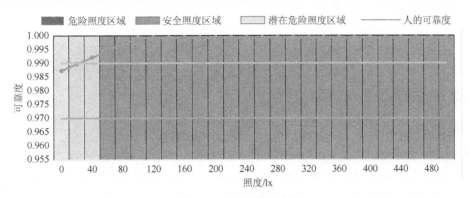

图 11-4　照度区域划分图

（5）另外，煤尘和风速同样会对人的可靠度产生影响，根据可靠度计算公式及煤尘和风速的影响系数得图 11-5 和图 11-6，二者分别表示煤尘的安全区域划分和风速的安全区域划分，根据划分标准定义煤尘在 0～14 mg/m³ 时为安全煤尘区域，风速在 0.6～3.0 m/s 时为安全风速区域。

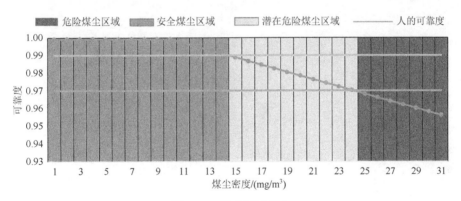

图 11-5　煤尘区域划分

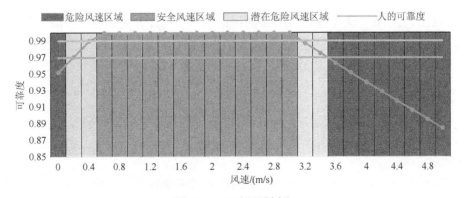

图 11-6　风速区域划分

11.2　基于功能函数的作业人员作业可靠度模型

11.2.1　功能函数与极限状态方程

　　煤矿综采工作面是一个复杂的多因素影响的环境，影响作业人员可靠度的环境因素主要包括：温度、湿度、噪声和照度等。作业人员在环境因素的作用下，会产生生理方面和心理方面的作用效应，作用效应指标包括：收缩压、舒张压、心率、呼吸率、体温、率压积等。为保证作业人员在井下工作时具有可靠的工作状态，避免身体遭受恶劣环境的损害，需使作业人员在环境因素作用下的各个作用效应指标满足规定的要求。环境因素对作业人员的影响示意图见图 11-7。

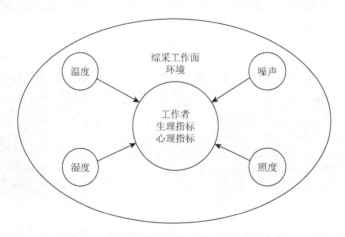

图 11-7　环境因素对作业人员的影响示意图

　　以 S 表示作业人员在环境因素的作用下产生生理方面和心理方面的作用效应，以 R 表示作用效应指标所需满足规定的限值，定义判断作业人员身体是否处于可靠的工作状态的功能函数为

$$Z = R - S \tag{11-8}$$

　　显然，如图 11-8 所示，功能函数的结果有可能有以下 3 种情况。

　　（1）当 $Z = R-S > 0$ 时，作业人员的作用效应指标小于规定限值，处于可靠状态。

　　（2）当 $Z = R-S < 0$ 时，作业人员的作用效应指标大于规定限值，处于危险状态。

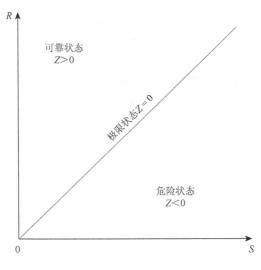

图 11-8　功能函数示意图

（3）当 $Z = R-S = 0$ 时，作业人员的作用效应指标达到规定限值，处于极限状态，此时的方程称为极限状态方程。

井下作业人员在环境因素的作用下，会产生生理和心理方面的多种作用效应，如收缩压、舒张压、心率、呼吸率、体温、率压积、疲劳度等，不同的作用效应指标有相应的功能函数：

$$Z_i = R_i - S_i \quad (i=1,2,\cdots,n) \tag{11-9}$$

式中，R_i 为各作用效应指标所规定的限值；S_i 为各作用效应指标。

11.2.2　人的可靠度

人的作用效应指标 S_i，如收缩压、舒张压、心率、呼吸率、体温、率压积等均是随机变量，各作用效应指标所规定的限值 R_i 一般是定值，指标所对应的功能函数 Z_i 也是随机变量。所以，各作用效应指标处于可靠状态（$Z>0$）、危险状态（$Z<0$）和极限状态（$Z=0$）都是随机事件，不能以确定函数的分析方法对作业人员的工作状态进行分析，而应该用概率的方法进行描述。

作用效应指标 S_i 处于可靠状态的概率称为 S_i 的可靠度，以 p_{si} 表示；作用效应指标 S_i 处于危险状态的概率称为 S_i 的不可靠度，以 p_{fi} 表示。显然 p_{si} 和 p_{fi} 两者互补，即 $p_{si} + p_{fi} = 1$。

根据作用效应的功能函数，应有

$$\begin{cases} p_{si} = P(Z_i > 0) \\ p_{fi} = P(Z_i \leqslant 0) \end{cases} \tag{11-10}$$

如果可以得到作用效应指标所对应的功能函数 Z_i 的概率密度函数或概率分布函数，则可以求出人的可靠度或不可靠度，如图 11-9 所示，阴影部分面积为人的不可靠度。

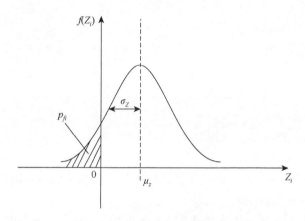

图 11-9　功能函数 Z_i 概率密度函数图

作用效应指标，如收缩压、舒张压、心率、呼吸率、体温、率压积等，分别反映了人的某一方面的可靠状态。只有当所有作用效应指标都处于可靠状态时，整体才处于可靠状态。人处于可靠状态的概率称为人的可靠度，用 P_s 表示；人处于危险状态的概率称为人的不可靠度，以 P_f 表示。同上，P_s 和 P_f 两者互补，即 $P_s + P_f = 1$。

根据概率论计算原理，应有

$$\begin{cases} P_s = P\left(\bigcap_{i=1}^{n} Z_i > 0\right) \\ P_f = P\left(\bigcup_{i=1}^{n} Z_i \leqslant 0\right) \end{cases} \tag{11-11}$$

根据以上方法，即可得到煤矿综采工作面下人的可靠度 P_s。

11.2.3　基于蒙特卡罗模拟法的可靠度计算

由于人的可靠度

$$P_s = P\left(\bigcap_{i=1}^{n} Z_i > 0\right) \int \cdots \int_0^{+\infty} f(z_1, z_2, \cdots, z_n) \mathrm{d}z_1 \mathrm{d}z_2 \mathrm{d}z_3 \cdots \mathrm{d}z_n \qquad (11\text{-}12)$$

式中，$f(z_1, z_2, \cdots, z_n)$ 为功能函数 Z_i 综合概率密度函数。

由式（11-12）可以看出，欲得出人的可靠度 P_s 的解析值，首先必须确定作用效应指标的综合概率密度函数 $f(z_1, z_2, \cdots, z_n)$，然后代入式（11-12）中进行求解。但是在实际工作中，确定综合概率密度函数非常困难。由于式（11-12）涉及多重积分运算，计算相当复杂，有时甚至得不出解析解，因此，研究者提出了计算可靠度的近似方法，如一次二阶矩法、等效正态分布法等。但是这些方法仍然不太理想，而利用蒙特卡罗模拟法进行可靠度的计算可以有效克服解析解方面遇到的瓶颈，尤其当基本变量个数较多时，它在性能上的优越性就越加明显。通过模拟得出的值称为数值解。

当计算积分 $\int \cdots \int_0^{+\infty} f(z_1, z_2, \cdots, z_n) \mathrm{d}z_1 \mathrm{d}z_2 \cdots \mathrm{d}z_n$ 时，如果能够得到 $f(z_1, z_2, \cdots, z_n)$ 的原函数 $F(z_1, z_2, \cdots, z_n)$，那么直接利用牛顿-莱布尼茨公式，就可以得到该定积分的值。但是，很多情况下，由于 $f(z_1, z_2, \cdots, z_n)$ 太复杂，无法计算得到原函数 $F(z_1, z_2, \cdots, z_n)$，这时就只能用数值积分的办法来得出积分的数值解。数值解求解过程示例如图 11-10 所示。

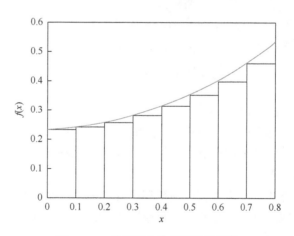

图 11-10　单重积分数值模拟示例图

如图 11-10 所示，数值积分的基本原理是在自变量 x 的区间上取多个离散的点，用单个点的值来代替该小段上函数 $f(x)$ 值。但是常规的数值积分方法是在分段之后，将所有的柱子（方块）的面积全部加起来，用这个面积来近似函数 $f(x)$（曲线）与 x 轴围成的面积。随着分段数量增加，误差将减小，近似面积将逐渐逼近真实的面积。而对于蒙特卡罗数值模拟，思想与此类似，差别在于，蒙特卡罗

　　数值模拟方法不需要所有方柱面积相加，而只需要随机地抽取一些 $f(x)$ 函数值，而后将它们的值进行累加计算平均值。通过数学相关知识可以证明，随着抽取的函数值增加，平均值将逼近解析值。

　　每个维度上的取点数量直接决定了常规的数值积分的精度，为了确保计算精度，随着维度的增加，函数计算量会迅速递增。例如，在一重积分中，只要沿着 x 轴取 N 个点；要达到相同大小的精度，在 s 重积分中，仍然需要在每个维度上取 N 个点，s 个维度的坐标相组合，共需要计算 $N \times s$ 个坐标对应的函数值。随着取点的增多，运行时间会变长，更严重的会因为内存不足使得数值模拟不可行。而蒙特卡罗方法却不同，不管积分有多少重，取 N 个点计算的结果精确度都相差不多。因此，积分维度的增加会导致常规数值积分速度急剧下降，蒙特卡罗方法的效率却基本不变。研究认为，当积分重数达到四重积分甚至更高时，蒙特卡罗方法精度远优于常规数值积分方法。

　　蒙特卡罗数值模拟的基本步骤[431]如下。

　　（1）随机生成随机数，计算得到 $f(x_1, x_2, \cdots, x_n)$。

　　作用效应指标可以作为随机变量，根据变化规律分别生成随机数，一共有六个作用效应指标，分别记作 $x_1, x_2, x_3, x_4, x_5, x_6$。根据随机数的性质，每次生成的值都是随机的，对每一个作用效应指标生成的随机数按先后顺序重新赋予下标。例如，x_{1i} 表示指标 x_1 生成的第 i 个随机值。

　　（2）将计算的 $f(x_1, x_2, \cdots, x_n)$ 累加，并求平均值。

　　若六个作用效应指标均生成了 N 次，则平均值计算如下：

$$\frac{\sum_{i=1}^{n} f(x_{1i}, x_{2i}, x_{3i}, x_{4i}, x_{5i}, x_{6i})}{N} \tag{11-13}$$

　　（3）达到条件后退出。

　　常用的停止条件有两种，一种是设定限值，最多生成 N 次，数量达到后退出即可。另一种是检测第 N 次计算结果与第 N–1 次计算结果之间的误差，当这一误差小到某个范围时退出。

　　对于第一种方式，即需要按照模拟精度要求来选择模拟次数。首先假定由计算机产生的随机数序列是理想的。当模拟次数足够大时，则有

$$\frac{\sum_{i=1}^{n} f(x_{1i}, x_{2i}, x_{3i}, x_{4i}, x_{5i}, x_{6i})}{N} \xrightarrow{N \to \infty} P\left(\bigcap_{i=1}^{n} x_i > 0\right) \tag{11-14}$$

　　利用式（11-4），对于任意 $\varepsilon > 0$ 和 $\delta > 0$，当 $N > N_0$ 时，若存在

$$P\left(\left|\frac{\sum_{i=1}^{n} f(x_{1i}, x_{2i}, x_{3i}, x_{4i}, x_{5i}, x_{6i})}{N} - P\left(\bigcap_{i=1}^{n} x_i > 0\right)\right| \geqslant \varepsilon\right) < \delta \tag{11-15}$$

则 N_0 可以设置为限值。

由 Kolmogorov 不等式可以证明，上述问题可以变为：找到一个最小的数 j_0，使其满足不等式 $\dfrac{1}{n^2}\sum\limits_{j=j_0}^{\infty}\dfrac{2\times j}{2^j}<\delta$，则所需模拟次数为 $N=2^{j_0-1}$。

利用这种方法进行模拟的次数举例，如表 11-1 所示。

表 11-1　模拟次数与模拟误差对照表

模拟误差 ε	期望精度 δ	模拟次数 $N \geqslant$
0.01	0.0722	$2^{10}=1024$
0.01	0.00531	$2^{12}=4096$
0.01	0.00143	$2^{13}=8192$
0.005	0.00153	$2^{14}=16384$
0.005	0.000108	$2^{16}=65536$
0.001	0.0102	$2^{15}=32768$
0.001	0.00188	$2^{18}=262144$

对于第二种方式，则是在程序运行时增加判定条件，规定某一限值。当第 N 次计算结果与第 $N–1$ 次计算结果之间的误差小于限值时，则认为数值解达到稳定，终止程序即可。

11.3　人的可靠度求解中的蒙特卡罗法

通过功能函数和极限状态方程，可以得出作业人员在某一特定作业环境下是否可靠，但由于作业环境在综采工作面下并不是恒定的，且会随着某种规律变化，因此这种方法无法对可靠度进行定量化研究。为了能对可靠度进行定量化研究，采用数理统计中概率的概念，将作业环境看作随机变量，由人的可靠度理论得，作业人员在作业环境指标影响下可靠度为 $P_s=P\left(\bigcap\limits_{i=1}^{n}Z_i>0\right)$，$P_s$ 即可作为人在综采工作面环境下的可靠度数值，为后续进一步进行可靠度预警打下理论基础。

11.3.1　模型分析

综采工作面是一个比较大的三维空间，若将空间上每一个位置点的作业效用指标都当作随机变量，求取作业人员在每一个三维位置上可靠度是不现实的，也是没有必要的。因为对于一个三维空间，内部含有的位置点有无数个，现实中是根本不可能完全计算出来的。另外，三维空间的相邻点环境指标都有很强的相关性，求取特征位置的可靠度，就能完全代表局部空间下作业人员的可靠度。

若将综采工作面当作一个整体考虑，将综采工作面的整体平均作业效用指标作为一个随机变量，进而求取作业人员关于一个综采工作面的可靠度也是没有意义的。因为综采工作面是一个庞大的三维空间，局部变化是不规律的，例如，在采煤机附近，温度相对会比较高，采煤机司机与其他作业人员的可靠度有比较明显的不同。因此，将综采工作面作为整体求取可靠度也是没有意义的。

综上所述，结合第 3 章的温度场、湿度场、噪声场、照度场等作业环境模拟结果，选择对综采工作面可靠度有意义的区域。结合资料，本节选取机巷、风巷、采煤机三个局部位置，分别认为在各自的局部空间内的环境指标是不同的随机变量，进而求取综采工作面的局部空间可靠度，得出不同位置的六个可靠度结果，为在不同区域内作业的作业人员提供安全参考，即对于任一局部区域，有

$$P_s = P\left(\bigcap_{i=1}^{n} Z_i > 0\right) = \int \cdots \int_0^{+\infty} f(z_1, z_2, \cdots, z_n) \mathrm{d}z_1 \mathrm{d}z_2 \mathrm{d}z_3 \cdots \mathrm{d}z_n \qquad (11\text{-}16)$$

式中，$f(z_1, z_2, \cdots, z_n)$ 为功能函数的综合概率密度函数，功能函数 $Z_i = R_i - S_i$ ($i=1,2,\cdots,n$)与作用效应指标有直接联系，但是由于井下实时测量作业人员的生理指标比较困难，考虑到第 4 章建立的作业人员生理指标与综采工作面环境因素之间的关系模型，拟根据综采工作面环境因素来求取六个作业效用指标，由第 3 章环境数值模拟易得，综采工作面的环境因素数据也是随机变量，因此式（11-16）可拓展为

$$P_s = P\left(\bigcap_{i=1}^{n} Z_i > 0\right) = \int \cdots \int_0^{+\infty} f(z_1(y_1, y_2, y_3, y_4) \cdots z_6(y_1, y_2, y_3, y_4)) \mathrm{d}z_1 \cdots \mathrm{d}z_6 \qquad (11\text{-}17)$$

式中，$z_i(y_1, y_2, y_3, y_4)$ 为第 i 个作业效用指标关于综采工作面环境指标（y_1、y_2、y_3、y_4 分别为温度、湿度、噪声、照度随机变量）的函数，由此可靠度的计算转变为了关于综采工作面环境因素数据的积分模型。

由于可靠度的计算公式属于多重积分，解析解很难求出。因此采用蒙特卡罗数值模拟方法来求取积分的数值解。采用第一种方法，设定模拟误差 $\varepsilon = 0.05$，期望精度 $\delta = 0.001$，由表 11-1 可知设置 $N_0 = 20000$ 即可。

11.3.2　模型建立

模型整体采用蒙特卡罗数值模拟求取可靠度，建立流程图如图 11-11 所示。

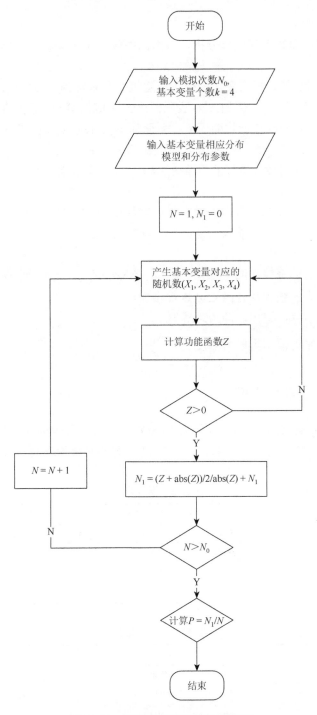

图 11-11　蒙特卡罗数值模拟流程图

主要步骤如下。

（1）根据前面数据和模拟分析，得出温度场、湿度场、噪声场和照度场变化规律。

（2）生成随机数，根据变化规律生成随机数分别得到 $x_{1i}, x_{2i}, x_{3i}, x_{4i}$。随机数按先后顺序重新赋予下标。例如，$x_{1i}$ 表示温度 x_1 生成的第 i 个随机值。

（3）计算作用效应指标收缩压 y_{1i}、舒张压 y_{2i}、心率 y_{3i}、呼吸率 y_{4i}、体温 y_{5i}、率压积 y_{6i}。例如，y_{1i} 表示收缩压 y_1 生成的第 i 个随机值。

（4）代入各作用效应指标的限值 $R_1, R_2, \cdots, R_6$，计算各作用效应指标的功能函数 $Z_1, Z_2, \cdots, Z_6$。

（5）将随机数计算的各作用效应指标功能函数 $Z_1, Z_2, \cdots, Z_6$ 归一化处理。当 $Z_1, Z_2, \cdots, Z_6 > 0$ 时，将功能函数变为 1；当功能函数 $Z_1, Z_2, \cdots, Z_6 \leqslant 0$ 时，将功能函数变为 0。

（6）计算人的整体功能函数 $Z = Z_1 \cdot Z_2 \cdot Z_3 \cdot Z_4 \cdot Z_5 \cdot Z_6$。将 N_1 设为标志变量，对归一化后的人的整体功能函数 Z 进行相加。

（7）达到条件后退出，即 $N > N_0$ 时。

（8）求取平均值，得出可靠度 $P_s = \dfrac{N_1}{N}$。

11.3.3 建模结果与分析

根据第 4 章数值模拟结果，利用 COMSOL 生成在以采煤机位置为基准的六个时刻时三个局部位置的温度、湿度、噪声和照度，导出结果如表 11-2～表 11-5 所示。

表 11-2 温度数据

	温度/℃					
	1 m	36 m	71 m	106 m	141 m	176 m
机巷区域	28.2	28.4	28.7	28.9	29.3	30.3
风巷区域	31.9	30.0	27.6	26.4	28.1	27.3
采煤机区域	33.4	33.8	33.8	29.9	28.4	25.4

表 11-3 湿度数据

	湿度/%					
	1 m	36 m	71 m	106 m	141 m	176 m
机巷区域	60	63	64	65	64	63
风巷区域	79	80	80	80	82	81
采煤机区域	86	83	86	87	82	80

表 11-4　声压级数据

	声压级/dB					
	1 m	36 m	71 m	106 m	141 m	176 m
机巷区域	93	93	93	93	93	101
风巷区域	87	91	91	91	91	91
采煤机区域	96	96	96	95	94	94

表 11-5　照度数据

	照度/lx					
	1 m	36 m	71 m	106 m	141 m	176 m
机巷区域	34.0	34.0	34.0	34.0	34.0	34.0
风巷区域	28.0	28.0	28.0	28.0	28.0	28.0
采煤机区域	28.0	2.4	22.0	7.1	4.3	34.0

将三个局部位置的环境变量分别作为独立的随机变量，在进行蒙特卡罗模拟之前需要计算各局部位置的各个环境变量的特征数：平均值和变异系数（标准差/平均值）的计算结果见表 11-6。

表 11-6　环境变量统计结果

位置	温度平均值/℃	温度标准差	湿度平均值/%	湿度标准差	噪声平均值/dB	噪声标准差	照度平均值/lx	照度标准差
机巷处	29.0	0.76	63.17	1.72	94.43	3.07	34.00	0.00
采煤机区域	30.8	3.48	84.00	2.76	95.00	0.71	16.29	13.46
风巷处	28.6	2.03	80.33	1.03	90.53	1.88	28.00	0.00

根据表 11-6 的统计结果，采用蒙特卡罗方法生成温度 x_1、湿度 x_2、噪声 x_3 和照度 x_4 的随机数，代入式（11-18）～式（11-23），计算作用效应指标收缩压 y_1、舒张压 y_2、心率 y_3、呼吸率 y_4、体温 y_5、率压积 y_6。

$$y_1 = 186.045 - 2.226x_1 - 1.4803x_2 + 1.2915x_3 + 0.0035x_4 + 0.1088x_5 \\ + 0.0094x_6 - 0.0047x_7 - 0.0262x_8 - 0.0325x_9 + 0.0062x_{11} \tag{11-18}$$

$$y_2 = -164.772 + 7.5282x_1 + 2.1355x_2 + 1.5581x_3 - 0.0338x_4 \\ - 0.0599x_8 - 0.0366x_9 + 0.0002x_{10} - 0.0084x_{11} + 0.0003x_{12} \tag{11-19}$$

$$y_3 = 31.414 + 2.1827x_1 - 0.6923x_2 + 0.7789x_3 - 0.0087x_4 + 0.0036x_8 \\ - 0.0221x_9 + 0.0003x_{10} + 0.0036x_{11} + 0.0005x_{12} - 0.0005x_{13} \tag{11-20}$$

$$y_4 = -8.8822 + 1.4971x_1 + 0.1973x_2 + 0.1468x_3 - 0.0006x_4 \\ - 0.0008x_7 - 0.0078x_8 - 0.0059x_9 - 0.0015x_{11} \tag{11-21}$$

$$y_5 = 47.738 - 0.2991x_1 - 0.1403x_2 - 0.0867x_3 + 0.00003x_4 + 0.0045x_5$$
$$+ 0.0011x_6 + 0.0003x_7 - 0.0009x_8 + 0.0022x_9 - 0.0002x_{11} \quad (11\text{-}22)$$

$$y_6 = 173.6527 - 0.599x_1 - 3.1822x_2 + 1.1567x_3 + 0.0251x_4 + 0.1593x_5$$
$$+ 0.0156x_6 - 0.0392x_8 - 0.0701x_9 + 0.0006x_{10} + 0.0176x_{11} - 0.0006x_{13} \quad (11\text{-}23)$$

代入各作用效应指标限值：收缩压 140 mmHg，舒张压 90 mmHg，心率 95 bpm，呼吸率 24 bpm，体温 37.2℃，率压积 12000 bpm×mmHg。计算各作用效应指标的功能函数 $Z_1, Z_2, \cdots, Z_6$，进而得到人的整体功能函数 Z 和可靠度 P_f。结果如表 11-7 所示。

表 11-7　可靠度结果

	机巷与综采工作面连接处	采煤机区域	风巷与综采工作面连接处
可靠度	0.9931	0.9705	0.9892

对表 11-7 进行分析可以得出以下结果：从作业环境角度考虑，机巷区域的可靠度达到 0.9931，风巷区域的可靠度达到 0.9892，而采煤机区域的可靠度达到 0.9705。机巷区域可靠度最高，风巷区域可靠度居中，采煤机区域可靠度最低。

11.4　小　　结

为提高人的可靠度、减少事故发生概率，研究综采工作面环境下人的可靠性具有重要意义。本章提出了基于功能函数的人的可靠度模型，采用蒙特卡罗方法，计算综采工作面环境下人的可靠度。

（1）提出了基于功能函数的人的可靠度模型。给出了综采工作面环境下作业人员各生理心理指标的功能函数与极限状态方程。根据概率论计算原理，给出了作业人员处于可靠状态（所有作用效应指标都处于可靠状态）的概率，即可靠度的计算公式。

（2）采用蒙特卡罗方法计算人的可靠度，提出了人的可靠度的计算方法。

（3）根据第 3 章数值模拟结果，利用 COMSOL 生成在以采煤机位置为基准的六个时刻时三个局部位置的温度、湿度、噪声和照度数据，得出风巷区域、采煤机区域和机巷区域人的可靠度分别为 0.9892、0.9705 和 0.9931。

第 12 章 综采工作面作业人员生理指标实测与安全劳动时间

由于前面章节建模结果的基础是在试验室模拟条件下进行，缺少现场数据的验证。因而本章首先根据矿井情况，对作业人员的生理指标数据和作业人员所在工作面的环境数据进行实测，对已经建立的建模结果进行验证，继而分析出在综采工作面作业环境下作业人员的敏感生理指标，得出作业人员安全劳动时间，为合理安排作业人员工作时间提供参考。

12.1 矿井基本情况

12.1.1 井田位置与范围

研究矿井位于河南省平顶山市中心向北 3 km 处，归属于平顶山煤田。地理坐标：东经 113°11′45″～113°22′30″，北纬 33°40′15″～33°48′45″。平煤一矿东以 26 勘探线为界与平煤十矿相邻，西以 36 勘探线为界与天安四矿、六矿相邻。井田共包括丁组、戊组、己组、庚组 4 个煤组。丁组煤层南起老窑采空区下界（ + 45～ + 110 m），北至−600 m 等高线；戊组煤层南起露头，北至−650 m 等高线；己组煤层南起−240 m，北至−800 m 等高线；庚组煤层南起−250 m，北至−800 m 等高线。井田东西走向长 5 km，南北倾斜宽 5.86 km，井田面积 29.3 km^2。

该矿于 1957 年破土兴建，1959 年简易投产，设计生产能力 150 万 t/a。经 1974 年和 1987 年两次扩建，矿井设计生产能力提高到 400 万 t/a。

该矿与平顶山火车站距离约 9 km，可经由矿区专用铁路直达漯宝铁路。该铁路可同时连接京广、焦柳两大铁路干线。平顶山车站与京广铁路距离约 70 km，至焦柳铁路距离约 28 km。以平顶山市为交通枢纽，可经由柏油公路前往周边县市，交通极为方便。

经中华人民共和国国土资源部批准，2001 年平煤一矿换领了采矿许可证，登记面积 29.3 km^2，开采深度 + 150 m～−800 m 标高，2015 年 12 月末矿井可采储量 4663 万 t。

12.1.2　矿井开采与开拓

矿井开采是该矿井的主要开采方式，采用竖井-斜井联合多水平综合开拓布置，一水平标高–25 m，二水平标高–240 m，三水平标高–517 m。一水平为残采水平，二、三水平为生产水平。全矿现有生产采区 7 个，准备采区 2 个，分别是：一水平残采区，二水平戊一、戊二、戊三、丁三采区，三水平丁二、戊一采区，准备采区是三水平戊二及三水平戊一下延采区。

矿井开采方法采用走向长壁后退式全部垮落采煤法，回采工艺为综采。

12.1.3　主采煤层

该矿井田含煤地层为石炭系太原组、二叠系山西组和上、下石盒子组。通过由上而下的顺序分别为甲、乙、丙、丁、戊、己、庚等七个煤组。含煤地层总厚780 m，含煤七组 43 层（有编号的煤层 23 层），这之中甲乙两煤组是无可开采煤层，煤层总厚约 26 m，含煤系数为 3.3%。可采煤层 5 组 10 层，总厚约 15 m，可采含煤系数为 1.92%。煤层间距基本稳定，其中丁六、戊八、戊九、戊十、己十七、庚二十为主要可采煤层。丁组、戊组是该矿主要开采煤层，丁组煤层主采丁六煤层，戊组煤层主采戊八、戊九、戊十煤层。其中丁六组煤层为突出煤层，其他煤层为高瓦斯管理煤层。

12.2　生理敏感指标分析

12.2.1　敏感指标分析原理介绍

数理统计学中的假设检验法是根据一定的假设条件由样本情况推断出总体的方法。假设检验法首先根据研究需求对研究样本的总体作某种假设，记作 H_0；对应的虚无假设记作 H_1；进而选取合适的统计量，该统计量的选取要使得在假设 H_0 成立时，其分布为已知；由观测得出的样本值，计算出统计量的值，并根据预先给定的显著性水平 α 进行显著性检验，最终作出拒绝或接受假设 H_0 的判断。

假设检验一般有如下三种形式。

（1）右单侧检验 H_0：$\mu \geqslant \mu_0$，H_1：$\mu < \mu_0$；右单侧检验是为了检验样本统计量是否大于假定参数。

（2）左单侧检验 H_0：$\mu \leqslant \mu_0$，H_1：$\mu > \mu_0$；左单侧检验是为了检验样本统计量是否小于假定参数。

（3）双侧检验 H_0： $\mu = \mu_0$，H_1： $\mu \neq \mu_0$；双侧检验是为了检验样本统计量与假设参数之间是否有显著性差异。

接受或拒绝假设 H_0 的判断方法有多种，由于 SPSS 中采用的是 P 值法，所以仅介绍 P 值法原理，P 值是指检验统计量的观察值得出的原假设 H_0 可能被拒绝的最小显著性水平。利用 P 值与预先给定的显著性水平 α 进行比较，当 P 值大于 α 时接受原假设 H_0，反之拒绝 H_0。以正态总体 $U \sim N(\mu, \sigma^2)$，σ 未知，对均值进行检验为例，P 值检验法原理如下：对于方差未知的正态总体进行均值检验时可用统计量：

$$t = \frac{\overline{X} - \mu_0}{s/\sqrt{n-1}} \sim t(n-1) \qquad （12-1）$$

式中，$i = 1, \cdots, n$；$\overline{X} = \dfrac{\sum_{i=1}^{n} x_i}{n}$ 为样本平均数；$s = \sqrt{\dfrac{\sum_{i=1}^{n} (x_i - \overline{x})^2}{n-1}}$ 为样本标准偏差；n 为样本数。由样本子样可以得出统计量 t 的观察值 t_0。

假设检验的三种形式可以使用相同的统计量。

（1）右单侧检验 H_0： $\mu \geqslant \mu_0$，H_1： $\mu < \mu_0$；P 值 $= P(t \leqslant t_0)$，在概率分布图上表示为 t_0 左侧的面积，如图 12-1 所示。当 P 值（观察值）所表示的面积大于预给定的显著性水平 α （临界值）所代表的面积时（图 12-1 左图），接受原假设，当其小于该面积时（图 12-1 右图），则拒绝原假设。

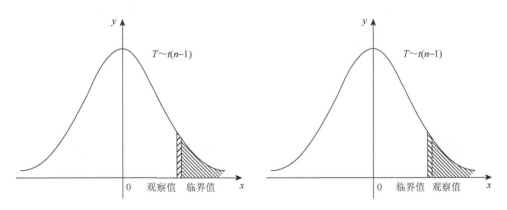

图 12-1 右单侧检验 P 值结果示意图

（2）左单侧检验 H_0： $\mu \leqslant \mu_0$，H_1： $\mu > \mu_0$；P 值 $= P(t \geqslant t_0)$ 在概率分布图上表示为 t_0 右侧的面积，如图 12-2 所示。当 P 值（观察值）所表示的面积大于预给定的显著性水平 α （临界值）所代表的面积时（图 12-2 左图），接受原假设，当其小于该面积时（图 12-2 右图），则拒绝原假设。

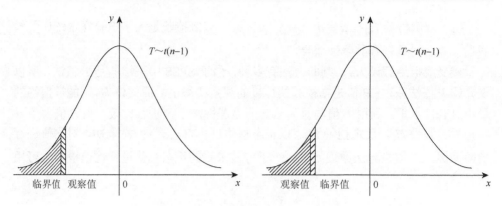

图 12-2　左单侧检验 P 值结果示意图

（3）双侧检验 H_0：$\mu = \mu_0$，H_1：$\mu \neq \mu_0$；P 值 = $P(|t| \geqslant |t_0|)$，在概率分布图上表示为（假设 $t_0 > 0$，小于 0 时同理）t_0 右侧及 $-t_0$ 左侧的面积之和，当 P 值（观察值）所表示的面积大于预给定的显著性水平 α（临界值）所代表的面积时（图 12-3 左图），接受原假设，当其小于该面积时（图 12-3 右图），则拒绝原假设。

另外，由于 SPSS 只能默认求取双侧检验的 P 值，当需要求取单侧检验 P 值时需要进一步处理，对于 t 检验，由于概率分布函数关于纵轴对称，所以易得在双侧检验出的 P 值是单侧检验的 2 倍，当需要求取单侧检验 P 值时，则应当将双侧检验得出的 P 值除以 2。

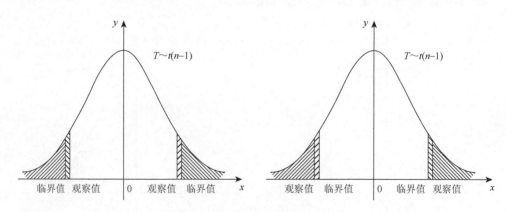

图 12-3　双侧检验 P 值结果示意图

本节利用数理统计中的 t 检验来进行敏感生理指标分析。t 检验属于假设检验的一种，分为单总体检验和双总体检验。

（1）单总体 t 检验是检验一个样本平均数是否与一个已知的总体平均数的差异显著。当总体分布是正态分布时，如果总体标准差未知且样本容量小于 30，那么样本平均数与总体平均数的离差统计量呈 t 分布。

单总体 t 检验统计量为

$$t = \frac{\overline{X} - \mu}{s/\sqrt{n-1}} \tag{12-2}$$

式中，$i = 1, \cdots, n$；$\overline{X} = \dfrac{\sum_{i=1}^{n} x_i}{n}$ 为样本平均数；$s = \sqrt{\dfrac{\sum_{i=1}^{n} (x_i - \overline{x})^2}{n-1}}$ 为样本标准偏差；n 为样本数。该统计量 t 在 H_0：$\mu = \mu_0$ 为真的条件下服从自由度为 $n-1$ 的 t 分布。

（2）双总体 t 检验是检验两个样本平均数分别与各自代表的总体差异是否显著。双总体 t 检验又可分成独立样本 t 检验和配对样本 t 检验。独立样本 t 检验统计量为

$$t = \frac{\overline{X_1} - \overline{X_2}}{\sqrt{\dfrac{(n_1-1)S_1^2 + (n_2-1)S_2^2}{n_1 + n_2 - 2} \left(\dfrac{1}{n_1} + \dfrac{1}{n_2} \right)}} \tag{12-3}$$

式中，S_1^2 和 S_2^2 为两样本方差；n_1 和 n_2 为两样本容量。

配对样本 t 检验可视为单样本 t 检验的扩展，不过检验的对象由一群来自常态分配的独立样本更改为两群配对样本的观测值之差。

若两群配对样本 x_{1i} 与 x_{2i} 之差为 d_i 独立且来自常态分配，则 d_i 的母体期望值 u_0 可利用以下统计量计算：

$$t = \frac{\overline{d} - \mu_0}{S_d \Big/ \sqrt{n}} \tag{12-4}$$

式中，$i = 1, \cdots, n$；$\overline{d} = \dfrac{\sum_{i=1}^{n} d_i}{n}$ 为配对样本差值的平均数；$S_d = \sqrt{\dfrac{\sum_{i=1}^{n} (d_i - \overline{d})^2}{n-1}}$ 为配对样本差值的标准偏差；n 为配对样本数。该统计量 t 在 H_0：$\mu = \mu_0$ 为真的条件下服从自由度为 $n-1$ 的 t 分布。

12.2.2　综采工作面作业人员生理指标的测定

现场实测选取时间为变量，同 9.1.2 节，受试者选择与试验仪器选择同 9.1.3 节和 9.1.4 节的方法。

为研究和分析综采工作面作业过程中，作业人员各项生理指标随时间的变化规律，我们监测了 60 名随机受试者在刚到达工作面、工作 2 h、工作 4 h 和工作 6 h 等四个时间节点的各项生理指标数值，将 60 名受试者的各项数值取平均值。考虑到研究是在真实矿井条件下进行的，考虑到工作流程和尽量不打扰作业，本试验只测量了前后时间内的四个时间点的数据。

作业人员在下井前尚未开始工作，也未接触过井下环境的刺激。而作业人员在升井后已经经过大量的体力劳动和井下环境刺激。将作业人员在下井前和升井后发生显著变化的指标称为敏感性指标，初步在众多指标中对指标变化差异性进行分析，为求取定量安全劳动时间做基础，筛选作业人员敏感性指标。

首先使用数理统计中的 t 分布检验法，利用 SPSS 软件对人体下井前和升井后的各项数据进行配对样本 t 检验，以确定下井前和升井后人体各项生理指标是否发生了显著变化。其次利用 SPSS 对预处理后的数据进行单样本 t 检验，检定值为0.1，即变化幅度在 10%以上的生理指标认为是敏感指标。

12.2.3 井下作业人员生理指标显著性分析

根据配对样本来自的两配对总体的均值进行显著性差异推断，从而开展配对样本 t 检验。本节利用 SPSS 软件，通过配对样本进行 t 检验来分析作业人员在下井前和升井后各项生理指标数据是否发生了显著性变化。

列入配对样本检验的主要生理数据有收缩压、舒张压、平均压［平均压 = (收缩压 + 2×舒张压)/3］、脉压（脉压 = 收缩压–舒张压）、心率、体温和率压积。首先对各项生理指标进行描述性统计（表 12-1）。

（1）所分析的收缩压、舒张压等七个生理指标数据的作业人员个案数均为 60个，未出现数据缺失。通过分析下井前和升井后各项生理指标的平均值，可以看出作业人员生理指标均发生了变化。

（2）为了检验变化是否显著，需继续对数据进行配对样本 t 检验，以分析生理指标是否发生了显著性变化。

分别对实测的七种生理指标进行配对样本 t 检验，以分析作业人员在下井前与升井后的生理指标是否发生了显著性变化，对任意一个配对生理指标的检验结果见表 12-2。

表 12-1　配对样本 t 检验描述性统计表

	个案数	平均值	标准差
收缩压（下井前）	60	145.384615	19.1986912
收缩压（升井后）	60	140.538462	15.6557518
舒张压（下井前）	60	87.538462	13.3953685
舒张压（升井后）	60	88.000000	9.9498744
平均压（下井前）	60	106.820513	14.9472005
平均压（升井后）	60	105.512821	11.3664674
脉压（下井前）	60	57.846154	9.2632442

续表

	个案数	平均值	标准差
脉压（升井后）	60	52.538462	9.1251976
心率（下井前）	60	81.769231	8.4078718
心率（升井后）	60	86.538462	11.4062511
体温（下井前）	60	36.415385	0.2911075
体温（升井后）	60	36.438462	0.4052540
率压积（下井前）	60	11936.615385	2247.8159970
率压积（升井后）	60	12230.538462	2481.6625347

表 12-2　配对样本 t 检验结果

		t	自由度	显著性（双尾）
配对 1	收缩压（下井前）-收缩压（升井后）	0.949	59	0.361
配对 2	舒张压（下井前）-舒张压（升井后）	−0.183	59	0.857
配对 3	平均压（下井前）-平均压（升井后）	0.406	59	0.692
配对 4	脉压（下井前）-脉压（升井后）	1.574	59	0.141
配对 5	心率（下井前）-心率（升井后）	−2.132	59	0.054
配对 6	体温（下井前）-体温（升井后）	−0.173	59	0.866
配对 7	率压积（下井前）-率压积（升井后）	−0.484	59	0.637

对配对样本 t 检验的结果进行分析，可以得出以下结论：

（1）所有配对样本的显著性水平均超过了 0.05，故认为作业人员生理指标在下井前和升井后未发生明显变化。考虑到观测步骤，下井前测量的数据，为作业人员在工作开始前井上采集的生理指标数据，而升井后的数据，为作业人员在工作完成后井上采集的生理指标数据。因此，导致所有配对样本 t 检验的结果均不显著的原因，是作业人员工作后在升井这段时间内得到了休息，生理机能慢慢趋于平稳。

（2）由于生理指标未发生显著性变化，因此可采用单样本 t 检验，通过自定义生理指标变化阈值，来确定敏感性生理指标。

12.2.4　生理指标敏感性分析

作业人员在下井前和升井后的生理指标变化并不显著，因此无法直接判定出敏感性生理指标。可以采用假设检验中的单一样本 t 检验来确定在某变化阈值要求下的敏感性生理指标。

首先规定变化幅度在 10% 以上的生理指标属于敏感指标。拟采用 SPSS 提供的单一样本 t 检验来确定生理指标的变化幅度是否超过了 10%。因此需要先对数据进行预处理，各项生理指标预处理步骤相似，以收缩压生理指标为例进行如下说明：

（1）计算收缩压生理指标下井前的样本均值 $\overline{X}$；

（2）计算收缩压生理指标升井后 x_i' 与下井前 x_i 的样本差值 $y_i = |x_i' - x_i|$；

（3）得出各个样本的收缩压敏感值 $z_i = \dfrac{y_i}{\overline{X}}$。

分别按相同步骤对其他生理数据进行预处理，得出敏感值数据。敏感值数据 z_i 表示的是个体作业人员对某个生理指标的敏感性，不能代表作业人员总体，为评定作业人员生理指标的敏感性，对生理指标敏感值进行单样本 t 检验，作假设 $H_0 : \mu \geqslant 0.1$，$H_1 : \mu < 0.1$，利用 SPSS 作单样本 t 检验，结果如表 12-3 所示。

表 12-3　单样本 t 检验双侧显著性结果

	检验值 = 0.1		
	t	自由度	显著性（双尾）
率压积敏感值	1.495	59	0.161
高压敏感值	−0.047	59	0.963
低压敏感值	−1.194	59	0.256
平均压敏感值	−0.934	59	0.369
脉压敏感值	1.991	59	0.070
心率敏感值	−0.517	59	0.615
体温敏感值	−39.226	59	0.000

由于 SPSS 只能计算双侧显著性，而所作的假设检验属于右单侧检验，所以根据假设检验原理对双侧显著性进行处理，如表 12-4 所示。

表 12-4　单样本 t 检验单侧显著性结果

	检验值 = 0.1		
	t	自由度	显著性（右单尾）
率压积敏感值	1.495	59	0.081
收缩压敏感值	−0.047	59	0.482
舒张压敏感值	−1.194	59	0.128
平均压敏感值	−0.934	59	0.184
脉压敏感值	1.991	59	0.035

续表

	检验值 = 0.1		
	t	自由度	显著性（右单尾）
心率敏感值	−0.517	59	0.308
体温敏感值	−39.226	59	0.000

综合分析表 12-4，由右单尾的显著性可知，舒张压敏感值、率压积敏感值、收缩压敏感值、平均压敏感值和心率敏感值的显著性均超过 0.05，认为 $H_0 : \mu \geqslant 0.1$ 假设成立，即对应的生理指标舒张压、率压积、收缩压、平均压和心率为所需要的敏感性指标。由于平均压可由舒张压和收缩压线性表出，所以可以认为敏感性生理指标为率压积、收缩压、舒张压和心率。

12.3　井下作业人员安全劳动时间

作业人员在下井前和升井后的生理指标数据未发生显著性变化，因此通过界定生理指标变化阈值才能确定作业人员生理敏感指标。为了确定敏感指标的正确性，定量化地求出作业人员安全劳动时间，对作业人员刚到达工作面、工作 2 h、工作 4 h 和工作 6 h 四个时间节点的各项生理指标数值利用灰色预测原理进行曲线模拟，得出作业人员生理指标随时间的变化关系，由此计算出作业人员的安全劳动时间。

12.3.1　GM（1, 1）预测模型

控制论中，通常通过颜色的深浅程度来表示信息的明确程度，例如，用"白"表明信息完全明确，用"黑"表明信息完全不明确，用"灰"表明部分信息明确、部分信息不明确。与此相对应的，白色系统就是信息安全明确的系统，黑色系统即信息完全不明确的系统，灰色系统则指部分信息明确而部分信息不明确的系统。1982 年，邓聚龙发表第一篇中文论文《灰色控制系统》标志着灰色系统这一学科的诞生[432]。

灰色系统理论的核心内容是灰色预测方法。灰色预测方法最主要的优点在于：灰色预测法将离散数据视为连续变量在其变化过程中所取的离散值，并利用微分方程式处理数据，从而使用原始数据的累加生成数而非直接使用原始的数据，对生成数列使用微分方程模型。以此方法将多数随机误差予以消除，以便得出规律。常见的灰色预测模型是 GM（1, 1）模型。G 表示 gray（灰色），M 表示 model（模

型），GM（1, 1）表示 1 阶的、1 个变量的微分方程模型。GM（1, 1）建模过程和机理如下。

第一步：对数据系列 $\boldsymbol{X}^{(0)} = \{X^{(0)}(1), X^{(0)}(1), \cdots, X^{(0)}(N)\}$ 作一次累加生成，得到

$$\boldsymbol{X}^{(1)} = \{x^{(1)}(1), x^{(1)}(2), \cdots, x^{(1)}(N)\} \tag{12-5}$$

式中，$\boldsymbol{X}^{(1)}(t) = \sum_{k=1}^{t} x^{(1)}(k)$。

第二步：构造累加矩阵 $\boldsymbol{B}$ 与常数项向量 $\boldsymbol{Y}_N$，即

$$\boldsymbol{B} = \begin{bmatrix} -\dfrac{1}{2}[x^{(1)}(1) + x^{(1)}(2)] & 1 \\ -\dfrac{1}{2}[x^{(1)}(2) + x^{(1)}(3)] & 1 \\ \vdots & \vdots \\ -\dfrac{1}{2}[x^{(1)}(N-1) + x^{(1)}(N)] & 1 \end{bmatrix} \tag{12-6}$$

$$\boldsymbol{Y}_N = [x_1^{(0)}(2), x_1^{(0)}(3), \cdots, x_1^{(0)}(N)]^{\mathrm{T}} \tag{12-7}$$

第三步：用最小二乘法解灰参数 $\hat{\boldsymbol{a}}$：

$$\hat{\boldsymbol{a}} = \begin{bmatrix} a \\ u \end{bmatrix} = (\boldsymbol{B}^{\mathrm{T}} \boldsymbol{B})^{-1} \boldsymbol{B}^{\mathrm{T}} \boldsymbol{Y}_N \tag{12-8}$$

第四步：将灰参数代入时间函数：

$$\hat{x}^{(1)}(t+1) = \left[x^{(0)}(1) - \frac{u}{a} \right] \mathrm{e}^{-at} + \frac{u}{a} \tag{12-9}$$

第五步：对 $\hat{x}^{(1)}$ 求导还原：

$$\hat{x}^{(0)}(t+1) = -a \cdot \left[x^{(0)}(1) - \frac{u}{a} \right] \mathrm{e}^{-at} \tag{12-10}$$

$$\hat{x}^{(0)}(t+1) = \hat{x}^{(1)}(t+1) - \hat{x}^{(1)}(t) \tag{12-11}$$

第六步：计算 $x^{(0)}(t)$ 与 $\hat{x}^{(0)}(t)$ 之差 $\varepsilon^{(0)}(t)$ 及相对误差 $e(t)$：

$$\varepsilon^{(1)}(t) = x^{(0)}(t) - \hat{x}^{(0)}(t) \tag{12-12}$$

$$e(t) = \varepsilon^{(0)}(t) / x^{(0)}(t) \tag{12-13}$$

第七步：对模型精度进行检验并应用模型进行预报。

为了分析模型的可靠性，必须对模型进行精度检验。后验差检验是当下进行精度检验的主要方法，即先计算观察数据离差 s_1：

$$s_1^2 = \sum_{t=1}^{m} [x^{(0)}(t) - \overline{x}^{(0)}(t)]^2 \tag{12-14}$$

以及残差的离差 s_2：

$$s_2^2 = \frac{1}{m-1}\sum_{t=1}^{m-1}[\varepsilon^{(0)}(t) - \bar{\varepsilon}^{(0)}(t)]^2 \qquad (12\text{-}15)$$

再计算后验比：

$$c = \frac{s_1}{s_2} \qquad (12\text{-}16)$$

以及小误差概率：

$$p = \{|\varepsilon^{(0)}(t) - \bar{\varepsilon}^{(0)}(t)| < 0.6745 s_1\} \qquad (12\text{-}17)$$

　　根据后验比 c 及小误差概率 p 对模型进行诊断。当后验比 $c < 0.35$ 和小误差概率 $p > 0.95$ 时，可认为模型是可靠的，可用于预测。这时可根据模型对系统行为进行预测。

　　上述七步为整个建模、预测的分析过程。当所建立模型的残差较大、精度不够理想时，为了提高预测的精度，一般应对其残差进行残差 GM（1,1）模型建模分析，以修正预报模型。

12.3.2　生理指标随工作时间变化模拟分析

　　根据上述 GM（1,1）模型原理，利用数学软件 Matlab 分别对显著变化的收缩压、舒张压、平均压、脉压、心率、体温和率压积 7 个生理指标进行模拟分析。

　　首先对作业人员收缩压随时间的变化规律进行模拟分析。为研究作业人员收缩压随时间的变化规律，我们监测了 15 个随机受试者开始工作时、工作 2 h、工作 4 h 和工作 6 h 四个时间节点的收缩压指标数据，并对采集的数据按各个时间节点取平均，得出各个时间节点收缩压的平均值。统计结果如表 12-5 所示。

表 12-5　作业人员收缩压随时间变化数据

人员序号	收缩压/mmHg			
	开始工作时	工作 2 h	工作 4 h	工作 6 h
1	121	118	135	141
2	125	113	123	132
3	138	119	126	135
4	126	119	133	140
5	129	117	128	137
6	140	124	133	143
7	137	129	145	152
8	145	132	144	154
9	160	141	152	163

人员序号	收缩压/mmHg			
	开始工作时	工作 2 h	工作 4 h	工作 6 h
10	112	106	118	125
11	114	103	113	121
12	126	112	121	129
13	133	121	133	141
14	158	142	154	164
15	121	108	118	125
平均值	132	120	132	140

　　将得出的四个时间节点的收缩压平均值作为实际值，利用 MATLAB 程序（附录 C）编译而成的 GM（1, 1）模型进行分析，所得曲线模拟结果如表 12-6 所示。

表 12-6　收缩压灰色预测模型结果

时间/h	实际值/mmHg	拟合值/mmHg	公式	后验比 c	小误差概率 p
0	132	132.00			
2	120	120.74	$x_1(t+1) = 1530.2459 \exp(0.076105\,t) + (-1398.5111)$	0.1287	1
4	132	130.57			
6	140	140.90			

　　对表 12-6 进行分析，发现后验比 $c = 0.1287$ 小于限值 0.35，小误差概率 $p = 1$ 大于 0.95，所以灰色模型得出的曲线模拟精度较高。通过分析曲线模拟公式推断出工作人员的收缩压呈现先下降而后上升的趋势，由此可以认为工作人员在刚开始工作时会有一个适应的过程，由此收缩压发生了下降，而随着时间的增长，作业人员开始变得疲劳，生理指标开始缓慢上升。

　　为研究作业人员舒张压随时间的变化规律，监测了 15 个随机受试者开始工作时、工作 2 h、工作 4 h 和工作 6 h 四个时间节点的舒张压指标数据，并对采集的数据按各个时间节点取平均，得出各个时间节点舒张压的平均值。统计结果如表 12-7 所示。

表 12-7　工作人员舒张压随时间变化数据

人员序号	舒张压/mmHg			
	开始工作时	工作 2 h	工作 4 h	工作 6 h
1	78	86	91	93

续表

人员序号	舒张压/mmHg			
	开始工作时	工作 2 h	工作 4 h	工作 6 h
2	76	70	68	78
3	72	66	69	76
4	84	88	92	96
5	77	73	73	82
6	78	73	78	83
7	84	88	92	96
8	87	83	83	92
9	88	84	87	95
10	69	72	75	79
11	68	65	65	72
12	70	67	69	75
13	79	76	77	85
14	90	87	90	98
15	69	66	69	74
平均值	78	76	79	85

将得出的四个时间节点的舒张压平均值作为实际值，利用 MATLAB 程序编译而成的 GM（1,1）模型进行分析，所得曲线模拟结果如表 12-8 所示。

表 12-8　舒张压灰色预测模型结果

时间/h	实际值/mmHg	拟合值/mmHg	公式	后验比 c	小误差概率 p
0	78	78.00			
2	76	75.28	$x_1(t+1) = 1295.6305 \exp(0.056588\,t) + (-1217.4834)$	0.1586	1
4	79	79.82			
6	85	84.47			

由表 12-8 得，后验比 $c = 0.1586$ 小于限值 0.35，小误差概率 $p = 1$ 大于 0.95，所以灰色模型得出的曲线模拟精度较高。分析曲线模拟公式，推断出工作人员的舒张压呈现先下降而后上升的趋势，由此同样可以认为工作人员在刚开始工作时会有一个适应的过程，由此舒张压发生了下降，而随着时间的增长，作业人员开始变得疲劳，舒张压开始缓慢上升。

对采集的工作人员在四个工作时间点时的舒张压和收缩压数据进行计算得出

15 个受试者的平均压随时间变化的数据值，并对所得数据按各个时间节点取平均，所得结果如表 12-9 所示。

表 12-9 工作人员平均压随时间变化数据

人员序号	平均压/mmHg			
	开始工作时	工作 2 h	工作 4 h	工作 6 h
1	92	97	106	109
2	92	84	86	96
3	94	84	88	96
4	102	102	109	115
5	94	88	92	100
6	99	90	94	103
7	102	102	109	115
8	107	99	103	113
9	112	103	109	118
10	83	83	90	94
11	83	78	81	88
12	89	82	86	93
13	97	91	96	104
14	113	105	111	120
15	86	80	84	91
平均值	96	91	96	104

将得出的四个时间节点的平均压平均值作为实际值，利用 MATLAB 程序编译而成的 GM（1,1）模型进行分析，所得曲线模拟结果如表 12-10 所示。

表 12-10 平均压灰色预测模型结果

时间/h	实际值/mmHg	拟合值/mmHg	公式	后验比 c	小误差概率 p
0	76	96.00			
2	91	90.61	$x_1(t+1) = 1298.877 \exp(0.067332\,t) + (-1202.7384)$	0.1065	1
4	96	96.77			
6	104	103.51			

由表 12-10 得，后验比 $c = 0.1065$ 小于限值 0.35，小误差概率 $p = 1$ 大于 0.95，所以灰色模型得出的曲线模拟精度较高。分析曲线模拟公式，推断出工作人员的平均压呈现先下降而后上升的趋势，由此同样可以认为工作人员在刚开始工作时

会有一个适应的过程，由此平均压发生了下降，而随着时间的延长，作业人员开始变得疲劳，平均压开始缓慢上升。

对采集的工作人员在工作时四个时间点的舒张压和收缩压数据进行计算得出 15 个受试者脉压随时间变化的数据值，并对所得数据按各个时间节点取平均，所得结果如表 12-11 所示。

表 12-11　工作人员脉压随时间变化数据

人员序号	脉压/mmHg			
	开始工作时	工作 2 h	工作 4 h	工作 6 h
1	43	32	44	48
2	49	43	55	54
3	66	53	57	59
4	53	41	53	56
5	52	44	55	55
6	62	51	59	60
7	53	41	53	56
8	58	49	62	62
9	71	57	65	68
10	43	34	43	46
11	46	39	48	48
12	56	45	52	54
13	54	45	55	56
14	68	55	65	67
15	52	42	50	51
平均值	55	45	54	56

将得出的四个时间节点的脉压平均值作为实际值，利用 MATLAB 程序编译而成的 GM（1，1）模型进行分析，所得曲线模拟结果如表 12-12 所示。

表 12-12　脉压灰色预测模型结果

时间/h	实际值/mmHg	拟合值/mmHg	公式	后验比 c	小误差概率 p
0	55	55.00			
2	45	46.19	$x_1(t+1) = 425.4335 \exp(0.10399\,t) + (-370.8689)$	0.3321	1
4	54	51.73			
6	56	57.40			

　　对表 12-12 进行分析，后验比 $c=0.3321$ 小于限值 0.35，小误差概率 $p=1$ 大于 0.95，所以灰色模型得出的曲线模拟精度较高。分析曲线模拟公式推断出工作人员的脉压呈现先下降而后上升的趋势，由此可以认为工作人员在刚开始工作时会有一个适应的过程，由此脉压发生了下降，而随着时间的增长，作业人员开始变得疲劳，所以脉压开始缓慢上升。

　　为研究作业人员心率随时间的变化规律，监测 15 个随机受试者开始工作时、工作 2 h、工作 4 h 和工作 6 h 四个时间节点的心率指标数据，并对采集的数据按各个时间节点取平均，得出各个时间节点心率的平均值。统计结果如表 12-13 所示。

表 12-13　工作人员心率随时间变化数据

人员序号	心率/bpm			
	开始工作时	工作 2 h	工作 4 h	工作 6 h
1	69	76	76	77
2	69	69	75	82
3	66	71	76	80
4	69	75	77	79
5	70	76	77	79
6	76	76	83	90
7	75	82	82	85
8	65	70	72	74
9	79	87	87	89
10	75	79	83	84
11	78	83	87	87
12	74	76	80	82
13	74	81	81	83
14	70	73	76	80
15	72	72	78	85
平均值	72	76	79	82

　　将得出的四个时间节点的心率平均值作为实际值，利用 MATLAB 程序编译而成的 GM（1,1）模型进行分析，所得曲线模拟结果如表 12-14 所示。

表 12-14　心率灰色预测模型结果

时间/h	实际值/bpm	拟合值/bpm	公式	后验比 c	小误差概率 p
0	72	67.00	$x_1(t+1)=1765.0934\exp(0.039995\,t)+(-1698.0999)$	0.0057	1
2	76	72.02			

续表

时间/h	实际值/bpm	拟合值/bpm	公式	后验比 c	小误差概率 p
4	79	74.96	$x_1(t+1) = 1765.0934 \exp(0.039995\,t) + (-1698.0999)$	0.0057	1
6	82	78.02			

对表 12-14 进行分析，有后验比 $c = 0.0057$ 小于限值 0.35，小误差概率 $p = 1$ 大于 0.95，所以灰色模型得出的曲线模拟精度较高。分析曲线模拟公式推断出工作人员的心率先呈缓慢上升趋势最后趋于平稳。

监测 15 个随机受试者开始工作时、工作 2 h、工作 4 h 和工作 6 h 四个时间节点的体温指标数据，采集的数据按各个时间节点取平均，得出各个时间节点体温的平均值来研究作业人员体温随时间的变化规律，统计结果如表 12-15 所示。

表 12-15　工作人员体温随时间变化数据

人员序号	体温/℃			
	开始工作时	工作 2 h	工作 4 h	工作 6 h
1	35.6	35.4	35.6	36.1
2	36.1	35.2	35.5	36.2
3	35.9	35.7	35.6	36.0
4	36.1	35.8	35.9	36.5
5	36.7	36.0	36.2	36.9
6	35.9	35.5	35.6	36.1
7	36.8	36.5	36.7	37.2
8	36.3	35.7	35.9	36.5
9	36.2	35.9	35.9	36.4
10	36.1	36.2	36.3	36.6
11	36.0	35.6	36.1	36.5
12	36.2	35.9	35.9	36.4
13	35.9	35.6	35.8	36.3
14	36.1	35.9	36.2	36.6
15	36.1	36.1	36.3	36.6
平均值	36.1	35.8	36.0	36.4

将得出的四个时间节点的体温平均值作为实际值，利用 MATLAB 程序编译而成的 GM（1，1）模型进行分析，所得曲线模拟结果如表 12-16 所示。

表 12-16　体温灰色预测模型结果

时间/h	实际值/℃	拟合值/℃	公式	后验比 c	小误差概率 p
0	36.1	36.10			
2	35.8	35.77	$x_1(t+1) = 4277.3776\exp(0.0083256\,t) + (-4241.2676)$	0.1776	1
4	36.0	36.36			
6	36.4	36.66			

对表 12-16 进行分析，有后验比 $c = 0.1776$ 小于限值 0.35，小误差概率 $p = 1$ 大于 0.95，所以灰色模型得出的曲线模拟精度较高。分析曲线模拟公式推断出工作人员的体温呈现先下降后上升的趋势。

由于率压积等于心率与收缩压的乘积，故将测得的各个时间点的心率和收缩压数据相乘，得出工作人员的率压积数据，并对率压积数据按各个节点取平均值，统计结果如表 12-17 所示。

表 12-17　工作人员率压积随时间变化数据

人员序号	率压积/(bpm×mmHg)			
	开始工作时	工作 2 h	工作 4 h	工作 6 h
1	8349	8968	10260	10857
2	8625	7797	9225	10824
3	9108	8449	9576	10800
4	9374	9555	10971	11926
5	8833	8263	9645	11042
6	9419	8774	10091	11467
7	9374	9555	10971	11926
8	9958	9316	10874	12449
9	10681	10112	11558	12976
10	7669	7818	8976	9758
11	7794	7291	8510	9743
12	8456	8005	9150	10273
13	9068	8632	10009	11313
14	10656	10184	11685	13092
15	8151	7730	8900	10032
平均值	9034	8697	10027	11232

将得出的四个时间节点的率压积平均值作为实际值，利用 MATLAB 程序编译而成的 GM（1,1）模型进行分析，所得曲线模拟结果如表 12-18 所示。

表 12-18　率压积灰色预测模型结果

时间	实际值/ (bpm×mmHg)	拟合值/ (bpm×mmHg)	公式	后验比 c	小误差 概率 p
0	9034	9034.00			
2	8697	8743.00	$x_1(t+1) = 64963.5162\exp(0.1265\,t) + (-55947.149)$	0.0552	1
4	10027	9942.00			
6	11232	11283.00			

对表 12-18 进行分析，有后验比 $c = 0.0552$ 小于限值 0.35，小误差概率 $p = 1$ 大于 0.95，所以灰色模型得出的曲线模拟精度较高。分析曲线模拟公式，推断出工作人员的体温呈现先下降后上升的趋势。

对七个生理指标的模拟分析结果进行整合、汇总，以便对其整体情况进行深入分析、研究，具体情况如表 12-19 所示。

表 12-19　生理指标灰色预测模型结果

生理指标	拟合曲线	最大相对 误差	后验比 c	小误差 概率 p	模型 评价
收缩压	$\hat{x}^{(1)}(t+1) = 1530.2459\exp(0.076105\,t) + (-1398.5111)$	0.87%	0.1287	1	可靠
舒张压	$\hat{x}^{(1)}(t+1) = 1295.6305\exp(0.056588\,t) + (-1217.4834)$	1.63%	0.1586	1	可靠
平均压	$\hat{x}^{(1)}(t+1) = 1298.877\exp(0.067332\,t) + (-1202.7384)$	0.63%	0.1065	1	可靠
脉压	$\hat{x}^{(1)}(t+1) = 425.4335\exp(0.10399\,t) + (-370.8689)$	4.69%	0.3321	1	可靠
心率	$\hat{x}^{(1)}(t+1) = 1765.0934\exp(0.039995\,t) + (-1698.0999)$	0.71%	0.0057	1	可靠
体温	$\hat{x}^{(1)}(t+1) = 4277.3776\exp(0.0083256\,t) + (-4241.2676)$	1.09%	0.1776	1	可靠
率压积	$\hat{x}^{(1)}(t+1) = 64963.5162\exp(0.1265\,t) + (-55947.149)$	0.85%	0.0552	1	可靠

根据表 12-19，对 7 个生理指标的未来 1 个时间点（8 h）的值进行预测。如图 12-4 所示，从拟合点和预测点的整个曲线分析，可发现随着时间的延长，各项生理指标都呈缓慢变化的趋势。说明综采工作面作业人员在作业环境中，精神紧张，生理上有反应，相关指标产生变化。

利用灰色动态模型原理分析受试者各项生理指标从开始工作到工作结束过程中随时间产生的变化规律进行分析。首先将原有生理指标数据进行曲线拟合，求出曲线拟合方程式，进而通过方程式将未来时间点生理指标数据进行预测。通过对拟合方程式的分析，可以推断除心率指标外，各项生理指标随着时间的延长都呈现缓慢的先下降后上升的趋势。说明综采工作面作业人员在作业过程中，开始工作有一个适应的过程，相关指标的值开始先缓慢地下降，随着工作时间的加长，身体疲劳程度逐渐加剧，精神趋于紧张，各项生理指标开始缓慢地变化，相关生理指标值逐渐升高。

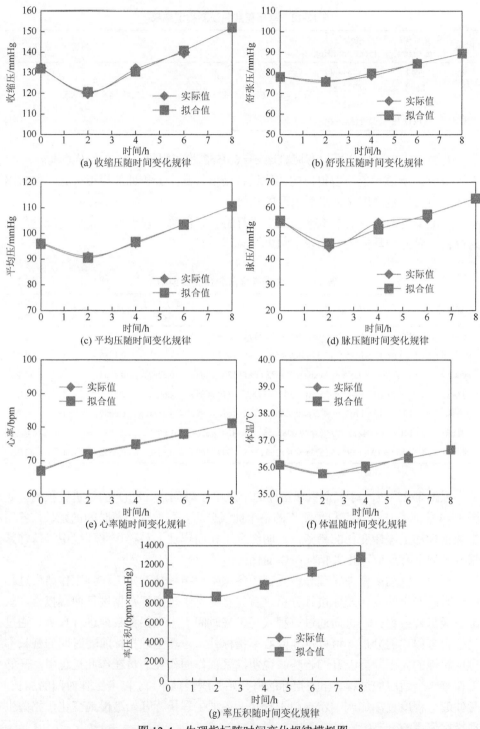

(a) 收缩压随时间变化规律

(b) 舒张压随时间变化规律

(c) 平均压随时间变化规律

(d) 脉压随时间变化规律

(e) 心率随时间变化规律

(f) 体温随时间变化规律

(g) 率压积随时间变化规律

图 12-4 生理指标随时间变化规律模拟图

12.3.3　井下作业人员安全劳动时间确定

为了可以安全高效地工作，人的生理指标需要处于一个合适的范围。根据灰色预测模型及敏感生理指标来计算作业人员安全劳动时间。预警范围：收缩压≥140 mmHg；舒张压≥90 mmHg；心率≥95 bpm；率压积≥12000 bpm×mmHg。根据上述 4 个生理指标的预警范围，通过灰色预测模型 GM（1，1）计算作业人员安全工作时间。

据此，查阅相关资料，确定了收缩压、舒张压、心率和率压积这四个关键性生理指标的安全阈值，并结合本章所得试验结果确定了相应的安全劳动时间，具体数据如表 12-20 所示。

表 12-20　安全劳动时间

生理指标	阈值	灰色预测模型	安全劳动时间
收缩压	140 mmHg	$\hat{x}^{(1)}(t+1) = 1530.2459 \exp(0.076105\,t) + (-1398.5111)$	5.8 h
舒张压	90 mmHg	$\hat{x}^{(1)}(t+1) = 1295.6305 \exp(0.056588\,t) + (-1217.4834)$	8.2 h
心率	95 bpm	$\hat{x}^{(1)}(t+1) = 1765.0934 \exp(0.039995\,t) + (-1698.0999)$	15.8 h
率压积	12000 bpm×mmHg	$\hat{x}^{(1)}(t+1) = 64963.5162 \exp(0.1265\,t) + (-55947.149)$	7.2 h

表 12-20 结果验证了生理敏感指标分析中四个敏感指标的正确性，因为收缩压、舒张压、心率和率压积为生理敏感指标，所以会对作业人员的安全劳动时间产生影响。收缩压、舒张压、心率和率压积四项生理指标所对应的安全劳动时间各不相同，其中，心率所对应的安全劳动时间最长，达到了 15.8 h，这说明作业人员的作业时间对心率的影响较小，反之，收缩压所对应的安全劳动时间仅有5.8 h，为四项生理指标所对应安全劳动时间的最小值。当井下综采工作面内作业人员的工作时间超过 5.8 h 之后，作业人员的收缩压水平将会高于 140 mmHg。根据世界卫生组织规定，成人收缩压≥140 mmHg 时即可确诊为高血压。这里，当井下综采工作面内作业人员持续在井下工作时间超过 5.8 h 时，其个人收缩压水平将会高于 140 mmHg，即处于高血压状态，之后继续工作下去，作业人员的收缩压水平将会进一步提升，这种状况长久持续下去，将会产生多方面不利影响：①井下综采工作面作业人员长期处于高于收缩压正常水平状态，会对作业人员的身心健康造成损害；②会对作业人员的工作状态产生负面影响，影响工作质量及工作效率，甚至使作业人员做出不安全行为，进而引发煤矿事故。因此，为了井下生产作业的安全、高效进行，保证井下作业人员的身心健康，依据生理指标阈值触发最小值原则，选取 5.8 h 作为综采工作面环境作业人员合理的安全劳动时间。

　　煤矿井下综采工作面实际生产作业中，应根据煤矿实际情况，结合安全劳动时间，合理安排煤矿安全生产作业制度。

12.4　小　　结

　　本章测试了综采工作面环境下作业人员的生理指标，分析了生理敏感指标，根据灰色理论 GM（1, 1）模型得到各生理指标随时间的变化规律，依据医学界定的生理指标阈值计算作业人员安全劳动时间。

　　（1）介绍了平煤一矿现场采集作业人员生理指标数据和综采工作面环境数据的方法和步骤。

　　（2）对采集规定时间段的作业人员生理指标数据进行敏感性指标分析，得出了作业人员随时间变化比较敏感的生理指标。敏感性生理指标为率压积、收缩压、舒张压和心率。

　　（3）根据灰色理论 GM（1, 1）模型得到了作业人员生理指标随时间的变化关系曲线，进而结合敏感生理指标和医学上人体生理指标阈值，得出了作业人员安全劳动时间。依据最小值原则，选取 5.8 h 作为综采工作面环境作业人员合理的安全劳动时间。

第13章 煤矿作业人员生理指标安全预警系统

本章以可靠度模型为数学内核，以预警系统理论为基础，建立了完整的作业人员安全预警系统。由传感器和改进的作业人员穿戴设备完成井下作业环境参数和作业人员生理指标的采集，并将采集的数据传递到数据库中。通过数据库收集传感器的数据和人工导入的数据，实现了预警人的可靠度和优化人-环关系模型两大功能。

13.1 矿井安全预警系统综述

13.1.1 矿井预警系统概述

矿井安全生产预警系统是采用现代计算机网络科学理论展开的安全管理动态监控与预警。针对我国煤矿企业的安全特点，构建煤矿安全预警管理体系和预警模型，对煤矿安全生产活动进行实时监测、诊断、控制、矫正，增加矿井生产的安全性大有裨益。其中一个完整的系统逻辑结构及有效的预警模式是整个预警系统的中心内容。预警系统的主要逻辑结构包括警源、警兆、警情和警度[433]。如图13-1所示，其基本流程是：监控警源、识别警兆、分析警情和预报警度。

（1）监控警源。在监控警源之前，首先要明确警义。警义可以从两个角度考察。一方面是警素，指构成警情的指标，包括环境的质量指标和作业人员的健康指标等，其中的警情指的是这些指标出现的异常情况。另一方面是警度，指警情的程度，一般以等级划分。警源是警情发生的根源，依据警报产生的方式分为点源和非点源两种，其中非点源的监控难度比较大，目前主要采用调查统计的手段。

（2）识别警兆。当警素发生异常变化引起警情发生之前，必然存在一定的先兆。分析警兆是预警过程中的关键步骤。警兆是发生警情的先导指标，存在隐蔽性和瞬时性的特点，因而识别难度较大。警兆与警源可以存在直接关系，也可以是间接关系。总结借鉴国内外预警的经验，识别方法有两种：第一种方法是从警源入手，根据警源的变化确定警兆；第二种方法是经验分析，根据统计经验识别警兆。

（3）分析警情。在监控警源、识别警兆的基础上，对警情进行分析。

（4）预报警度。通过分析，预估警度。

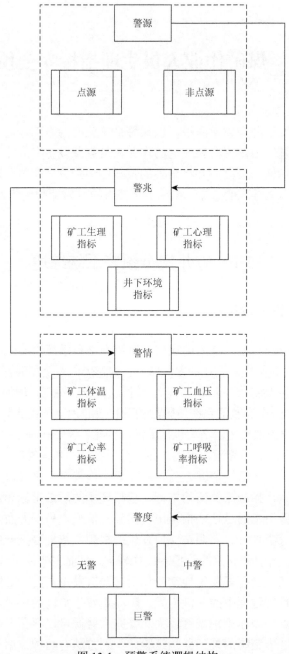

图 13-1 预警系统逻辑结构

井下封闭空间内，环境相对封闭，人员流动及环境变化情况较为复杂。因此矿井安全预警相对较普通的安全预警系统显得更加特殊，其具体特征如下。

（1）警源的复杂性。煤矿企业作为高风险企业，涉及的不确定性因素很多，其本身属于一个复杂系统。从系统的角度看，安全预警系统是煤矿企业系统中的一个子系统，与其他系统间存在密切的联系。这也决定了煤矿企业安全预警系统的复杂性，预警警源除预警系统本身特有的数据之外，预警信号采集于其他子系统。为了提高系统的效率，要确保系统间信息共享和畅通，在预警分析时需要考虑其与各系统之间存在的种种联系。

（2）警情的累积性和突发性。煤矿企业事故的发生不是一朝一夕的事，是经过较长时间积累的结果，发生的异常情况具有很强的累积性，因此在进行系统的预警分析时必须涵盖一定的时间和空间。同时，煤矿企业中涉及的不确定性因素很多，受人、物、环、管等众多因素的影响，在系统运转过程中，可能发生由量变到质变的变化，警情的发生具有突变性。所以在预警管理过程中重在警情的预报，尽早发现警情并提供切实可行的措施可以化解警情。

（3）警兆的滞后性。因为警情存在一定的积累性，所以针对复杂系统产生的后果显露要相对滞后，警兆一旦表现出来，警情的危害程度就已经相当大了。在预警指标体系构建的时候，最好使指标具有一定的广度、先验性和代表性，以确保预警系统的决策支持提供及时有用的措施，真正达到提前控制的目的。

所以井下预警的基本模式包含危险源监测、危险源辨识、警情诊断与评价、预警决策、预控及控制、趋势预测等。煤矿企业安全预警模式见图 13-2。

由图 13-2 可知，可将煤矿安全预警分为危险预警及预警对策两大部分。根据监测指标体系从外部环境及各子系统进行信号采集，对企业生产经营活动中的危险源采取全过程监测，得到相关数据进行对应处理（整理、分类、存储、传递等）。通过对监测信息的判断，对危险源进行辨识，即采用适宜的识别指标判断哪个环节正在发生或者即将发生不安全状况（警情），对发生的警情进行诊断、评价，分析成因背景、发展过程、可能的发展趋势及危害程度，抓住主要的矛盾，根据危害程度采取相应的控制措施。

13.1.2　安全预警的主要功能

由 13.1.1 节可以概括出安全预警要实现的主要功能有常规预警功能、矫正功能、免疫功能。

（1）常规预警功能要求对煤矿企业日常生产经营活动采用监测、识别、分析、判断，直到发出事故风险警报的正向功能。对出现的异常状态进行识别、警告，通过确定系统的不同阈值水平，对各特征指标进行监测、诊断、识别，然后发出警报，以确保生产经营活动始终处于安全状态之中。同时预警机制还要求对管理和预警提出反馈、修正、评价、调整，形成预警反向功能，通过掌握预警机制的实用效果来确保安全生产。预警的核心功能是诊断识别子系统的建立与完善。

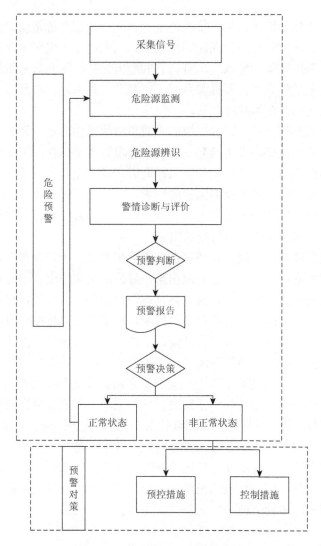

图 13-2　煤矿企业安全预警模式

（2）矫正功能是对煤矿安全预警操作过程中进行预控和改错的一种功能。它根据安全预警机制提供的特征指标信息，以过去已经出现、现在已有或将来可能发生的问题为目标，根据警情，采用相应的调整措施，及时纠正不完善或错误，保障在不确定环境与非均衡状态下实现系统的自我均衡。矫正职能的核心是控制子系统的建立与完善。

（3）免疫功能是指对同类或同性质的风险进行预测、识别，并作出有效风险防范管理对策的一类功能。当管理过程中出现了特别的失误征兆或相同的致错环境时，它能准确地预测，并运用规范手段予以有效控制回避，通过对分类或自身风险的总结,模拟预防相似的风险再度发生。免疫功能的核心是预警管理体系是否能够科学总结危机教训,并将其转化为管理知识的能力和水平。

因此,煤矿安全风险预警机制的基本功能,就是把风险预警作为导向,以识别隐患和纠正失误为手段,以免疫风险为目的的防错纠错新机制。建立煤矿安全风险预警体系,可以达到系统的动态监测,使煤矿安全管理由静态转换为动态、被动转换为主动,实现系统调控的超前性、有效性,为煤矿安全生产提供切实保障。

13.1.3 考虑矿井环境特殊性的预警模型

煤矿安全影响因素众多,加之对安全状态的影响程度错综复杂,需要设计一套符合矿井特殊环境的预警模型。为了进一步实现预警目的,有必要建立一套科学合理的预警评价体系,将这些影响程度定量化处理。为了既能实现预警,又能实现防患于未然的目的,煤矿安全预警需要综合各个指标,经过综合分析讨论,最终明确发出的警报,提出有效对策。

同时随着预警模型在具体煤矿企业的应用,积累的实测数据会越来越多,数据性质开始向大数据靠拢。由于井下地质条件复杂,不同矿井之间的环境差异较大,所以最初提出的预警模型可能不会精确地普适到每一个矿井,因此需要预警模型有自我学习的能力,利用数据库存储的实测数据不断地优化自己,从而达到更精确地对矿井进行预警的目的。预警模型框架如图 13-3 所示。

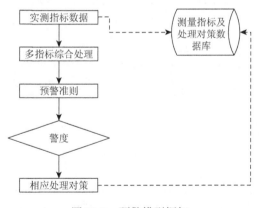

图 13-3 预警模型框架

当图 13-3 中的数据库逐渐增大时,数据性质会变成大数据,为了使预警模型对具体矿井的预测更加精确,可以采用深度学习算法,利用实测数据与处理结果作为监督样本,实现预测准则的自我提高及对预测模型的优化。

13.2　Hadoop 数据自动收集与存储架构

本系统采用物联网传感器进行实时数据采集和传输，井下煤矿和煤矿作业人员都配备了大量各种各样的传感器，数据采集周期较短，因此会在短时间内产生大量非结构化监测信息，数据源源不断地产生，势必会产生大量的历史数据。如何将这些非结构化的历史数据合适地存储，并采用机器学习算法从历史数据中挖掘出有效的信息是不容忽视的研究内容。结合目前最主流的大数据处理技术，采用 Hadoop 来存储采集数据。

基于谷歌的 Map/Reduce 计算模型和 GFS 分布式文件系统，Hadoop 具备核心组件 HDFS 和 MapReduce 的功能。Hadoop 是一个能够处理海量数据的分布式系统基础软件框架，理论上能够通过增加计算节点处理无限增长的数据，其生态圈非常庞大，是目前大数据行业的主流软件框架。运用上述方法，分析目前综采工作面作业环境对作业人员生理指标影响研究中存在的问题，选用 Hadoop 生态圈中 HDFS、Flume、Hive 等组件来分别解决预警研究中存在的难题。Hadoop 组件生态圈如图 13-4 所示。

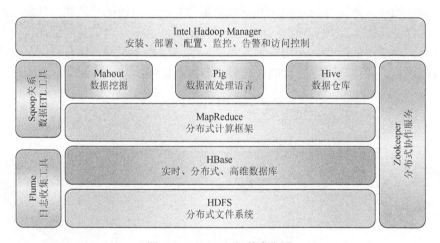

图 13-4　Hadoop 组件生态圈

Flume 是一个高实用、高可靠、分布式的海量日志采集、聚合和传输的系统。支持定制各类数据发送方，同时提供对数据的简单处理，并写到各种数据接收方（可制定）的功能。该组件可以配置于不同煤矿或者相同煤矿不同监测服务器上，自动收集煤矿监测系统产生的监测数据，并将这些在不同地点，不同监测系统中产生的监测数据混聚到一起，实现煤矿环境监测数据和煤矿作业人员身体状况监测数据的自动收集。Flume 自动收集结构如图 13-5 所示。

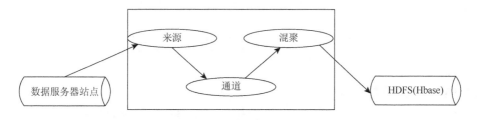

图 13-5　Flume 数据自动收集结构

　　HDFS 是适合运行在通用硬件上的分布式文件系统，通过数据备份、冗余，具有高度容错性，适合部署在廉价的机器上。HDFS 能提供高吞吐量的数据访问，非常适合存储大规模数据集。利用 HDFS 存储来自不同煤矿监测的各种各样的大量数据，实现煤矿监测数据的安全存储。

　　Hive 是基于 Hadoop 的一个数据仓库工具，可以将结构化的数据文件映射成一张数据库表，并提供简单的结构化查询语言（structured query language，SQL）功能，可以将 SQL 语句转化为 MapReduce 任务进行运行。学习成本低，可以通过类 SQL 语句快速实现简单的数据查询，有助于解决大量历史数据快速查询的难题。

　　利用 Hadoop 及其中的组件，可以有效解决动力预警中存在的数据共享、安全存储、信息孤岛等问题。Hadoop 数据自动收集与存储机制架构图如图 13-6 所示。

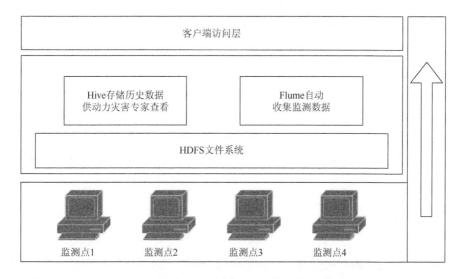

图 13-6　Hadoop 数据自动收集与存储机制架构图

13.3　作业人员生理指标预警系统

13.3.1　预警系统简介

1. 系统目标和建设内容

通过本次项目建设，结合煤矿企业的生产特点，运用现代化技术（传感技术、互联网技术、医疗技术相结合），来提高煤矿企业的安全管理水平，管控好煤矿员工的身心健康，从而降低煤矿企业的管理人员成本，达到科技、高效、安全、健康的采矿目的。

2. 适用范围

煤矿企业。

3. 系统功能

系统一共实现如下三方面的功能。

（1）预警：对作业人员身体状况进行实时监测，对不可靠的作业人员及时进行预警。

（2）优化：对数据库存储数据进行大数据分析，优化预警模型，自动修正预警程序，使得作业人员不可靠预警更精确。

（3）科学研究：系统数据库对作业人员生理数据及矿井的环境数据有较为全面的存储，这有利于其他科学研究，例如，研究作业人员不同个体特征（如年龄、工龄、受教育程度）在相同环境要素作用下的可靠度模型。

4. 前期准备工作

确定监控煤矿企业和员工；医疗监控设备（监控环境、作业人员等）；系统环境搭建（硬件、网络、软件）；相关技术人员（井下作业人员、医院、计算机、数学等领域）。

13.3.2　预警系统设计

当前传感器技术已足够先进，能够帮助我们快速获取所需的生理参数。通过当前远程医疗的一些成果，可以简单地分析出监控者的一些身心状况。根据试验室分析结果，初步形成作业人员预警系统，然后以实际矿井作业人员监控的试验得到真实作业人员的身体生理心理反应数据，进一步对数据进行建模分析，完善预警系统，更优地为作业人员服务。

本系统主要针对作业人员的实际作业方式进行详细的数据分析，结合企业本身的生产特点，着眼于工人自身情况，以此避免工人因身心异常做出的误操作，从而降低事故发生的概率。

1. 系统架构

图 13-7 为本系统的整体架构图，初步明确了本系统所需要的装备，以及各个部分之间的联通方式。

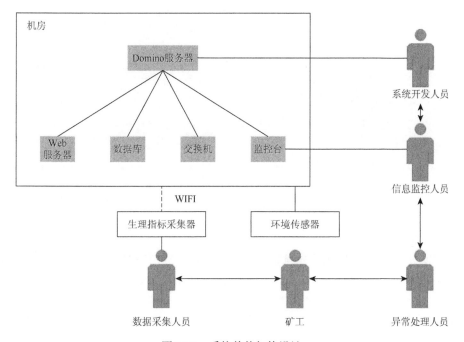

图 13-7　系统整体架构设计

图 13-7 通过部署各种传感器来实现环境、作业人员到预警系统的数据对接。传感器大体分两种：环境传感器和作业人员传感器。环境传感器分散部署在矿场各个工作场所，实时监控影响工人生理状况的环境因素并予以反馈；作业人员传感器佩戴于作业人员身上，在不影响作业人员工作的条件下，使这些传感器稳定持续工作，以获取作业人员个体准确的生理参数，并将这些数据以 ZigBee 协议传输出去。

因为本系统是一个闭合的系统，所以不需要经过公网，而且为了系统的安全性，组建一个局域网闭合运行就可以。通过无线路由器和交换机使传感器可以与系统保持数据传输，系统与传感器之间能够进行快捷的即时通信。为了对接第三方短信接口，预警系统需要网络管理员部署安全策略允许访问第三方服务去完成短信集成。

2. 角色设计

本系统目的是对作业人员的身体状况作出及时监控，做到全面高效的运作，必须涉及五个角色：系统开发人员、系统管理员、数据采集人员、信息监控人员、异常情况处理人员。各个角色的身份及职责分析如下。

（1）系统开发人员是预警系统搭建的核心人员，负责系统的设计和开发，以及后续验证结论后的程序优化工作，如图 13-8 所示。

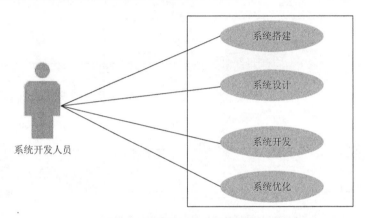

图 13-8　系统开发人员用例图

（2）系统管理员是预警系统的必备角色，是系统使用时的管理者和运维人员，其工作包括系统数据配置（人员、组织、角色、预警参数录入等）、基础数据管理维护（作业人员基本信息、生理指标、心理指标、矿场环境因素等数据的录入、统计、导出）、协助开发人员优化系统、监管系统的正常运行，如图 13-9 所示。

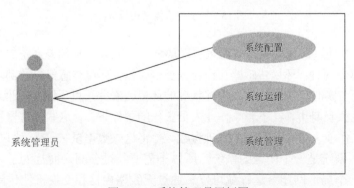

图 13-9　系统管理员用例图

（3）数据采集人员是系统基础数据收集的主要人员。数据采集人员负责采集作业人员的基本信息（姓名、年龄、身高、体重、文化程度、联系方式等），通过 Excel 导入的方式将其录入预警系统中，为预警系统计算作业人员的各种指标数据提供了支撑，如图 13-10 所示。

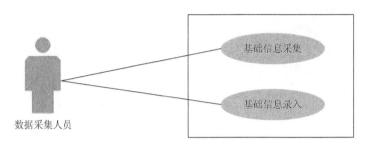

图 13-10 数据采集人员用例图

（4）信息监控人员是本系统的核心人员，肩负监控系统运行结果的重任，需特别留意身心状况出现异常的作业人员的生理数据。系统在正常运行的时候，当通过传感仪等设备对作业人员进行监控时，系统对传入的数据进行计算和分析，自动产生一个预警提示信息，并且将此预警信息及时显示在监控界面上。信息监控人员就要对这些预警信息进行查看和分析处理，当发现预警信息检测到作业人员异常时，就会及时将预警信息反馈到异常情况处理人员手中，以便处理人员迅速做出对作业人员的保护处理措施，如图 13-11 所示。

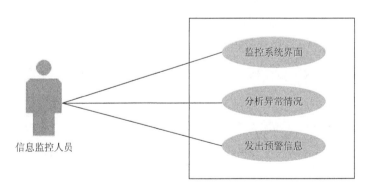

图 13-11 信息监控人员用例图

（5）异常情况处理人员的作用主要是接收信息监控人员发过来的预警信息，及时联系相关部门和作业人员本人，进行进一步确认，核实无误后做出正确的处理措施，达到对作业人员的保护目的，如图 13-12 所示。

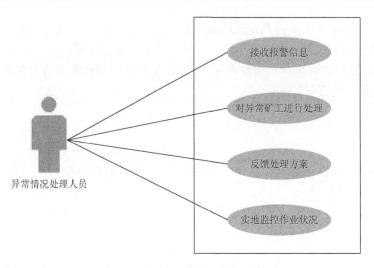

图 13-12　异常情况处理人员用例图

3. 生理指标监测穿戴设备

生理指标监测穿戴设备（图 13-13 和图 13-14）包括发送器、安全腰带和带衣袖的连体工装。衣袖的袖口为松紧式结构，袖口内编织有刺激器、心率传感器、血压传感器和血液流速传感器；连体工装的腋窝处设有体温传感器，衣袖下方的连体工装一侧设有密封袋，密封袋里设有第一控制模块和为第一控制模块供电的第一电源；第一控制模块通过缝合于连体工装内的导线和数据线分别与心率传感器、血压传感器、血液流速传感器和体温传感器连接，连体工装后腰处设有放置

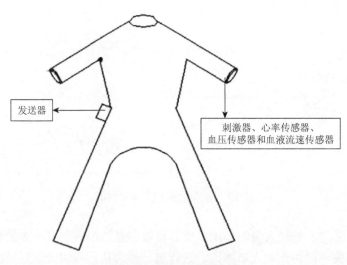

图 13-13　连体工装主视图

发送器的腰袋；安全腰带用来束紧连体工装，安全腰带上设有环境监测终端；环境监测终端和第一控制模块分别通过 ZigBee 协议与发送器通信，发送器通过 WIFI 协议与局域网监控中心通信。

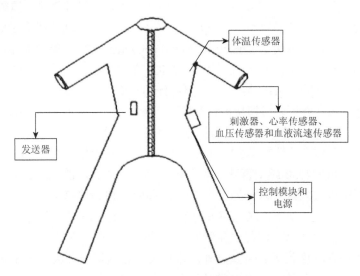

图 13-14　连体工装后视图

环境监测终端包括环境温湿度传感器、环境噪声传感器、环境照度传感器、定位器、第二控制模块和第二电源；第二控制模块分别通过导线或数据线与第二电源、环境温度传感器、环境湿度传感器、环境噪声传感器、环境照度传感器和定位器电性连接（图 13-15）。

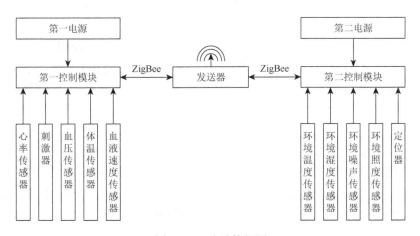

图 13-15　电连接框图

　　第一控制模块为 ZigBee 模块，主要功能为汇集各传感器传送过来的数据并将其妥善存储起来，再将信息用 ZigBee 协议发送到发送器。ZigBee 模块是已经包含了所有外围电路和完整协议栈的能够立即投入使用的产品，经过厂商的维护和市场检验，品质可靠。优秀可靠的 ZigBee 应用"模块"设计精密、佩戴方便，贴片式焊盘设计，可以内置芯片（chip）或外置 SMA 天线，通信距离 100~1200 m 不等，还包含了模/数转换器（analog-to-digital conveter，ADC），数/模转换器（digital-to-analog converter，DAC），比较器，多个 IO，I2C 等接口和用户的产品相对接。软件上包含了完整的 ZigBee 协议栈，并有自己的 PC 上的配置工具，采用串口和用户产品进行通信，并可以对模块进行各项通信参数的配置，便于大规模佩戴使用。

　　拟采用芯片 CC2530，该芯片的特点是材料成本低，质量可靠，能够在控制成本条件下建立网络节点[434]。CC2530 集成了 51 单片机内核，相比于众多的 ZigBee 芯片，CC2430/CC2530 颇受青睐，操作和连接相对便利。图 13-16 是 CC2530 的方框图，图中模块大致可以分为三类：CPU 和内存相关的模块，外设、时钟和电源管理相关的模块，以及无线电相关的模块。32/64/128/256 kB 闪存块为设备提供了内电路可编程的非易失性程序存储器，映射到外部数据存储器（XDATA）存储空间。除了保存程序代码和常量以外，非易失性存储器允许应用程序保存必须保留的数据，以应对各种设备重启状况而不丢失监测数据。

　　开发环境：首先通过购买一个开发套件来设置开发环境，开发套件带有一个现成的演示和关于如何设置开发环境的信息；安装所需的驱动，设置编译器工具链，就可以准备开始程序的开发了。

　　存储器模块：8051CPU 结构有四个不同的存储空间，拥有用来存储程序和监控数据的独立存储空间。8051 存储空间包括 CODE：一个只读的存储空间，用于程序存储。DATA：一个读/写的数据存储空间，可以直接或间接被一个单周期 CPU 指令访问。XDATA：一个读/写的数据存储空间，通常需要 4~5 个 CPU 指令周期来访问。这一存储空间地址是 64 kB。SFR：一个读/写的寄存器存储空间，可以直接被一个 CPU 指令访问。从传感器得来的数据将被存储在 DATA 或者 XDATA 中。如果数据量较大，可以在 CC2530 外接存储器，具体接法参考引脚布局。

　　射频（RF）模块：RF 模块为 ZigBee 的通信模块。RF 内核控制模拟无线电模块。另外，它在 MCU 和无线电之间提供一个接口，这样可以发出命令、读取状态并自动对无线电事件排序。FSM 子模块控制 RF 收发器的状态、发送和接收 FIFO，以及模拟大部分动态受控的信号，例如，模拟模块的上电和掉电。频率载波可以通过编程位于 FREQCTRL.FREQ[6：0]的 7 位频率字设置。支持载波频率范围是 2394~2507 MHz。以 MHz 为单位的操作频率 f_c 是可编程的。RF 输出功率由 TXPOWER 寄存器的 7 位值控制。CC2530 数据手册显示了当中心频率设置为 2.440 GHz 时，推荐设置的一般输出功率和电流消耗。

　　接收模式：另一端的接收器分别根据 SRXON 和 SRFOFF 命令选通开启和关闭，或使用 RXENABLE 寄存器。命令选通提供一个硬开启/关闭机制，而 RXENABLE 操作提供一个软开启/关闭机制。XDATA 存储空间及发射信号的调制过程分别见图 13-16 和图 13-17。

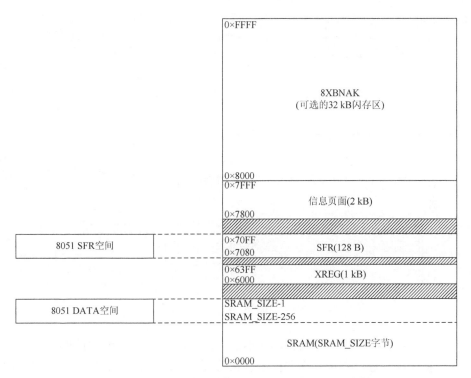

图 13-16　XDATA 存储空间（显示 SFR 和 DATA 映射）

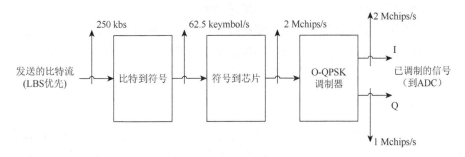

图 13-17　发射信号的调制过程

　　安全腰带（图 13-18、图 13-19）包括带扣和带体，带体由三层相贴合且分体的相同带身组成，最外层的带身后部设有网兜将另外两个带身包覆，带体两端均为方头，带体一端设有一排两个通孔，另一端设有两排四个通孔，每排的两个通孔之间距离相同；带扣一端通过内六方螺栓由带体另一端的四个通孔与带体固定连接；带扣另一端设有通孔，带扣上表面设有沿带扣长度方向且与该通孔相连的凹槽，凹槽内放置有内六方螺栓相配合的内六角扳手，内六角扳手的短弯头插进带扣上的通孔内用来充当带扣的扣头；带体上沿长度方向设有若干个与扣头相配合的皮带孔。

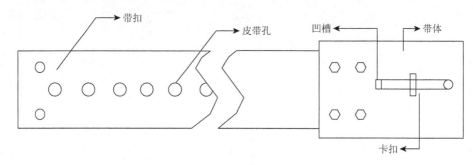

图 13-18　安全腰带结构示意图

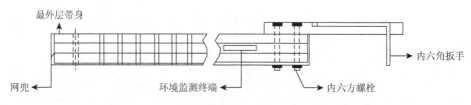

图 13-19　安全腰带剖面图

连体工装穿着方便，布局合理，不仅可以通过多种传感器对作业人员的生理指标进行监测，通过发送器将数据汇总到局域网监控中心，有助于管理人员对作业人员的状态进行了解，以便根据情况安排工人的作业；而且不影响作业人员作业。安全腰带不仅可以对周围工作环境进行监测，而且在发生被困或者异常情况时，可以使用内六角扳手将内六方螺栓打开，将三层带身去除，并依次相连形成长绳，连接处通过内六方螺栓固定连接；安全皮带结构简单合理，并且具备多项功能，有助于工人自救和应急使用。

4. 系统设计

本系统是基于 IBM Domino 服务器搭建的协同办公平台上建设的作业人员作业环境预警系统。在这个系统中，数据库是核心，每一个数据库既是数据存放的载体，提供数据存储服务，也是 web 界面的展现，提供表单自定义 html，也可以设定预警程序并实现与其他系统的接口。简单地说，数据库就是一个功能模块。

根据功能需求，应用模块可以设置三个数据库：作业人员信息管理数据库、作业人员统计分析数据库、作业人员预警数据库。

1）作业人员信息管理数据库

该系统主要用于展现和存储所有基础数据，包括作业人员基本信息、矿井环境因素、作业人员生理指标、作业人员心理指标、作业人员生化指标；具有三部分功能：数据采集部分、数据存储部分、数据管理部分。

数据采集部分：分手工和自动两种。数据采集人员负责统计作业人员基本信息，通过 Excel 导入的方式录入系统；传感器自动将数据整合成 xml 文件，然后发送给数据库。

数据收集人员负责录入作业人员基本信息；传感器将数据整合成 xml 文件，然后传输到当前数据库，数据库通过解析 xml 文件生成文档数据，存储在当前数据库中，相关角色在 web 段可以选择相应类型表单进行查看。工作过程流程如图 13-20 所示。

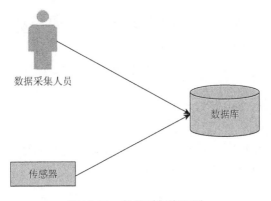

图 13-20　数据采集流程图

数据存储部分：Domino 数据库是文档型数据库，一条数据就是一条文档。数据库把 Excel 表导入的数据按照行生成数据，存储在当前数据库；数据库把接收到的 xml 文件解析成数据，也存储到当前数据库，根据数据类型不同进行区分。如图 13-21 所示。

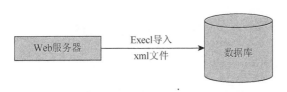

图 13-21　数据存储工作流程

数据管理部分：系统管理员可以按照类型去查看不同的基础数据，每一种类型按照列表分页展示数据，单击各条数据能够查看其详细信息，后期能够对数据进行增、删、改、查的操作，如图 13-22 所示。

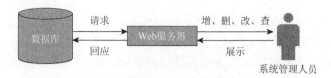

图 13-22　数据管理

2）作业人员统计分析数据库

数据分析是本数据的核心，是完善预警结论的重要手段。该数据库根据基础数据建立了对应的查询界面，可以按照不同的条件维度去查询，查询结果可以由 Excel 导出，然后进行数学建模，如图 13-23 所示。

图 13-23　数据分析工作流程

3）作业人员预警数据库

预警是本系统的目的，该数据库包括预警程序的设定、预警监控界面、短信集成。根据危险值参数设定好预警程序时，作业人员传感器把当前作业人员的指标数据通过 xml 文件传递给当前数据库，当前数据库解析 xml，把数据代入预警公式进行计算，信息监控人员在预警监控界面就可以看到计算的结果，当超过危险值时，系统通过颜色、报警器等方式警示信息监控人员，并且给异常情况处理人员和当前作业人员发送短信提醒，从而达到预警的效果，如图 13-24 所示。

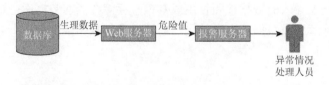

图 13-24　系统预警工作流程

5. 危险值参数设计

采用检验生理指标的方法，使建筑企业能准确、及时地为管理者提供具有判断意义的信息和数据。需要对现有的 OA 系统资源作局部修改，使检验结果内部流程程序化，完成作业人员生理疲劳预警平台的搭建。通过建立作业人员生理指标网络预警系统，减少了生产风险，提高了企业管理水平。作业人员生理指标预警系统为实现数字化监测监控工作流程的管理奠定了基础。

通过查阅文献，与临床专家讨论、评审，确定运行检验危险值[435]网络报告系统，现行的危险值检验项目及危险值范围如下：高血压：收缩压≥140 mmHg 或舒张压≥90 mmHg，低血压：收缩压≤90 mmHg 或舒张压≤60 mmHg，临界高血压（临床观测经验）：收缩压在 140～160 mmHg（18.6～21.3 kPa），舒张压在 90～95 mmHg（12.0～12.6 kPa）。心率（HR）：≤40 bpm 或≥95 bpm。根据发热程度的高低，可以区分为：低热：37.4～38℃；中等热度：38.1～39℃；高热：39.1～41℃；超高热：41℃以上。呼吸过速指呼吸频率超过 24 bpm，呼吸过缓指呼吸频率低于 12 bpm。

13.4　可靠度预警系统在煤矿中的应用

可靠度预警系统在煤矿生产中最主要的应用是利用在综采工作面实测的环境数据，通过建立的可靠度模型，计算井下作业人员的可靠度，对可靠度较低的作业人员进行预警，提高煤矿企业的安全管理能力。为了检验预警系统的可靠性及其实际应用效果，先在平煤一矿对该预警系统进行简单的实际应用，对预警系统进行应用、检验，应用现场见图 13-25。

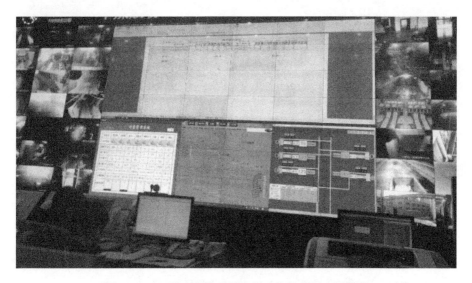

图 13-25　可靠度预警系统在煤矿中的实际应用现场

13.4.1　井下作业人员信息收集与录入

井下作业人员信息收集一共有两个主要途径。

（1）系统管理者通过煤矿企业获得原始数据，而后将原始数据通过管理界面录入系统数据库进行保存，是数据库获取数据的一个主要来源。

（2）通过实时接收井下传感器传输的数据，经过数据整理直接存入数据库。

这里需要注意，必须将测得的生理数据存入对应的作业人员的信息卡中。因此在作业人员穿戴设备时，系统管理者必须对作业人员的基本信息与穿戴设备进行绑定。系统通过调用进入数据库的数据，可以成功实现各项预制功能。

平煤一矿目前共有 5 个综采队，每个综采队大约有 140 人。其中 20 多人在地面上作业，剩余人员分为 4 个生产班组进行井下生产活动。8:00～14:00 为机电设备检修班组，该班组约有 50 人，主要负责对井下的各种机电设备进行检查、维修，剩下的 3 个班组在综采工作面进行采煤作业，每组约 20 人。因此从整体上看，平煤一矿 5 个综采队在工作面进行作业的工作人员约 300 人，这部分人员即为本次预警系统实际应用时的试验对象。

系统管理员需要将通过途径一收集的信息录入数据库，其运行界面如图 13-26～图 13-28 所示。

图 13-26　综采工作面作业人员基本信息界面

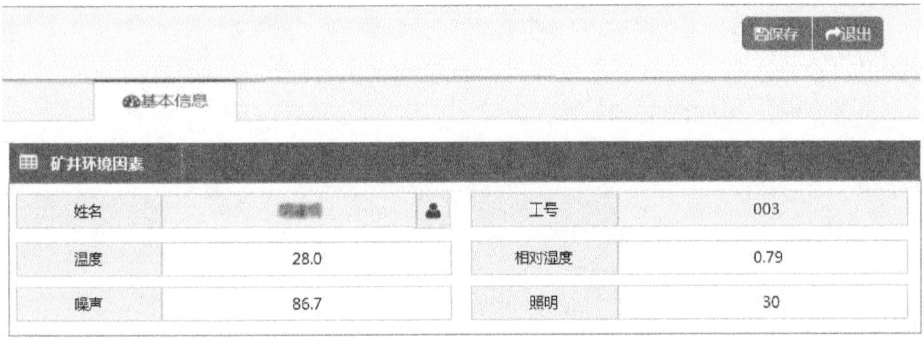

图 13-27　综采工作面作业人员环境因素界面

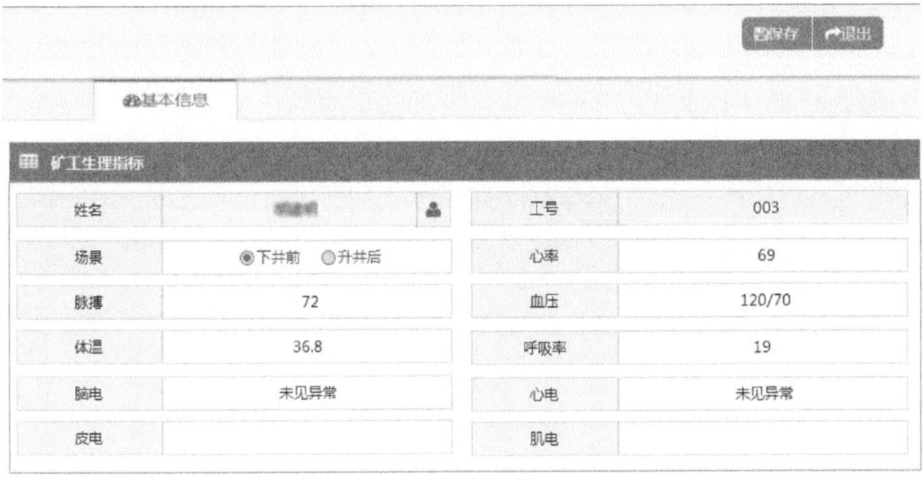

图 13-28　综采工作面作业人员生理指标界面

13.4.2　可靠度预警系统应用

传感器实时传递的指标数据由通信模块传入数据库并储存，而后系统的预警模块在数据库获得的数据基础上对井下作业人员的可靠度进行判断，当出现可靠度低的作业人员时系统管理员进行预警。另外根据第 12 章灰色理论模型得出的安全劳动时间设定阈值，当作业人员井下工作时间超过安全劳动时间，直接触发预警系统，而不再计算作业人员的可靠度。因此预警系统对井下作业人员进行预警的情况有以下两种。

（1）根据第 11 章建立的可靠度模型，结合井下实时环境数据对作业人员可靠性进行评定，若作业人员的可靠度较低，预警系统会发出警报通知系统管理员及时处理。

（2）根据第 12 章确定的安全劳动时间设定阈值，若作业人员井下工作时间超出阈值，预警系统会跳出可靠度评定，直接向系统管理员进行警报。

预警简略流程如图 13-29 所示。

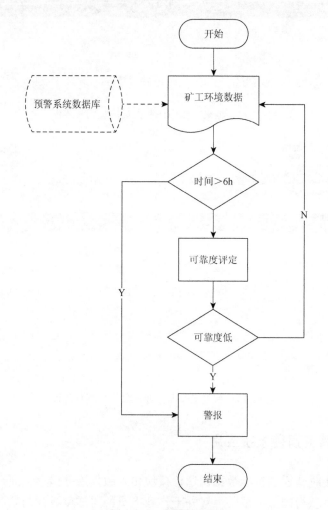

图 13-29　预警流程图

基于平煤一矿对预警系统进行实际应用，选取处于四个不同井下位置的工种，对工种样本进行数据录入和井下实时监测，进行实时可靠度计算并进行检测，所得可靠度如图 13-30、图 13-31 所示。安全劳动时间的预警系统界面如图 13-32 所示。

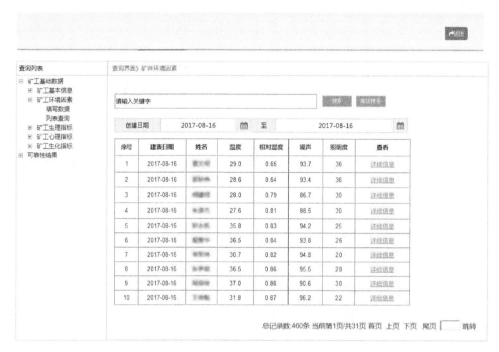

图 13-30　作业环境查询结果界面

图 13-31　作业人员可靠度查询结果界面

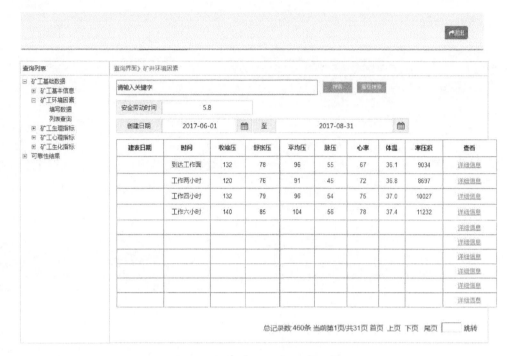

图 13-32　安全劳动时间的预警系统界面

13.5　系统优化功能介绍

当系统数据库收集了大量的作业人员生理指标数据和井下环境指标数据时，会逐渐体现出类似大数据的性质。第 11 章建立的数学模型是系统预警模块的核心算法，由于该数学模型以实验室模拟为基础，实验室模拟并不能完全模拟出井下实际环境，所以数学模型尚有优化空间。

13.5.1　预警模型优化

随着系统数据库数据量的增大，利用数据体现出的大数据性质通过大数据处理能够实现系统预警模块核心算法的自我优化。自我优化步骤如图 13-33 所示。

对数据进行预处理之后，系统通过内嵌的自我学习模块进行自我训练，对预警模型进行优化，使得模型预测更加精确也更加符合具体矿井的实际情况。

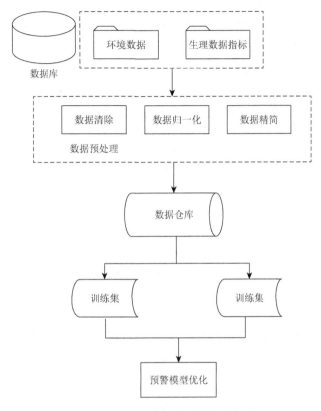

图 13-33　预警模型自我优化示意图

13.5.2　数据预处理

数据预处理是系统自我优化过程的重要一步，主要预处理过程包括三部分：数据清除、数据归一化和数据精简。

1. 数据清除

数据清除适用于原始数据中数据项出现缺失、不一致或是有噪声的情况，对数据项中的数据缺失和数据噪声进行清除。数据缺失是指原始数据项中的某个或多个属性值或特征值的缺失[436]。例如，在作业人员生理指标各项检验中，需要定期对井下工作人员进行各种检查及化验如血压、体温等指标的测量。但在对作业人员的测量及检验过程中，经常会由于一些意外而使得数据没有被记录下来，进而造成作业人员的信息缺失，因此在数据表中存储的内容是不全面的。

一般的处理办法有：①将缺失数据的整条记录忽略不计；②使用符号或文字代替缺失的数据值（如有的数据库中使用"未知"、"null"等来替代）；③在所有数据中采用相同属性的均值来替代这个记录中缺失的属性值；④使用该属性中出现频率较高的数值取代某个记录缺失的属性值。

2. 数据归一化

仅进行实体识别和单位统一化并不能满足该系统的需求，还需要将数据进行去量纲化处理，即进行归一化。数据归一化有利于各组数据间的比较，进而得出一个综合指标。归一化的方法主要有以下几种。

（1）十进法。将需要处理的数据的特征属性值都除以 10^N，N 为整数。

$$new_{value} = \frac{old_{value} - old_{min} \times (new_{max} - new_{min})}{old_{max} - old_{min}} + new_{min} \qquad (13-1)$$

从而将数据的取值范围变换至 $-1 \sim +1$。假设，数据的一个属性值的原数据的取值范围为 $-1885 \sim +1873$，最大绝对值为 1885。所以，要进行变换时需将数据均除以 10000（10^4），则经过数据变换后的取值范围为 $-0.1885 \sim +0.1873$。

（2）最小-最大归一法。此种方法利用线性变换的方法将数据进行线性变换，这样变换后的数据就在一个新的确定范围内。

例如，使用 BP 人工神经网络算法进行数据分类时，期望分类数据的范围是 [0, 1]，从而能提高分类算法的性能。则假设：$new_{min} = 0, new_{max} = 1$，那么归一化公式可被写成如下形式：

$$new_{value} = \frac{old_{value} - old_{min}}{old_{max} - old_{min}} \qquad (13-2)$$

若数据取值范围的上下边界确定，那么此归一法是合理的。一旦有数据越过此边界，这称为溢出偏差，即该新数值会落在预定范围以外。

（3）分数归类法。这种方法是利用原始数据计算出各项的均值及标准差来进行数据处理的方法，此方法又称零均值归一法。对于方法（2），如果无法得出原始数据范围取值，或原始数据中的均值与最大值或最小值的差的绝对值很大，使用方法（2）是不合适的。所以当出现在这种情况时，归一化公式应该改为

$$new_{value} = \frac{old_{value} - \mu}{\sigma} \qquad (13-3)$$

式中，μ 为原始数据值的均值；σ 为原始数据的标准差。

（4）对数归一法。此方法是较简单的数据归一化算法，将原始数据进行对数运算，以对数值取代原数值，从而进行数据的变换。这种算法对数据的压缩有一定的优势，其特点是信息的损失会减少。

3. 数据精简

数据存储所呈现的一个特点是数据属性的维数过多。因为获取数据的方式

很多，研究者对数据的要求尽可能细化，所以产生了维数灾难。如果不做处理就使用数据挖掘算法来进行数据分析，则挖掘的效率很低，甚至得出的结果很荒谬。数据精简就是简化数据表达的一种方式，特征属性的数量又称为特征选择，这样既保证了数据的原始质量，又有利于数据挖掘算法的使用，增加了挖掘的效果。

13.6　小　　结

本章以可靠度模型为数学内核，以预警系统理论为理论基础，建立了完整的井下作业人员安全预警系统。由传感器和改进的作业人员穿戴设备完成井下作业环境参数和作业人员生理指标的采集，并将采集的数据传递到数据库中。通过数据库收集传感器的数据和人工导入的数据，实现了预警人的可靠度和优化人-环关系模型两大功能。

（1）基于 IBM domino 平台，建立作业人员生理指标 Web 型预警系统。部署各种传感器来实现环境、作业人员到预警系统的数据对接。环境传感器分散部署在矿场各个工作场所，实时监控环境因素并予以反馈；作业人员传感器佩戴于作业人员身上，在不影响作业人员工作的条件下，使这些传感器稳定持续工作，获取作业人员个体准确的生理数据，并将这些数据以 ZigBee 协议传输出去。

（2）环境监测终端包括环境温湿度传感器、环境噪声传感器、环境照度传感器、定位器；生理指标监测穿戴设备，内置有刺激器、心率传感器、血压传感器、血液流速传感器、体温传感器。

（3）预警系统数据库数据不断增多时，会体现出大数据的性质，根据大数据分析方法，论证实现了预警系统核心模块（多因素作业环境与人体生理指标模型）的自我更新，提高了预警的精度。

参 考 文 献

[1] 国家安全生产监督管理总局. 中国安全生产年鉴（2017）[M]. 北京：煤炭工业出版社，2017.

[2] 王勇，潘伟尔. 2008 年煤炭经济运行评析[J]. 中国能源，2009，31（3）：13-17.

[3] 中华人民共和国国家统计局. 国家数据. http: //data.stats.gov.cn/tablequery.htm?Code = AD 0H. [2017-08-02].

[4] 戴彦德，吕斌，冯超. "十三五"中国能源消费总量控制与节能[J]. 北京理工大学学报（社会科学版），2015，17（1）：1-7.

[5] 祁海莹. 产煤发达国家生产现状及安全形势分析[J]. 中国煤炭，2015，41（8）：140-143.

[6] 李大生. 国内外煤矿安全生产状况对比研究[J]. 中国矿业，2015，24（8）：45-48.

[7] 李运强，黄海辉. 世界主要产煤国家煤矿安全生产现状及发展趋势[J]. 中国安全科学学报，2010，20（6）：158-165.

[8] 中华人民共和国国家统计局. 2016 中国统计年鉴[DB/OL]. http://www.stats.gov.cn/tjsj/ndsj/ 2016/indexch. htm. [2017-08-02].

[9] 李芳，张洪潮. 新常态与供给侧改革下我国煤炭产能综合平衡研究[J]. 煤炭技术，2017，36（4）：334-337.

[10] 王荃芝. 中煤集团的可持续发展战略研究[D]. 天津：天津大学，2014.

[11] 中国煤炭工业协会. 2013 中国煤炭工业发展研究报告[M]. 北京：中国经济出版社，2013.

[12] 杨朝伟. DA 磨料磨具工厂作业人员个体接触非稳态噪声下人因失误研究[D]. 焦作：河南理工大学，2017：4.

[13] 建信. 煤矿安全生产"十三五"规划印发[J]. 建井技术，2017，38（3）：58.

[14] 李波，王凯，魏建平，等. 2001—2012 年我国煤与瓦斯突出事故基本特征及发生规律研究[J]. 安全与环境学报，2013，13（3）：274-278.

[15] 殷文韬，傅贵，袁沙沙，等. 2001—2012 年我国重特大瓦斯爆炸事故特征及发生规律研究[J]. 中国安全科学学报，2013，23（2）：141-147.

[16] 王龙康，李祥春，李安全，等. 我国煤矿安全生产现状分析及改善措施[J]. 中国煤炭，2016，42（9）.

[17] 国家安全监督管理总局. 国家煤矿安监局关于印发《煤矿安全生产"十三五"规划》的通知. http://www.chinasafety.gov.cn/newpage/Contents/Channel_6289/2017/0612/289767/content_289 767. htm. [2017-08-03].

[18] 汤友谊，刘见宝，安鸿涛. 1997—2003 年煤矿特大事故分析和防治对策[C]. 瓦斯地质与瓦斯防治进展，2007：167-169.

[19] 国家煤炭工业网站. 全国煤矿今年共发生事故 256 起[DB/OL]. http://www.coalchina.org.cn/ page/newsmore.jsp?typeid = 15. 2015. 09-30. [2017-08-03].

[20] 谢和平. 深部高应力下的资源开采——现状、基础科学同题展望[C]//香山科学会议. 科学前沿与未来（第六集）. 北京：中国环境科学出版社，2002：179-191.

[21] 何满潮. 深部开采工程岩石力学的现状及其展望[C]//中国岩石力学与工程学会. 第八次全国岩石力学与工程学术大会论文集. 北京：科学出版社，2004. 88-94.

[22] Crooks W H，Schwalm N D，Peay J M. Human factors in underground metal and nonmetal mining[J]. Human Factors and Ergonomics Society，1980，24（3）：175-179.

[23] Selan J L，Ayoub M M，Smith J L. et al. Biomechanics and word physical in underground mining[J]. Human Factors and Ergonomics Society，1985，29（5）：521-525.

[24] Torlach J M. Safety-mining community environment [M]. London：Mine Safety Symposium（Port Macquarie），1994.

[25] Torlach J M. Mining Safety：Yesterday-today-tomorrow[M]. Western Australia：Department of Minerals and Energy. Sept. 3，1995.

[26] 景国勋，孔留安，杨玉中，等. 矿山运输事故人-机-环境致因与控制[M]. 北京：煤炭工业出版社，2006：13，135-136.

[27] 陈信，龙升照. 人-机-环境系统工程（学）概论[J]. 自然杂志，1985，8（1）：23-25.

[28] Bergj V D，Landstrom U. Symptoms of sleepiness while driving and their relation-ship to prior sleep，work and individual characteristics[J]. Transportation Research Part F，2006，3（9）：207-226.

[29] 景国勋. 煤矿掘进工作面人-环安全关系分析[M]. 北京：煤炭工业出版社，2012：59-60，63，78.

[30] Maiti J，Bhattacherjee A. Evaluation of risk of occupational injuries among underground coal mine workers through multinomial logit analysis[J]. Journal of Safety Research，1999，30（2）：93-101.

[31] Paul P S，Maiti J. Development and test of asociotechnical model for accident/injury occurrences in underground coalmines[J]. The Journal of The South African Institute of Mining and Metallurgy，2005，（1）：43-45.

[32] Paul P S，Maiti J. The role of behavioral factors on safety management in underground mines[J]. Safety Science，2007，（45）：449-451.

[33] Patterson J M，Shappell S A. Analysis of 508 mining incidents and accidents from Queensland，Australia using HFACS[J]. Accident Analysis and Prevention，2010，（42）：1379-1385.

[34] 景国勋，冯长根，杜文. 井下运输系统人-机-环境安全性灰色多层次综合评判[J]. 中国安全科学学报，1999，（8）：6-9.

[35] 李建中. 人机工程学在煤炭工程中的应用探讨[J]. 煤矿机械，2006，（10）：22-23.

[36] 吴金刚，高建良，支光辉. 井下环境因素对人为失误的影响[J]. 煤炭工程，2005，（9）：40-41.

[37] 付现伟. 矿井人-机-环境系统安全评价[D]. 阜新：辽宁工程技术大学，2006.

[38] 李辉. 综采工作面复杂条件下人因事故的分析及应用[D]. 焦作：河南理工大学，2007.

[39] 崔文广，邬堂春. 深井热害对矿工生理和生化指标的影响[D]. 武汉：华中科技大学，2008.

[40] 吴立云，杨玉中. 综采工作面人-机-环境系统安全性分析[J]. 应用基础与工程科学学报，2008，06：436-445.

[41] 景国勋. 煤矿掘进工作面人-环安全关系分析[M]. 北京：煤炭工业出版社. 2012：59-60，63，78.

[42] 董占勋，孙守迁，吴群，等. 心率变异性与驾驶疲劳相关性研究[J]. 浙江大学学报（工学版），2010，（1）：46-50.

[43] 张力，王以群，黄曙东. 人因事故纵深防御系统模型[J]. 南华大学学报（社会科学版），2011，2（1）：31-34.

[44] 李由. 基于人工神经网络的矿井安全素质评价研究[D]. 西安：西安科技大学，2012.

[45] 刘海滨，李光荣，刘欢，等. 基于 ART-2 人工神经网络的煤矿安全风险评价[J]. 中国安全生产科学技术，2014，（02）：81-85.

[46] 胡瑞卿. 基于人工神经网络的煤矿安全评价研究[D]. 淮南：安徽理工大学，2015.

[47] 王龙康. 煤矿安全隐患层次分析与预警方法研究[D]. 北京：中国矿业大学，2015.

[48] 李滕滕，杨超. 基于 BP 神经网络的矿山安全文化评价体系[J]. 华北科技学院学报，2016，（4）：102-108，114.

[49] 佟瑞鹏，崔鹏程. 基于深度学习的不安全因素识别和交互分析[J]. 中国安全科学学报，2017，27（04）：49-54.

[50] 岳志奇. 煤矿综采工作面复杂条件下人的安全行为模式研究[D]. 焦作：河南理工大学，2016.

[51] 景国勋. 矿井运输人-机-环境系统安全性分析[M]. 北京：煤炭工业出版社，1999.

[52] 彭信山. 综掘工作面复杂条件下人-环境耦合关系研究[D]. 焦作：河南理工大学，2011.

[53] 廖可兵，张力，黄祥瑞. 人的失误理论研究进展[J]. 中国安全科学学报，2006，16（7）：45-50.

[54] 曹庆仁，宋学锋. 不安全行为研究的难点及方法[J]. 中国煤炭，2006，32（11）：62-63.

[55] Reason J. Human Error[M]. UK，Cambridge: Cambridge University Press，1990: 32-52，61-65.

[56] Jing G X，Li C Q，Peng X S. Established model and applied research human reliability in complex environment of heading face[J]. Proceedings of the 1st International Symposium on Behavior-based Safety and Safety Management，2011：595-598.

[57] 李英芹. 基于行为测量的煤矿人的不安全行为控制研究[D]. 西安：西安科技大学，2011.

[58] Wang W J. Study on the reliability of man-machine system of fully-mechanized mining face and working environment[J]. Safety Science，1998，8：13-16.

[59] Teng Q Z，Luo D S，Tao Q C. A model of human thinking system and a computer simulation of working day's human behaviour[J]. Journal of Sichuan University（Natural Science Edition），2005，42（2）：299-304.

[60] Lu C S，Tsai C L. The effect of safety climate on seafarers' safety behaviors in container shipping[J]. Accident Analysis and Prevention，2010，42（06）：1999-2006.

[61] Lv B H，Dong F F，Ding M R，et al. Development of measurement tool on enterprise safety climate[C]. Proceedings of the 1 st international symposium on behavior-based safety and safety management，2011：224-227.

[62] 吴起，汪丽莉，匡蕾，等. 人的不安全行为对高危行业从业人员安全评价的影响研究[J]. 中国安全科学学报，2008，18（5）：28-35.

[63] Flin R，Mearns K. O'Connor P，et al. Measuring safety climate：Identifying the common

features[J]. Safety Science，2000，34：177-192.

[64] 陈红. 中国煤矿重大事故中的不安全行为研究[M]. 北京：科学出版社，2006.

[65] 杨晓艳. 煤矿瓦斯事故中人的不安全行为研究[D]. 淮南：安徽理工大学，2009.

[66] 涂翠红，黄伟. 煤矿事故中人的不安全行为分析[J]. 陕西煤炭，2010，（6）：59-61.

[67] 张树. 建筑火灾中人的行为研究综述[J]. 消防科学与技术，2005，24（2）：12-26.

[68] Lu C S，Yang C S. Safety climate and safety behavior in the passenger ferry context[J]. Accident Analysis and Prevention，2011，43（1）：329-341.

[69] Chen X. Application of man-machine-environment system engineering theory to aerospace research[C]. 32nd International Congress of Aviation and Space Medicine，1984.

[70] Yao T X，Li S F. Improvement of a forecasting discrete GM（1，1）[J]. Systems Engineering，2007，25（9）：103-106.

[71] Neal A，Griffin M A，Hart P M. The impact of organizational climate on safety climate and individual behavior[J]. Safety Science，2000，34（13）：99-109.

[72] Straub L. Behavior-based safety[J]. Water Well Journal，2005，59（12）：30-32.

[73] Glendon A I，Stanton N A. Perspectives on safety culture[J]. Safety Science，2000，34：43-72.

[74] Wei L，Lepak D P，Takeuchi R，et al. Matching leadership styles with employment modes: Strategic human resource management perspective[J]. Human Resource Management Review，2003，（13）：127-152.

[75] 谢进坤. 采煤人机系统产生不安全行为因素的分析[J]. 劳动保护科学技术，1994，14（3）：54-57.

[76] 孙斌，田水承，李树刚，等. 对人的不安全行为的研究及解决策略[J]. 陕西煤炭，2002，（1）：22-24.

[77] 周刚. 人的安全行为模式分析与评价研究[D]. 青岛：山东科技大学，2006.

[78] Nouri J，Azadeh A，Mohammad F I，et al. The evaluation of safety behaviors in a gas treatment company in Iran[J]. Journal of Loss Prevention in the Process Industries，2008，21（3）：319-325.

[79] 何刚，张国枢，陈清华，等. 煤矿安全生产中人的行为影响因子系统动力学（SD）仿真分析[J]. 中国安全科学学报，2008，18（9）：43-47.

[80] Li J Z, Zhang S H. Study on hypothesized realization of coal mine workers' safety behavior[C]. 2009 IEEE International Conference on Intelligent Computing and Intelligent Systems，2009：1844-1848.

[81] Li J Z, An L M, Wang J Y. Research on simulation of safety behavior in coal mines based on the 3D and VIRTOOLS technologies[C]. 2009 2nd IEEE International Conference on Computer Science and Information Technology，2009：477-480.

[82] 李磊. 矿工不安全行为形成机理及组合干预研究[D]. 西安：西安科技大学，2014.

[83] 朱川曲，陈良棚. 巷道放顶煤人-机-环境系统可靠性研究[J]. 中国安全科学学报，2000，10（6）：60-65.

[84] 李创起. 煤矿掘进工作面复杂环境下人的安全行为模式研究[D]. 焦作：河南理工大学，2012.

[85] 周刚，程卫民，诸葛福民，等. 人因失误与人不安全行为相关原理的分析与探讨[J]. 中国安全科学学报，2008，18（3）：10-14.

[86] Patterson J M，Shappell S A. Operator error and system deficiencies：Analysis of 508 mining incidents and accidents from Queensland，Australia using HFACS[J]. Accident，Analysis and Prevention，2010，42（4）：1379-1385.

[87] 颜文靖. S-O-R 模型的批判和预期效应的研究[D]. 福州：福建师范大学，2011.

[88] 郭菁华，左小明. 基于 S-O-R 理论模型的零售卖场环境管理[J]. 商业时代，2016，（2）：53-55.

[89] 程恋军，仲维清. 矿工不安全行为 DARF 形成机制实证研究[J]. 中国安全生产科学技术，2017，13（2）：107-113.

[90] 赵挺生，张淼，刘文，等. 地铁施工工人不安全行为研究[J]. 中国安全科学学报，2017，27（9）：27-32.

[91] 尹忠恺，施凤冉，李乃文，等. 矿工安全注意力影响因素的 SEM 研究[J]. 中国安全生产科学技术，2017，13（3）：113-118.

[92] 李乃文，张丽，牛莉霞. 工作压力、安全注意力与不安全行为的影响机理模型[J]. 中国安全生产科学技术，2017，13（6）：14-19.

[93] 何善亮. 注意力曲线的内涵及其教学意蕴[J]. 教育科学研究，2017，（5）：44-48.

[94] 戴立峰. 安全注意力在安全管理中的作用[J]. 电力安全技术，2006，8（9）：20-22.

[95] 景国勋，杜文，石琴谱. 人的反应特性及其 S-O-R 传递过程的灰色描述[J]. 河南理工大学学报（自然科学版），1999，18（1）：53-58.

[96] 景国勋，曾昭友，李辉. 煤矿掘进工作面人-环安全关系分析[M]. 北京：煤炭工业出版社，2012.

[97] Bullard E C. Terrestrial Heat Flow. Geophysical Monograph[R]. No. 8. American Geophysical Union，1965：1-4.

[98] 平松良雄. 通风网的计算和通风测定[M]. 北京：煤炭工业出版社，1958.

[99] Biccard J C W. The estimation of ventilation air temperatures in deep mines[J]. Journal of the Chemical，Metallurgical and Mining Society of South Africa，1950，2：184-198.

[100] 平松良雄. 通风学[M]. 北京：冶金工业出版社，1981.

[101] Nottrot R，Sadee C. Abkuhlung homogenen isotropen Gesteins um eine zylinfrische strecke durch wetter von Konstanter temperature[J]. Gluckauf Forschungshefte，1966，27：193.

[102] 内野健一. 湿润坑道的通气温度及湿度的变化[J]. 日本矿业会志，1980，961：137.

[103] Starfield A M，Bleloch A L. A new method for the computation of heat and masture in a partly wet airway[J]. Jii S African Inst Min Metal，1983.

[104] Uchino K，Inoue M. New practical method for calculation of air temperature and humidity along wet roadway—The influence of moisture on the underground environment in mines[J]. Journal of the Mining and Metallurgical Institute of Japan，1986，102（6）：353-357.

[105] 周西华. 矿井空调热力过程的数值模拟研究[D]. 阜新：辽宁工程技术大学，1999.

[106] 周西华，王继仁，王树刚，等. 风流紊流换热的场模拟[J]. 矿业安全与环保，2001，28（5）：17-19.

[107] 王海桥. 掘进工作面射流通风流场研究[J]. 煤炭学报，1999，（5）：498-501.

[108] Deng J，Xu J C. Dynamic computer-simulation of temperature-fields in the gob of comprehensively mechanized roof-cal caving faces[C]. Third Regional APCM in the Minerals Industries

International Symposium，1998.

[109] 吴强，秦跃平，郭亮，等. 掘进工作面围岩散热的有限元计算[J]. 中国安全科学学报，2002，（6）：36-39.

[110] 宋纪侠. 采煤机参数对工作面噪声和温升影响的研究[D]. 阜新：辽宁工程技术大学，2005.

[111] Li X D，Lu G B，Zhang L，et al. Study on application and numerical simulation of the airflow temperature distribution rule in drifting tunnel[J]. Journal of Coal Science & Engineering （China），2003，（9）：90-94.

[112] Gao J L. Study on the distribution of strata rock temperature around a driving head with auxiliary ventilation[J]. Journal of Coal Science & Engineering，2004，（10）：50-54.

[113] 高建良，魏平儒. 掘进巷道风流热环境的数值模拟[J]. 煤炭学报，2006（2）：201-205.

[114] Gao J L，Xu K L. Simulation of the airflow in working face with auxiliary ventilation[M]// Progress in Safety Science and Technology. Beijing：Science Press，2006：1857-1859.

[115] 高建良. 巷道断面与风筒断面形状对局部通风工作面热环境模拟结果的影响[J]. 焦作工学院学报（自然科学版），2004，（1）：1-6.

[116] 张树光. 深埋巷道围岩温度场的数值模拟分析[J]. 科学技术与工程，2006，（14）：2194-2196.

[117] 李杰林，周科平，邓红卫，等. 深井高温热环境的数值评价[J]. 中国安全科学学报，2007，（2）：61-65.

[118] 李晓豁. 采煤机工作位置对工作面噪声的影响[J]. 黑龙江科技学院学报，2007，（3）：196-198.

[119] 龙腾腾，周科平，陈庆发，等. 基于 PMV 指标的掘进巷道通风效果的数值模拟[J]. 安全与环境学报，2008，（3）：122-125.

[120] Liu G N，Gao F，Ji M. Investigation of the ventilation simulation model in mine based on multiphase flow[C]. The 6th International Conference on Mining Science & Technology，2009.

[121] Liu G N，Gao F，Liu X G，et al. Analysis of the effect of atomizer spray refrigeration in high-temperatured caving face by stochastic model[C]. 2009 Asia-Pacific Conference on Computational Intelligence and Industrial Applications，2009.

[122] Liu G N，Gao F，Gao Y N，et al. Investigation of the distribution of the temperature field in high temperature and high humidity caving face[C]. 2009 Asia-Pacific Conference on Computational Intelligence and Industrial Applications，2009.

[123] 黎明镜. 深井巷道围岩温度场分布规律研究[J]. 山西建筑，2010，36（12）：89-90.

[124] 樊小利，张学博. 围岩温度场及调热圈半径的半显式差分法解算[J]. 煤炭工程，2011，（7）：82-84.

[125] Maiti J，Bhattacherjee A. Evaluation of risk of occupational injuries among underground coal mine workers through multinomial logit analysis[J]. Journal of Safety Research，1999，30（2）：93-101.

[126] Paul P S，Maiti J. Development and test of a sociotechnical model for accident/injury occurrences in underground coalmines[J]. The Journal of the South African Institute of Mining and Metallurgy，2005，（1）：43-45.

[127]Kunar B M, Bhattacherjee A, Chau N. Relationships of job hazards, lack of knowledge, alcohol use, health status and risk taking behavior to work injury of coal miners: A case-control study in India[J]. Journal of Occupational Health-English Edition, 2008, 50 (3): 236.

[128]Papadopoulos G, Georgiadou P, Papazoglou C, et al. Occupational and public safety in a changing work environment: An integrated approach for risk assessment and prevention[J]. Safety Science, 2010, 48 (8): 943-949.

[129]Fugas C S, Silva S A, Melia J L. Another look at safety climate and safety behavior: Deepening the cognitive and social mediator mechanisms[J]. Accident Analysis & Prevention, 2012, 45 (7): 468-477.

[130]Jiao K, Li Z Y, Chen M. Effect of different vibration frequencies on heart rate variability and driving fatigue in healthy drivers[J]. International Archives of Occupational and Environmental Health, 2004, 3 (77): 205-212.

[131]Kajiwara S. Evaluation of driver's mental workload by facial temperature and electrodermal activity under simulated driving conditions[J]. International Journal of Automotive Technology, 2014, 15 (1): 65-70; 彭军强, 吴平东, 殷罡. 疲劳驾驶的脑电特性探索[J]. 北京理工大学学报, 2007, (7): 585-589.

[132]Kincses W E, Hahn S, Schrauf M, et al. Measuring driver's mental workload using EEG[J]. ATZ Worldwide, 2008, 110 (3): 12-17.

[133]Jap B T, Lal S, Fischer P. Using EEG spectral components to assess algorithms for detecting fatigue[J]. Expert Systems with Applications, 2009, 2 (36): 2352-2359.

[134]Wickens C D, Xu X D. The allocation of visual attention for aircraft traffic monitoring and avoidance: Baseline measures and implications for free flight[R]. 2000: Technical Report ARL-00-2/FAA-00-2, 2000.

[135]Merchant S. Eye movement research in aviation and commercially available eye[J]. Trackers Today, 2001, 6 (3): 34-41.

[136]Wang X, Wang B, Zhang L M. Airport detection based on salient areas in remote sensing images [J]. Journal of Computer-Aided Design & Computer Graphics, 2012, 24 (3): 336-344.

[137]Hunt A W, Mah K, Reed N. Eye movement measurement in minor traumatic brain injury[M]// A Systematic Review of the Literature, Archives of Physical Medicine and Rehabilitation, 2014, 95 (10): 50.

[138]Cheng G Y, Wei Z Y. Noise propagation characteristics of underground equipment in coal mines[J]. Journal of Coal Science and Engineering (China), 2012, 18 (3): 320-324.

[139]Peng Y D, Guo Y F, Wu L T, et al. The main projects and development status of noise forecasting and controlling on working face in coal mine[J]. Journal of Coal Science and Engineering (China), 2010, 16 (2): 198-205.

[140]Attarchi M, Dehghan F, Safakhah F, et al. Effect of exposure to occupational noise and shift working on blood pressure in rubber manufacturing company workers. [J]. Industrial Health, 2012, 50 (3): 205-213.

[141]Qian Q J. Effect of long-term exposure to the coal mine noise on cardiovascular risk factors[J]. Occupation & Health, 2014, 30 (17): 2390-2391.

[142]Lutz E A, Reed R J, Turner D, et al. Effectiveness evaluation of existing noise controls in a deep shaft underground mine[J]. Journal of Occupational & Environmental Hygiene, 2015, 12 (5): 287-293.

[143]Jacob R J K, Karn K S. Commentary on section 4-eye tracking in human-computer interaction and usability research: ready to deliver the promises[J]. Minds Eye, 2003, 2 (3): 573-605.

[144]Zakharov V M, Revich B A, Trofimov I E. Role of assessment of the health of the environment for characterizing the impact of environmental factors on human health (Assessment of health of humans and the environment: Possible approaches) [J]. Russian Journal of Developmental Biology, 2018, 49 (1): 12-17.

[145]Khalaj M, Makui A, Tavakkoli-Moghaddam R, et al. Risk-based reliability assessment under epistemic uncertainty[J]. Journal of Loss Prevention in the Process Industries, 2012, 25 (3): 571-581.

[146]Guo H W, Wang W H, Guo W W, et al. Reliability analysis of pedestrian safety crossing in urban traffic environment[J]. Safety Science, 2012, 50 (4): 968-973.

[147]Li P C, Chen G H, Dai L C, et al. A fuzzy Bayesian network approach to improve the quantification of organizational influences in HRA frameworks[J]. Safety Science, 2012, 50 (7): 1569-1583.

[148]Christian P. Safety risk assessment and management ESA approach[J]. Reliability Engineering and System Safety, 1995, (49): 303-309.

[149]Presley M R, Julius J A, et al. A preliminary approach to human reliability analysis for external events with a focus on seismic HRA[C]. International Topical Meeting on Probabilistic Safety Assessment and Analysis, 2013: 1518-1530.

[150]Dahl O, Olsen E. Safety compliance on offshore platforms: A multi-sample survey on the role of perceived leadership involvement and work climate[J]. Safety Science, 2013, 54: 17-26.

[151]Colley S K, Lincolne J, Neal A, et al. An examination of the relationship amongst profiles of perceived organizational values, safety climate and safety outcomes[J]. Safety Science, 2013, 51 (1): 69-76.

[152]Farley A M. A computer implementation of constructive visual imagery and perception[M]// Monty R A, Senders J W. Eye Movements and Psychological Processes. Hillsdale: Erlbaum, 1976.

[153]Yarbus A L. Investigation of the principles governing eye movements in the process of vision. Dokl Akad Nauk SSSR, 1954, 96 (4): 732.

[154]Kircher K, Ahlstrom C. The impact of tunnel design and lighting on the performance of attentive and visually distracted drivers[J]. Accident Analysis and Prevention, 2012, 47: 153-161.

[155]Acosta I, Navarro J, Sendra J J. Towards an analysis of daylighting simulation software[J]. Energies, 2011, 4: 1010-1024.

[156]Gomze-Lorente D, Rabaza O, Estrella A E, et al. A new methodology for calculating roadway lighting design based on a multi-objective evolutionary algorithm[J]. Expert Systems with Applications, 2013, 40: 2156-2164.

[157]Olive C, Prasad T D. Design of haul road illumination system for an opencast coal mining

project—a case study[J]. Journal of Illuminating Engineering Society of North America，2014，10（3）：133-143.

[158]Andrén L，Lindstedt G B，Rkman M，et al. Effect of noise on blood pressure and 'stress' hormones[J]. Clinical Science，1982，62（2）：137-141.

[159]Ablabmeier M，Poitschke T，Bengler F W K，et al. Eye Gaze Studies Comparing Head-Up and Head-Down Displays in Vehicles[C]. Beijing：IEEE International Conference on Multimedia & Expo，2007.

[160]Floh A，Madlberger M. The role of atmospheric cues in online impulse-buying behavior[J]. Electronic Commerce Research & Applications，2013，12（6）：425-439.

[161]Sliwinska-Kowalska M，Pawelczyk M. Contribution of genetic factors to noise-induced hearing loss：A human studies review[J]. Mutation Research/Reviews in Mutation Research，2013，752（1）：61-65.

[162]Chao P C，Juang Y J，Chen C J. Combined effects of noise，vibration，and low temperature on the physiological parameters of labor employees[J]. Kaohsiung Journal of Medical Sciences，2013，（29）：560-567.

[163]Romeu J，Cotrina L，Perapoch J，et al. Assessment of environmental noise and its effect on neonates in a Neonatal Intensive Care Unit[J]. Applied Acoustics，2016，（111）：161-169.

[164]Kramer B，Joshi P. Noise pollution levels in the pediatric intensive care unit[J]. Journal of Critical Care，2016，（36）：111-115.

[165]Gallo P，Fredianelli L，Palazzuoli D. A procedure for the assessment of wind turbine noise[J]. Applied Acoustics，2016，（114）：213-217.

[166]Gille L A，Marquis-Favre C，Weber R. Aircraft noise annoyance modeling：Consideration of noise sensitivity and of different annoying acoustical characteristics[J]. Applied Acoustics，2017，（115）：139-149.

[167]Bergasa L M，Buenaposada J M，Nuevo J，et al. Analysing driver's attention level using computer vision[C]//International IEEE Conference on Intelligent Transportation Systems. IEEE，2008：1149-1154.

[168]Mundorff J S. Effects of speech signal type and attention on acceptable noise level in elderly，hearing-impaired listeners[D]. Dissertations & Theses-Gradworks，2011.

[169]Yim K S. Effects of skipping breakfast on nutrition status，fatigue level，and attention level among middle school students in Gyunggi Province，Korea[J]. Journal of the Korean Society of Food Culture，2014，29（5）：464-475.

[170]Mc Lean R C，Stewart D，McLaughlin R K. Some aspects of the thermal environment and heat stress[J]. Australian Refrigeration，Air Conditioning and Heating，1985，35（7）：31-36，38.

[171]U. S. Department of Health and Human Services，Public Health Service，Centers for Disease Control，National Institute for Occupational Safety and Health. Criteria for a recommended standard-occupational exposure to hot environments[R]. Washington：Publication No. 86-113，1986.

[172]Gun R T，Budd G M. Effects of thermal，personal and behavioural factors on the physiological strain，thermal comfort and productivity of Australian shearers in hot weather. Ergonomics，

1995，38（7）：1368-1384.

[173]Hancock P A，Vasmatzidis I. Human occupational and performance limits under stress: The thermal environment as a prototypical example. Ergonomics，1998，41（8）：1169-1191.

[174]Sawka M N，Wenger B C，Pandolf K B. Thermoregulatory responsestoacute exercise，heat stress and heat acclimation[M]//Handbook of Physiology，Environmental Physiology. Bethesda MD: Am Physiol Soc，1995：157-185.

[175]Nag P K，Ashtekar S P，Nag A，et al. Human heat tolerance in simulated environment[J]. Indian J Mes，1997，105：226-234.

[176]Minson C T，Wladkowski S L，Cardell A F，et al. Age alters the cardiovascularresponse to direct passive heating[J]. J Appl Physiol，1998，84：1323-1332.

[177]Sazama M. The effect of vapor permeable versus non-vapor permeable shirts on heat stress[D]. University of Wisconsin-Stout，2001.

[178]Brake D J，Bates G P. Fluid losses and hydration status of industrial workers under thermal stress working extended shifts[J]. Occupational and Environmental Medicine，2003，60（2）：90-96.

[179]Gillooly J F，Brown J H，West G B，et al. Effects of size and temperature on metabolic rate[J]. Sicence，2001，293（5538）：2248-2251.

[180]Carter R，Samuel N，Cheuvront D. The influence of hydration status on heart rate variability after exercise heat stress[J]. Journal of Thermal Biology，2005，30（7）：495-502.

[181]Vangelova K，Deyanov C，Ivanova M. Dyslipidemia in industrial workers in hot environments[J]. Central European Journal of Public Health，2006，14（1）：15-17.

[182]Saha R，Samanta A，Dey N C. Cardiac workload of dressers in underground manual coal mines[J]. Journal of Institute of Medicine，2010，32（2）：11-17.

[183]Yokota M，Berglund L，Cheuvront S，et al. Thermoregulatory model to predict physiological status from ambient environment and heart rate[J]. Computers in Biology and Medicine，2008，38（11）：1187-1193.

[184]O'Neal E K，Bishop P. Effects of work in a hot environment on repeated performances of multiple types of simple mental tasks [J]. International Journal Industrial Ergonomics，2010，40（1）：77-81.

[185]Yuan Y，Simplaceanu V，Nancy T H，et al. An investigation of the distal histidyl H-bonds in ox hemoglobin: Effects of temperature，p H，and inositol hexaphosphate[J]. Biophysical Journal，2011，100（3）：220.

[186]Fanger P O. Thermal Comfort-analysis and Application in Environment. Engineering[M]. Copenhagen: Danish Technology Press，1970.

[187]Hayakawa K，Isoda N，Yanase T. Study of the effects of air temperature and humidity on the human body during physical exercise in the summer[J]. Journal of Architecture，Planning and Environmental Engineering（Transactions of AIJ）. 1989，（405）：493-501.

[188]Moran D S，Pandolf K B，Shapiro Y. Evaluation of the environmental stress index for physiological variables[J]. Journal of Thermal Biology，2003，28（1）：43-49.

[189]Iwase M，Izumizaki M，Miyamoto K. Lack of histaminetype-1 receptors impairs the thermal

response of respiration during hypoxia in mice (*Mus musculus*) [J]. Comparative Biochemistry and Physiology, 2007, 146: 242-251.

[190]Green M S. Association of silent-segment depression on one-hour ambulatory ECGs with exposure to industrial noise among bule-collar workers in Israel examined at different levels of temperature[J]. Excreta Medical, Environmental, Health and Pollution Control, 1993, 30 (6): 277-278.

[191]Kovalchik P G. Application of prevention through design for hearing lossin the mining industry[J]. Journal of Safe Research, 2008, 39: 251-254.

[192]Alaimo B. Unsafe behavior or unsafe condition-that is the question[J]. Division of Chemical Health and Safety of the American Chemical Society, 2005, 63: 48-56.

[193]Hopkins A. What are we to make of safe behavior programs[J]. Safety Science, 2006, 44: 583-597.

[194]Williams W, Storey L. Towards more effective methods for changing perceptions of noise in the workplace[J]. Safety Science, 2007, 45: 431-447.

[195]Purdy W, Storey S. Assessing the workplace safety climate[J]. Journal of Occupational Health and Safety, 2005, 21: 61-66.

[196]Peterson E A, Augenstein J S, Hazelton C L, et al. Some cardiovascular effects of noise[J]. The Journal of Auditory Research, 1984, 24: 35-62.

[197]Regecova V, Kellerova E. Effects of urban noise pollution on biood pressure and heart rate in preschool children[J]. Journal of Hypertens, 1995, 13: 405-412.

[198]Lundberg U, Franken H M. Psychophy siological reactions to noise as modified by personal control over noise intensity[J]. Biological Psychology, 1978, 6 (1): 51-59.

[199]毛科俊, 赵晓华, 刘小明, 等. 基于脑电分析的驾驶疲劳预报研究[J]. 人类工效学, 2009, (4): 25-29.

[200]吴绍斌, 高利, 王刘安. 基于脑电信号的驾驶疲劳检测研究[J]. 北京理工大学学报, 2009, (12): 1072-1075.

[201]房瑞雪, 赵晓华, 荣建, 等. 基于脑电信号的驾驶疲劳研究[J]. 公路交通科技, 2009, (S1): 124-126.

[202]吴剑锋, 吴群, 孙守迁. 模拟条件下驾驶疲劳的心率变异性表现[J]. 中华劳动卫生职业病杂志, 2010, 28 (9): 686-688.

[203]向立平, 王汉青. 高温高湿矿井人体热舒适数值模拟研究[J]. 矿业工程研究, 2009, 24 (3): 66-69.

[204]王树刚, 徐哲, 张腾飞, 等. 矿井热环境人体热舒适性研究[J]. 煤炭学报, 2010, 35 (1): 97-100.

[205]景国勋, 李创起, 彭信山. 掘进工作面作业工人血压变化规律的研究[J]. 工业安全与环保, 2012, (38): 51-52.

[206]景国勋, 彭信山, 李创起, 等. 基于光环境指数综合评价法的综掘工作面照明环境评价[J]. 安全与环境工程, 2012, 19 (3): 41-44.

[207]景国勋, 彭信山. 照明对煤巷掘进支护作业效率的影响实验研究[J]. 安全与环境学报, 2013, 13 (6): 201-203.

[208]牛国庆, 崔彩彩, 张坤. 辅助文字对安全标志识别性影响的眼动研究[J]. 河南理工大学学

报（自然科学版），2014，33（4）：410-415.

[209]胡祎程，周晓宏，王亮. 工程项目现场安全标志有效性评价[J]. 中国安全科学学报，2012，8：37-42.

[210]闫国利，白学军. 广告心理学中的眼动研究和发展趋势[J]. 心理科学，2004，27（2）：459-461.

[211]田水承，管锦标，魏绍敏. 煤矿人因事故关系因素的动态灰色关联分析[J]. 矿业安全与环保，2005，4：69-71，83.

[212]刘健超，邢奕，宋存义，等. 基于马尔萨斯模型对钢铁企业伤害事故与工龄指数之间规律的研究[J]. 安全与环境学报，2007，5：100-103.

[213]田亚男，雷红玮，王旭. 基于注意模型的视觉替代方法[J]. 电子学报，2014，5：890-895.

[214]钱堃，马旭东，戴先中，等. 基于显著场景 Bayesian Surprise 的移动机器人自然路标检测[J]. 模式识别与人工智能，2013，6：571-576.

[215]丁锦红，王军，张钦. 平面广告中图形与文本加工差异的眼动研究[J]. 心理学探新，2004，4：30-34.

[216]崔力，浩明. 基于视觉注意机制的图像质量评价[J]. 东南大学学报（自然科学版），2012，5：854-858.

[217]王鑫，王斌，张立明. 基于图像显著性区域的遥感图像机场检测[J]. 计算机辅助设计与图形学学报，2012，3：336-344.

[218]赵新灿，左洪福，任勇军. 眼动仪与视线跟踪技术综述[J]. 计算机工程与应用，2006，12：118-120，140.

[219]张丽娜，张学民，陈笑宇. 汉字字体类型与字体结构的易读性研究[J]. 人类工效学，2014，3：32-36.

[220]邓传杰. 浅议煤矿井下噪声危害与防治[J]. 能源与节能，2015，11：48-49.

[221]王浩，蒋承林. 煤矿井下噪声危害分析及对策[J]. 中国安全生产科学技术，2011，12：183-187.

[222]郭军，岳宁芳，金永飞，等. 矿井热动力灾害救援安全性评价指标体系[J]. 煤矿安全，2017，48（7）：253-256.

[223]赵一鸣. 近年来我国噪声危害与防治措施研究进展及今后研究方向和工作重点[J]. 工业卫生与职业病，1998，（3）：187-192.

[224]赵立阶，翁诗君，吴杰. 噪声对纺织女工行为功能的影响[J]. 南通大学学报（医学版）医学版，1986，（1）：33-35，72，81.

[225]杨建明，陈琛，陈琼宇，等. 长话接线员作业对神经行为功能的影响[J]. 工业卫生与职业病，1994，（5）：274-276.

[226]程金霞，蔡翔，陈君钧，等. 机械噪声对神经行为功能的影响[J]. 南京军医学院学报，2000，（3）：205-207.

[227]万会举，王霞. 590 名井下煤矿工人噪声危害情况分析[J]. 中国职业医学，2003，30（4）：8.

[228]程根银，陈绍杰，齐金龙，等. 煤矿井下噪声对人的不安全行为影响分析研究[J]. 华北科技学院学报，2014，（1）：89-93.

[229]贺飞，王继仁，程根银，等. 井下有限空间内作业人员噪声危害调查[J]. 安全与环境学报，2017，17（3）：849-854.

[230]李晓平，赵阳. 生产性噪声的职业病危害分析[J]. 职业卫生，2004，（6）：57-60.

[231]庞蕴凡. 视觉与照明[M]. 北京：中国铁路出版社，1993.

[232]姚其，居家奇，程雯婷，等. 不同光源的人体视觉及非视觉生物效应的探讨[J]. 照明工程学报，2008，19（2）：14-19.

[233]余旭，徐宾泽，罗夏. 煤矿巷道固定照明灯节能优化安置分析[J]. 湖南农机，2011，38（7）：63-64.

[234]姚其. 民机驾驶舱 LED 照明工效研究[D]. 上海：复旦大学，2012.

[235]刘英婴. 公路隧道照明节能技术研究[J]. 灯与照明，2013，37（4）：8-10，30.

[236]刘英婴，翁季，陈建忠，等. 光源光色对隧道照明效果的影响[J]. 土木建筑与环境工程，2013，35（3）：162-166.

[237]彭信山，景国勋. 照明对煤巷掘进支护作业效率影响的试验研究[J]. 安全与环境学报，2013，13（6）：201-204.

[238]张坤，崔彩彩，牛国庆，等. 安全标志边框形状及颜色的视觉注意特征研究[J]. 安全与环境学报，2014，14（6）：18-22.

[239]闫维忠，王永建. LED 照明技术在煤矿井下的应用[J]. 灯与照明，2011，35（3）：40-43.

[240]晨春翔. 我国煤矿绿色照明技术的发展探讨[J]. 煤炭科学技术，2007，35（9）：10-14.

[241]杨文志，牟曙光，王建. 浅谈巷道照明设计及螺旋型高效节能灯的应用[J]. 有色矿冶，2009，25（1）：47-49.

[242]郭燕，施喜书，周瑜. 煤矿井下照明的分析与研究[J]. 煤炭工程，2013，（S2）：128-129.

[243]康金明. 基于煤矿井下的眩光防治与新型矿用防眩照明灯[J]. 电气开关，2011，（3）：48-49.

[244]李昕，章桥新. 鸡笼山矿井照明的分析与设计[J]. 照明工程学报，2008，19（2）：53-57.

[245]谢敬，康毅. DIALux 软件在照明优化中的应用及其精度验证[J]. 黑龙江电力，2015，（2）：163-167.

[246]黄旭. 基于 DIALux 仿真分析的厂房照明设计[J]. 照明工程学报，2013，24（6）：120-124.

[247]张善伟. 公路隧道照明设计中 DIALux 的适用性及建模方法分析[J]. 照明工程学报，2014，25（5）：93-97.

[248]黄义贤. 基于 DIALux 模拟试验的小城市道路照明方式探讨[J]. 照明工程学报，2016，27（4）：27-32.

[249]刘照鹏. 煤矿综采工作面噪声的分析[J]. 煤矿安全，2004，2（35）：30-33.

[250]柏东冰. 矿井工作面噪声分析及降噪算法研究[D]. 大连：大连海事大学，2014：1-79.

[251]黄孝扬. 噪声对人的影响及评价方法[J]. 汕头科技，2002，（1）：52-56.

[252]程根银，陈绍杰. 矿井下噪声对人的不安全行为影响分析研究[J]. 华北科技学院学报，2014，（11）：89-93.

[253]雷柏伟，吴兵. 煤矿井下主要设备声源测定分析研究[J]. 中国安全生产科学技术，2011，（7）：72-75.

[254]田水承，李磊，邓军. 基于 BioLAB 的矿工不安全行为与噪声关系试验研究[J]. 中国安全科学学报，2013，3（23）：10-15.

[255]田水承，梁清，王莉，等. 噪声与矿工行为安全关系研究及防控对策[J]. 西安科技大学学报，2015，35（5）：555-560.

[256]莫秋云. 基于人体脑波和心率变异的噪声综合评价方法研究[D]. 北京：北京林业大学，

2005.

[257] 杨丽娟, 朱兰芬, 黎伟莲. 手术室噪声对病人生理心理影响及护理[J]. 全科护理, 2008, 6 (15): 1332-1334.

[258] 雷柏伟, 吴兵, 程根银, 等. 煤矿井下主要设备声源测定分析研究[J]. 中国安全生产科学技术, 2011, 07 (1): 72-75.

[259] 彭佑多, 谢伟华, 郭迎福, 等. 矿井掘进工作面粉尘对机器噪声衰减的影响[J]. 湖南科技大学学报 (自然科学版), 2012, 27 (1): 23-29.

[260] 王福增. 煤矿井下电机车巷道环境电磁噪声的研究[J]. 中北大学学报 (自然科学版), 2012, 33 (4): 457-461.

[261] 谭强, 陈馥, 郭垚, 等. 职业性噪声接触对工人心率影响研究的 Meta 分析[J]. 中国预防医学杂志, 2016 (9): 659-662.

[262] 殷恒婵. 青少年注意力测验与评价指标的研究[J]. 中国体育科技, 2003, 39 (3): 51-53.

[263] 阳静, 刘本燕, 凌莉, 等. 噪声对大学生注意力的影响[J]. 环境与职业医学, 2014, 31 (2): 119-121.

[264] 景国勋, 李创起, 彭信山. 基于 VB 语言的人可靠性分析评价系统的设计与应用[J]. 矿业安全与环保, 2012, 39 (3): 23-25.

[265] 彭信山, 景国勋. 照明对煤巷掘进支护作业效率的试验研究[J]. 安全与环境学报, 2013, 13 (6): 201-203.

[266] 景国勋, 李欢, 张坤. 机遇多层次模糊综合评判的作业工人整体舒适度研究[J]. 安全与环境学报, 2014, 14 (3): 80-83.

[267] 景国勋, 孙晓艳, 郜阳. 基于熵权方法的掘进工作面作业安全评价[J]. 安全与环境学报, 2014, 14 (6): 1-4.

[268] 邹阳阳, 景国勋. 基于生理信号的驾驶疲劳综合指标试验[J]. 安全与环境学报, 2015, 15 (3): 57-61.

[269] 景国勋, 樊子琦. 基于信息融合技术的矿山环境综合评估方法[J]. 安全与环境工程, 2016, 23 (6): 90-94.

[270] 景国勋, 吕鹏飞, 赵攀飞, 等. 煤矿噪声对人的注意力影响实验研究[J]. 中国安全生产科学技术, 2017, 13 (10): 164-168.

[271] 景国勋, 赵攀飞, 吕鹏飞, 等. 不同煤矿噪声暴露时间对视觉认知影响研究[J]. 安全与环境学报, 2018, 18 (2): 615-618.

[272] 景国勋, 张峰, 周霏. 基于 DIALux 的煤矿巷道照明模拟及照度分析[J]. 安全与环境学报, 2018, 18 (3): 972-976.

[273] 景国勋, 雒赵飞. 不同工龄矿工对警示语标识的视觉注意特征[J]. 安全与环境学报, 2016, 16 (6): 163-168.

[274] 周霏. 综采工作面不同环境条件对作业人员生理指标影响分析与研究[D]. 焦作: 河南理工大学, 2018: 6.

[275] 雒赵飞. 综采工作面复杂条件下温度、作业时间对人体生理特征影响研究[D]. 焦作: 河南理工大学, 2016: 6.

[276] 赵攀飞. 综采工作面噪声不同暴露时间对人体视觉认知影响的试验研究[D]. 焦作: 河南理工大学, 2017: 12.

[277] 吕鹏飞. 基于 S-O-R 模型综采工作面噪声对人的影响研究[D]. 焦作：河南理工大学，2018：6.

[278] 唐志文，刘忠权，梁振福，等. 船舶舱室某些物理因素对人体工效的影响[J]. 人类工效学，1997，（3）：10-12.

[279] 叶义华，张治国. 环境因素对人的行为影响分析与评价[J]. 有色金属，2001，（2）：6-9.

[280] 邢娟娟. 井下高温作业的作业人员生理、生化测定研究[J]. 中国安全科学学报，2001，（4）：48-51.

[281] 朱能，赵靖. 高热害煤矿极端环境条件下人体耐受力研究[J]. 建筑热能通风空调，2006，（5）：34-37.

[282] 李静，张忠贤. 环境因素对施工现场与生产作业安全的影响分析[J]. 冶金经济与管理，2002，（1）：42-43.

[283] 吴金刚，高建良，支光辉. 井下环境因素对人为失误的影响[J]. 煤炭工程，2005，（9）：40-41.

[284] 郑莹. 煤矿员工不安全行为的心理因素分析及对策研究[D]. 唐山：河北理工大学，2008.

[285] 兰丽. 室内环境对人员工作效率影响机理与评价研究[D]. 上海：上海交通大学，2010.

[286] 景国勋，李创起，彭信山. 掘进工作面复杂环境因素与人因伤亡事故的关联度分析[J]. 安全与环境学报，2012，12（1）：238-240.

[287] 赵泓超. 基于生理-心理测量的作业人员不安全行为实验研究[D]. 西安：西安科技大学，2012.

[288] 张武煌，顾季昂. 铜矿井下高温高湿作业工人身体状况的观察[J]. 工业卫生与职业病，1984，（2）：88-90.

[289] 王宪章，崔代秀，鲜学义，等. 体力负荷对高温耐力的影响[J]. 航天医学与医学工程，1989，2（4）：258-263.

[290] 陈镇洲，徐如祥，姜晓丹，等. 高温高湿环境运动后人生命体征及脑血流的变化[J]. 解放军医学杂志，2005，（7）：652-653.

[291] 李国建. 高温高湿低氧环境下人体热耐受性研究[D]. 天津：天津大学，2008.

[292] 崔文广. 深井热害对作业人员生理和生化指标的影响[D]. 武汉：华中科技大学，2008.

[293] 丁克舫，张洪斌. 煤矿井下环境在人-机-环境系统中的重要地位[J]. 煤矿安全，2009，（8）：120-121.

[294] 刘佳. 高温高湿环境下人体生理参数识别及权重影响的研究[D]. 天津：天津大学，2012.

[295] 孔嘉莉. 矿井高温高湿环境对人体机能影响的研究[D]. 湘潭：湖南科技大学，2014.

[296] 白煜坤. 高温环境对作业人员生理及行为影响实验研究[D]. 西安：西安科技大学，2015.

[297] 曹连民，肖兴媛，郭爱英. 煤矿噪声治理研究[J]. 煤矿机械，2004，（11）：41-43.

[298] 唐中华，胡兰田，阚伟华，等. 矿山掘进工作面的噪声控制与防护[J]. 煤矿现代化，2003，（1）：18.

[299] 莫秋云，李文彬，高双林. 木工宽带砂光机噪声对人体心率的影响[J]. 北京林业大学学报，2004，（3）：64-66.

[300] 郑倩. 煤矿设备噪声对作业人员的危害及防治[J]. 现代商贸工业，2014，（7）：180-181.

[301] 胡大庆，于咏梅，韩志新. 噪声联合高温作业对从业者听力的影响[J]. 职业与健康，2007，（1）：14.

[302] 胡军祥，杨琼霞，黄佩龙，等. 噪声应激对血压及心率变异性的影响[J]. 科技通报，2007，

（5）：681-683.

[303] 李冬梅，佟久芬，王艳，等. 煤矿井下噪声作业协议工听力分析[J]. 职业与健康，2014，30（9）：1175-1177.

[304] 程根银，陈绍杰，魏志勇，等. 井下噪声对人心理生理影响分析[J]. 西安科技大学学报，2011，31（6）：850-853.

[305] 王春雪，吕淑然. 噪声对建筑施工人员作业疲劳影响实验研究[J]. 中国安全生产科学技术，2015，11（11）：156-160.

[306] 李靖，吴林林，童英华. 基于 SPSS 的噪声与员工不安全行为关系分析研究[J]. 华北科技学院学报，2017，（5）：82-85.

[307] 王春雪，吕淑然. 噪声对安全注意力影响实验研究[J]. 中国安全生产科学技术，2016，12（3）：160-164.

[308] 李敏，贾惠侨，李开伟，等. 噪声水平对人不安全行为的影响研究[J]. 中国安全科学学报，2017，27（3）：19-24.

[309] 李宝峰，宋笔锋，薛红军. 系统安全中人的可靠性研究的理论问题分析[J]. 中国安全科学学报，2005，（8）：21-23.

[310] Embrey D E，Humphreys P，Rosa E A，et al. SLIM-MAUD：An Approach to Assessing Human Error Probabilities Using Structured Expert Judgement，Vol. 1：Overview of SLIM-MAUD，Vol. 11：Detailed Analyses of the Technical Issues[R]. NUREG/CR-3518，Washington，DC（USA），1984.

[311] Cooper S E，Ramey-Smith A M，Wreathall J，et al. A Technique for Human Error Analysis（ATHEANA）[R]. NUREG/CR-6350，Washington，DC（USA），1996.

[312] 何旭洪，王遥，黄祥瑞. ATHEANA 方法在人误事件分析中的应用[J]. 核动力工程，2005，（6）：631-634.

[313] Hollnagel E. Cognitive Reliability and Error Analysis Method[M]. England：Elsevier Science Ltd，1998.

[314] Konstandinidou M，Nivolianitou Z，Kiranoudis C，et al. A fuzzy modeling application of CREAM methodology for human reliability analysis[J]. Reliability Engineering & System Safety，2006，91（6）：706-716.

[315] Bertolini M. Assessment of human reliability factors：A fuzzy cognitive maps approach[J]. International Journal of Industrial Ergonomics，2007，37（5）：405-413.

[316] Groth K M，Mosleh A. A data-informed PIF hierarchy for model-based human reliability analysis[J]. Reliability Engineering & System Safety，2012，108：154-174.

[317] Podofillini L，Dang V N. A Bayesian approach to treat expert-elicited probabilities in human reliability analysis model construction[J]. Reliability Engineering & System Safety. 2013，117：52-64.

[318] Swain A D，Gutmann H E. Handbook of Human Reliability Analysis with Emphasis on Nuclear Power Plant Application[R]. NUREG/CR-1278，Washington，DC（USA），1983.

[319] Hall R E，Fragola J，Wreathall J. Post Event Huamn Decision Errors：Operator Action Tree/Time Reliability Correlation[R]. NUREG/CR-3010，Washington，DC（USA），1982.

[320] Fleming K N，Raabe P H，Hannaman G W，et al. Accident Initiation and Progression Analysis Status Report，Volume Ⅱ，AIPA Risk Assessment Methodology[R]. GA/AI3617 Vol. ll

UC-77，General Atomic Co，san Diego（USA），1975.

[321] Seaver D A，Stillwell W G. Procedures for Using Expert Judgment to Estimate Human Error Probabilities in Nuclear Power Plant Operations[R]. NUREG/CR-2743，Washington，DC（USA），1983.

[322] Potash L M，Stawart M，Dietz P E，et al. Experience in integrating the operator contributions in the PRA in actual operating plants[C]//Proceedings of the ANS/ENS Topical Meeting on Probabilistic Risk Assessment. Port Chester，NY：American Nuclear Society，Lagrange Park（USA），1981：1054-1063.

[323] Swain A D. Accident Sequence Evaluation Program Human Reliability Analysis Procedure[R]. NUREG/CR-4772，Washington，DC（USA），1987.

[324] Samanta P K，Brien J N O，Morrison H W. Multiple Sequential Failure Model：Evaluation of and Procedure for Human Error Dependency[R]. NUREG/CR-3837，Washington，DC（USA），1985.

[325] Williams J C. A data-based method for assessing and reducing human error to improve operational performance[C]//Proceedings of the IEEE 4th Conference on Human Factor in Power Plants，Monterey，California. Institute of Electronic and Electrical Engineers，New York（USA），1988.

[326] Hannaman G W，Spurgin A J，Joksimovich V，et al. Systematic Human Action Reliability Procedure（SHARP）[R]. EPRI NP-3583，Electric Power Research Institute，Palo Alto，California，1984.

[327] Gertman D I，Blackmann H S，Haney L N，et al. INTENT: A method for estimating human error probabilities for decision based errors[J]. Reliability Engineering & System Safety，1992，35（2）：127-137.

[328] Cooper S E，Ramey-Smith A M，Wreathall J，et al. A Technique for Human Error Analysis（ATHEANA）[R]. NUREG/CR-6350. Washington，DC（USA），1996.

[329] Serwy R D，Rantanen E M. Evaluation of a software Implementation of the Cognitive Reliability and Error Analysis Method. [J] Human Factors & Ergonomics Society Annual Meeting Proceedings，2007，51（18）：1249-1253.

[330] 阳富强，吴超，汪发松，等. 1998—2008 年人因可靠性研究进展[J]. 科技导报，2009，27（8）：87-94.

[331] 闫放. 2009—2013 年国内人因可靠性研究进展[C]. 中国职业安全健康协会行为安全专业委员会. 第二届行为安全与安全管理国际学术会议论文集. 2015：5.

[332] 朱川曲，王卫军. 综采工作面人-机-环境系统可靠性[J]. 系统工程理论与实践，1999，（4）：109-114.

[333] 肖国清，陈宝智. 人因失误机理及其可靠性研究[J]. 中国安全科学学报，2001，（1）：22-25.

[334] 李建中，铁占续，张学胜. 综采工作面人机系统计算机模拟研究[J]. 矿山机械，2002，（6）：11-13.

[335] 王观昌，张和平，魏计林. 井下事故预防的定量分析方法[J]. 煤矿安全，2001，（4）：8-9.

[336] 杨玉中，张强. 煤矿运输安全性的可拓综合评价[J]. 北京理工大学学报，2007，27（2）：184-188.

[337]马光晓，李迎端. 重视职工安全心理与需要[J]. 工业安全预防尘，2001，27（8）：41-43.

[338]胡敬朋. 综采工作面人-机-环境系统可靠性研究[D]. 淮南：安徽理工大学，2005.

[339]彭兴文，周焕明，杨曼，等. 深井铁矿井下作业环境监测及评价[J]. 矿业安全与环保，2010，36（8）：55-56.

[340]张建峰. 紫金煤矿 3204 工作面作业环境安全[J]. 山西煤炭，2010，32（4）：75-76.

[341]易欣，王振平，张广文，等. 济宁三号煤矿热环境测试和工作面热源分布[J]. 中国煤炭，2013，39（3）：116-117.

[342]徐志胜，韩可琦，张先尘，等. 高产高效综采放顶煤工作面人-机-环境系统可靠性[J]. 中国矿业大学学报，1995，24（2）：12-19.

[343]朱川曲. 基于神经网络的综采工作面人-机-环境系统的可靠性研究[J]. 煤炭学报，2000，25（3）：268-272.

[344]陈鹏，张国枢. 矿井通风"人-机-环境"系统可靠性研究[J]. 安徽理工大学学报（自然科学版），2003，23（1）：22-24.

[345]廖建朝，李猛，谢正文. 基于人机工程学的矿山采面安全模糊综合评价[J]. 中国安全生产科学技术，2008，4（2）：57-60.

[346]王玉林，杨玉中. 综采工作面人-机-环境系统安全性分析[M]. 北京：冶金工业出版社，2011.

[347]高佳，沈祖培，黄祥瑞. 人员可靠性分析：历史、需求和进展[J]. 中国安全科学学报，2003，13（12）：44-47.

[348]孙志强，史秀建，刘凤强，等. 人为差错成因分析方法研究[J]. 中国安全科学学报，2008，18（6）：21-27.

[349]景国勋，彭信山，李创起，等. 基于光环境指数综合评价法的综掘工作面照明环境评价[J]. 安全与环境工程，2012，19（3）：41-44.

[350]冯述虎. 煤矿生产中人员可靠性的定性与定量分析[J]. 辽宁工程技术大学学报（自然科学版），2000，（4）：445-448.

[351]张力，黄祥瑞，赵炳全，等. 秦山核电厂操纵员可靠性模拟机实验研究[J]. 中国工程科学，2005，（2）：41-46.

[352]何旭洪，高佳，黄祥瑞. 人的可靠性分析方法比较[J]. 核动力工程，2005，（6）：627-630.

[353]陈静，曹庆贵，李润之. 煤矿生产中人失误的预测与评价[J]. 矿业安全与环保，2007，（1）：78-81.

[354]王洪德，马成正. 基于 RBF 的起重作业岗位人因可靠性预测[J]. 中国安全科学学报，2012，22（7）：42-47.

[355]张锦朋，陈伟炯，张浩，等. 基于 CREAM 的值班驾驶员避险可靠性分析[J]. 中国安全科学学报，2012，22（9）：90-96.

[356]廖斌，高慧，刘敏，等. 基于 CREAM 的校车驾驶员人因可靠性分析方法[J]. 中国安全生产科学技术，2012，8（11）：145-150.

[357]王威，顾伟，康小平. 基于认知分析的变电站人为可靠性分析方法[J]. 能源工程，2012，（5）：42-44.

[358]陆海波，王媚，郭创新，等. 基于 CREAM 的电网人为可靠性定量分析方法[J]. 电力系统保护与控制，2013，41（5）：37-42.

[359]王丹，刘琳，贺宏博. 人因可靠性分析在煤矿生产中的改进与应用[J]. 内蒙古大学学报（哲

学社会科学版），2013，45（4）：60-65.

[360] 徐培娟，彭其渊，文超，等. 基于 THERP-Markov 原理的高铁列调人因可靠性分析[J]. 交通运输系统工程与信息，2014，14（6）：133-140.

[361] 高建平，陶利波，宋德明，等. 数控机床人因可靠性评价方法[J]. 数学的实践与认识，2014，44（2）：289-291.

[362] 吴海涛，罗霞. 高铁列车调度员人因失误概率量化方法研究[J]. 中国安全科学学报，2015，25（5）：108-113.

[363] 张开冉，王若成，邱谦谦. 基于贝叶斯网络的非正常情况下高铁行车调度人因可靠性分析[J]. 安全与环境学报，2015，15（5）：161-165.

[364] 史德强，陆刚，王磊. 煤矿井下作业人因可靠性[J]. 工业工程，2015，18（5）：155-159.

[365] Atkeson A P J. Models of energy use: Putty-Putty versus putty-clay[J]. American Economic Review，1999，（89）：1028-1043.

[366] Hamilton J D. A neoclassical model of unemployment and the business cycle[J]. Journal of Political Economy，1988，（96）：593-617.

[367] Bohi D R. On the macroeconomic effects of energy price shocks[J]. Resources and Energy，1991，（13）：145-162.

[368] 景国勋，杨玉中. 矿山重大危险源辨识、评价及预警技术[M]. 北京：冶金工业出版社，2008.

[369] Altman E T R，Narayanan H P. ZETA analysis a new model to identify bankrupty risk of corporations[J]. Journal of Banking and Finance，1997，（1）：29-54.

[370] Mlehael J C，Meekling W H. Theory of the firm: Managerial behavior，agency costs and ownership structure[J]. Journal of Financial Economics，2006，（3）：61-64.

[371] Tam K Y，Kiang M Y. Managerial application of neural networks: The Case of bank failure prediction[J]. Management Science，1992，38：926-947.

[372] Fletcher D，Goss E. Forecasting with networks: an application using bankruptcy data[J]. Information and Management，1993，24：159-167.

[373] Duke Joanne C，Hunt H G. An empirical examination of debt covenant restrictions and accounting-related debt proxies[J]. Journal of Accounting and Economics，2007，（12）：90-92.

[374] 黄光球，陆秋琴，云庆夏. 建立矿山重大决策动态预警系统的方法[J]. 化工矿山技术，1995，（5）：19-23.

[375] 王慧敏，陈宝书. 煤炭行业预警指标体系的基本框架结构[J]. 中国煤炭经济学院学报，1996，（4）：10-13.

[376] 曹金绪. 矿山开发环境预警系统研究[D]. 武汉：中国地质大学，2003.

[377] 张明. 煤矿安全预警管理及系统研究[D]. 太原：太原理工大学，2004.

[378] 邵长安，李贺，关欣. 煤矿安全预警系统的构建研究[J]. 煤炭技术，2007，（5）：63-65.

[379] 宫运华，罗云. 安全生产预警管理研究[J]. 中国煤炭，2006，（10）：67-69.

[380] 宋杰鲲，李继尊. 基于 PCA-AR 和 K 均值聚类的煤炭安全预警研究[J]. 山东科技大学学报（自然科学版），2008，（2）：105-109.

[381] 李文，武玉梁. 煤矿危险源风险预警与控制的研究[J]. 中国安全生产科学技术，2009，（4）：154-157.

[382]何国家,刘双勇,孙彦彬. 煤矿事故隐患监控预警的理论与实践[J]. 煤炭学报,2009,34(2):212-217.

[383]李贤功,宋学锋,孟现飞. 煤矿安全风险预控与隐患闭环管理信息系统设计研究[J]. 中国安全科学学报,2010,(7):89-95.

[384]孟现飞,宋学锋,张炎治. 煤矿风险预控连续统一体理论研究[J]. 中国安全科学学报,2011,(8):90-94.

[385]牛强,周勇,王志晓,等. 基于自组织神经网络的煤矿安全预警系统[J]. 计算机工程与设计,2006,(10):1752-1753.

[386]郭佳,杨洋. 基于远程监测模式的煤矿安全生产预警系统研究[J]. 中国煤炭,2007,(9):69-72.

[387]杨玉中,冯长根,吴立云. 基于可拓理论的煤矿安全预警模型研究[J]. 中国安全科学学报,2008(1):40-45.

[388]刘小生,薛萍. 基于神经网络的矿山安全预警专家系统[J]. 煤矿安全,2008,(12):110-112.

[389]胡双启,李勇. 基于灰色 Elman 神经网络的煤矿事故预测[J]. 中国安全生产科学技术,2009,5(4):106-109.

[390]张治斌,姜亚南,郭政慧. 关联规则挖掘技术在煤矿安全预警系统中的应用研究[J]. 工矿自动化,2009,35(9):24-26.

[391]丁宝成. 煤矿安全预警模型及应用研究[D]. 阜新:辽宁工程技术大学,2010.

[392]杜振宇,杨胜强,李佳乃. 可拓优度评价法在煤矿安全评价中的应用[J]. 煤矿安全,2012,43(10):221-224.

[393]孙旭东. 基于模糊信息的煤矿安全风险评价研究[D]. 北京:中国矿业大学,2013.

[394]陈孝国,边晓菲,母丽华,等. 基于混合型动态决策理论的露天矿边坡危险度评价[J]. 灾害学,2015,30(4):34-38.

[395]颜晓. 煤矿安全预警系统方案设计[J]. 煤矿现代化,2002,(6):23-24.

[396]曹庆贵,孙春江,张殿镇. 安全行为管理预警技术研究[J]. 辽宁工程技术大学学报,2003,(4):555-558.

[397]郝成,李辉,姚征. 基于 GPRS 的地方煤矿安全监控监测系统[J]. 工矿自动化,2006,(1):30-32.

[398]李春民,王云海,张兴凯. 矿山安全监测预警与综合管理信息系统[J]. 辽宁工程技术大学学报,2007,(5):655-657.

[399]何思远. 基于无线传感器网络的瓦斯监测系统的研究[D]. 昆明:昆明理工大学,2007.

[400]郑晶. 矿山安全预警信息系统的研究[J]. 长春工程学院学报(自然科学版),2011,12(1):121-123.

[401]刘香兰,赵旭生,董桂刚. 基于物联网的煤矿瓦斯爆炸动态安全预警系统的设计研究[J]. 煤炭工程,2012,(9):17-19.

[402]刘盼红,杜焱,龚炳江. 基于大数据的矿山安全预警信息系统研究[J]. 化工矿物与加工,2015,44(12):42-44.

[403]熊廷伟. 煤矿瓦斯爆炸预警技术研究[D]. 重庆:重庆大学,2005.

[404]赵俊. 基于无线传感器网络的煤矿瓦斯监测系统[D]. 镇江:江苏大学,2007.

[405]张海峰. 基于 KJ101 监控系统的瓦斯爆炸预警模型研究[D]. 西安:西安科技大学,2008.

[406] 李春辉，陈日辉，苏恒瑜. 基于 GIS 的煤与瓦斯突出危险性预测管理系统的研究[J]. 工业安全与环保，2010，36（11）：58-59.

[407] 王艳平. 基于危险源理论煤矿瓦斯爆炸和涌出风险预警系统及其应用研究[D]. 重庆：重庆大学，2006.

[408] 刘超儒. 煤矿瓦斯爆炸危险性评价与预警系统开发研究[D]. 阜新：辽宁工程技术大学，2006.

[409] 郭德勇，王仪斌，卫修君，等. 基于地理信息系统和神经网络的煤与瓦斯突出预警[J]. 北京科技大学学报，2009，31（1）：15-18.

[410] 刘红霞，张建锋. 基于无线传感器网络的煤矿瓦斯预警系统设计研究[J]. 煤炭技术，2010，29（4）：33-35.

[411] 刘程，赵旭生，谈国文，等. 煤与瓦斯突出综合预警技术实现原理及应用[J]. 煤矿安全，2010，41（5）：15-17.

[412] 关维娟，张国枢，赵志根，等. 煤与瓦斯突出多指标综合辨识与实时预警研究[J]. 采矿与安全工程学报，2013，30（6）：922-929.

[413] 姜福兴，尹永明，朱权洁，等. 基于掘进面应力和瓦斯浓度动态变化的煤与瓦斯突出预警试验研究[J]. 岩石力学与工程学报，2014，33（S2）：3581-3588.

[414] 肖全兴. 矿井通风安全管理预警系统的研究[J]. 矿业安全与环保，1999，（3）：5-6.

[415] 谭家磊. 矿井通风系统评判及安全预警系统研究[D]. 青岛：山东科技大学，2005.

[416] 谈国文. 基于信息化技术的矿井通风瓦斯灾害预警平台建设与应用[J]. 煤炭技术，2015，34（3）：338-340.

[417] 胡琳琳. 煤矿突发水灾害预警系统设计[D]. 郑州：郑州大学，2013.

[418] 张春会，赵全胜. 基于 ARCGIS 的矿山开采沉陷灾害预警系统[J]. 岩土力学，2009，30（7）：2197-2202.

[419] 蔡明锋，程久龙，隋海波，等. 矿井工作面水害安全预警系统构建[J]. 煤矿安全，2009，40（9）：50-53.

[420] 刘伟韬，廖尚辉，刘士亮，等. 基于层次分析法和 D-S 证据理论的底板突水风险评估方法[J]. 煤炭技术，2016，35（01）：150-152.

[421] 李昊旻，卢建军，卫晨. 基于云计算的煤矿安全监测预警系统研究[J]. 工矿自动化，2013，39（3）：46-49.

[422] 王存权. 同煤集团煤矿安全预警与应急救援能力评价方法研究[D]. 北京：中国矿业大学，2017.

[423] 游波. 深井受限空间物理实验系统研发与安全人因参数实验研究[D]. 长沙：中南大学，2014.

[424] 张峰. 综采工作面复杂环境下照度对人 S-O-R 行为模式的影响[D]. 焦作：河南理工大学，2017.

[425] 史新立. 高温环境下热习服训练实验研究[D]. 天津：天津大学，2014.

[426] 魏慧娇. 高温环境下热习服训练和工作效率的实验研究[D]. 天津：天津大学，2010.

[427] 田传胜，王生，孙菲，等. 噪声适应性暴露对人体血清中抗氧化酶活性的影响[J]. 中国职业医学，2004，（2）：16-18.

[428] 田传胜，王生，孙菲，等. 听觉系统噪声习服的实验观察[J]. 中国职业医学，2002，（3）：

12-13.

[429] 朱川曲，王卫军. 综采工作面人-机-环境系统可靠性[J]. 系统工程理论与实践，1999，（4）：33-38.

[430] 贡金鑫. 工程结构可靠度计算方法[M]. 大连：大连理工大学出版社，2003.

[431] 朱陆陆. 蒙特卡罗方法及应用[D]. 武汉：华中师范大学，2014.

[432] 邓聚龙. 灰色系统综述[J]. 世界科学，1983，（7）：1-5.

[433] 念其峰. 煤矿瓦斯爆炸灾害态势评估与预警研究[D]. 长沙：中南大学，2014.

[434] 刘震. 基于 MEMS 传感器与 Zigbee 网络的人体手臂运动状态测量和识别方法研究[D]. 成都：西南交通大学，2017.

[435] 温先勇，周明术，王胜会，等. 医院个性化检验危急值的建立及临床应用[J]. 中国卫生检验杂志，2017，（10）：22-26.

[436] 顾荣. 大数据处理技术与系统研发[D]. 南京：南京大学，2016.

附录 A POMS（心境状态量表）

	完全没有	有一点	有马马虎虎	有相当多	有非常多
（1）心情紧张	0	1	2	3	4
（2）生气	0	1	2	3	4
（3）筋疲力尽	0	1	2	3	4
（4）有活力	0	1	2	3	4
（5）头脑混乱	0	1	2	3	4
（6）不冷静	0	1	2	3	4
（7）悲伤	0	1	2	3	4
（8）心态积极	0	1	2	3	4
（9）喜怒无常	0	1	2	3	4
（10）充满精力	0	1	2	3	4
（11）觉得自己不应该受到称赞	0	1	2	3	4
（12）不安	0	1	2	3	4
（13）疲劳	0	1	2	3	4
（14）为麻烦感到困扰	0	1	2	3	4
（15）为失去动机感到失望	0	1	2	3	4
（16）紧张	0	1	2	3	4
（17）孤独而寂寞	0	1	2	3	4
（18）没有解决思路	0	1	2	3	4
（19）非常疲乏	0	1	2	3	4
（20）担心这担心那	0	1	2	3	4
（21）心情低落黑暗	0	1	2	3	4
（22）酸软	0	1	2	3	4
（23）彻底厌倦	0	1	2	3	4
（24）走投无路	0	1	2	3	4
（25）感到剧烈的愤怒	0	1	2	3	4

续表

	完全没有	有一点	有马马虎虎	有相当多	有非常多
（26）彻底去做	0	1	2	3	4
（27）很有精力	0	1	2	3	4
（28）立刻发火	0	1	2	3	4
（29）总是健忘	0	1	2	3	4
（30）充满生机活力	0	1	2	3	4

现在的心情用数值表示大概是多少？在条形框上进行标注

紧张感	0%	25%	50%	75%	100%

努力	0%	25%	50%	75%	100%

集中力	0%	25%	50%	75%	100%

愤怒	0%	25%	50%	75%	100%

厌烦	0%	25%	50%	75%	100%

厌倦	0%	25%	50%	75%	100%

附录 B　作业人员可靠度计算代码

Normsim M 文件

```
function Ccr=normsim(covv,meanv,simnum)
mu=meanv;
sig=meanv*covv;
Ccr=normrnd(mu,sig,simnum,1);
```

Simups M 文件

```
function ps=simups(mean1,co1,mean2,co2,mean3,co3,mean4,
co4,simnum)
%调用格式 ps=simups(mean1,co1,mean2,co2,mean3,co3,mean4,
co4,simnum)
%mean1,co1 分别是温度的均值和变异系数;
%mean2,co2 分别是湿度的均值和变异系数;
%mean3,co3 分别是噪声的均值和变异系数;
%mean4,co4 分别是照度的均值和变异系数;
%返回值 ps 为人整体的可靠度
%变异系数=标准差/均值
%%%%%%%%%环境参数统计%%%%%%%%%
x1=normsim(co1,mean1,simnum);
%生成数量为 simnum,均值 mean1,变异系数 co1 的随机数(温度)
x2=normsim(co2,mean2,simnum);
%生成数量为 simnum,均值 mean2,变异系数 co2 的随机数(湿度)
x3=normsim(co3,mean3,simnum);
%生成数量为 simnum,均值 mean3,变异系数 co3 的随机数(噪声)
x4=normsim(co4,mean4,simnum);
%生成数量为 simnum,均值 mean4,变异系数 co4 的随机数(照度)
%%%%%%%%%多元线性回归模型%%%%%%%%%
```

```
y1=186.045-2.226*x1-1.4803*x2+1.2915*x3+0.0035*x4+0.1088
*x1.*x1+0.0094*x2.*x2-0.0047*x3.*x3-0.0262*x1.*x2-0.0325*x1.*
x3+0.0062*x2.*x3;
%收缩压多元线性回归模型
y2=-164.772+7.5282*x1+2.1355*x2+1.5581*x3-0.0338*x4-0.0599
*x1.*x2-0.0366*x1.*x3+0.0002*x1.*x4-0.008*x2.*x3+0.0003*x2.
*x4;
%舒张压多元线性回归模型
y3=31.414+2.1827*x1-0.6923*x2+0.7789*x3-0.0087*x4+0.0036
*x1.*x2-0.0221*x1.*x3+0.0003*x1.*x4+0.0036*x2.*x3+0.0005*x2.
*x4-0.0005*x3.*x4;
%心率多元线性回归模型
y4=-8+1.4971*x1+0.1973*x2+0.1468*x3-0.0006*x4-0.0008*x3.
*x3+0.0078*x1.*x2-0.0059*x1.*x3-0.0015*x2.*x3;
%呼吸率多元线性回归模型
y5=47.738-0.2991*x1-0.1403*x2-0.0867*x3+0.00003*x4+0.0045
*x1.*x1+0.0011*x2.*x2+0.0003*x3.*x3-0.0009*x1.*x2+0.0022*x1
.*x3-0.0002*x2.*x3;
%体温多元线性回归模型
y6=173.6527-0.599*x1-3.1822*x2+1.1567*x3+0.0251*x4+0.1593
*x1.*x1+0.0156*x2.*x2-0.0392*x1.*x2-0.0701*x1.*x3+0.0006*x1.
*x4+0.0176*x2.*x3-0.0006*x3.*x4;
%率压积多元线性回归模型
y7=6.2002+0.1944*x1-0.3808*x2+0.6751*x3+0.0083*x4+0.0418
*x1.*x1-0.0046*x1.*x2-0.0305*x1.*x3+0.0054*x2.*x3;
%疲劳度多元线性回归模型
%%%%%%%%%功能函数与可靠度%%%%%%%%%
z1=140-y1;
%收缩压功能函数 z1
z2=90-y2;
%舒张压功能函数 z2
z3=95-y3;
%心率功能函数 z3
z6=12000-y6;
%压率乘积功能函数 z6
```

```
s1=(z1+abs(z1))/2./abs(z1);
ps1=sum(s1)/simnum;
%收缩压功能函数 z1 的可靠度
pf1=1-ps1;
%收缩压功能函数 z1 的危险概率
```

附录 C   MATLAB 程序代码

```matlab
%二次拟合预测 GM(1,1)模型
function gmcal=gm1(x)
sizexd2=size(x,2);
%求数组长度

k=0;
for y1=x
    k=k+1;
    if k>1
            x1(k)=x1(k-1)+x(k);
            %累加生成
            z1(k-1)=-0.5*(x1(k)+x1(k-1));
            %z1 维数减 1,用于计算 B
            yn1(k-1)=x(k);
    else
            x1(k)=x(k);
    end
end
%x1,z1,k,yn1

sizez1=size(z1,2);
%size(yn1);
z2=z1';
z3=ones(1,sizez1)';

YN=yn1';%转置
%YN

B=[z2 z3];
```

```
au0=inv(B'*B)*B'*YN;
au=au0';
%B,au0,au

afor=au(1);
ufor=au(2);
ua=au(2)./au(1);
%afor,ufor,ua
%输出预测的 a  u 和 u/a 的值

constant1=x(1)-ua;
afor1=-afor;
x1t1='x1(t+1)';
estr='exp';
tstr='t';
leftbra='(';
rightbra=')';
%constant1,afor1,x1t1,estr,tstr,leftbra,rightbra

strcat(x1t1,'=',num2str(constant1),estr,leftbra,num2str
(afor1),tstr,rightbra,'+',leftbra,num2str(ua),rightbra)
%输出时间响应方程

%****************************************************
%二次拟合

k2=0;
for y2=x1
    k2=k2+1;
    if k2>k
    else
        ze1(k2)=exp(-(k2-1)*afor);
    end
end
%ze1
```

```
sizeze1=size(ze1,2);
z4=ones(1,sizeze1)';
G=[ze1' z4];
X1=x1';
au20=inv(G'*G)*G'*X1;
au2=au20';
%z4,X1,G,au20

Aval=au2(1);
Bval=au2(2);
%Aval,Bval
%输出预测的 A,B 的值

strcat(x1t1,'=',num2str(Aval),estr,leftbra,num2str(afor
1),tstr,rightbra,'+',leftbra,num2str(Bval),rightbra)
%输出时间响应方程

nfinal=sizexd2-1+1;
%决定预测的步骤数 5 这个步骤可以通过函数传入

%nfinal=sizexd2-1+1;
%预测的步骤数 1

for k3=1:nfinal
    x3fcast(k3)=constant1*exp(afor1*k3)+ua;
end
%x3fcast
%一次拟合累加值

for k31=nfinal:-1:0
    if k31>1
        x31fcast(k31+1)=x3fcast(k31)-x3fcast(k31-1);
    else
        if k31>0
```

```
                    x31fcast(k31+1)=x3fcast(k31)-x(1);
            else
                    x31fcast(k31+1)=x(1);
            end
        end

end
x31fcast
%一次拟合预测值


for k4=1:nfinal
    x4fcast(k4)=Aval*exp(afor1*k4)+Bval;
end
%x4fcast

for k41=nfinal:-1:0
    if k41>1
            x41fcast(k41+1)=x4fcast(k41)-x4fcast(k41-1);
    else
            if k41>0
                    x41fcast(k41+1)=x4fcast(k41)-x(1);
            else
                    x41fcast(k41+1)=x(1);
            end
        end

end
x41fcast,x
%二次拟合预测值

%***精度检验pC***********//////////////////////////////////////// //
k5=0;
for y5=x
    k5=k5+1;
```

```
        if k5>sizexd2
        else
            err1(k5)=x(k5)-x41fcast(k5);
        end
end
%err1
%绝对误差


xavg=mean(x);
%xavg
%x 平均值


err1avg=mean(err1);
%err1avg
%err1 平均值


k5=0;
s1total=0;
for y5=x
    k5=k5+1;
    if k5>sizexd2
    else
        s1total=s1total+(x(k5)-xavg)^2;
    end
end
s1suqare=s1total ./sizexd2;
s1sqrt=sqrt(s1suqare);
%s1suqare,s1sqrt
%s1suqare 残差数列 x 的方差 s1sqrt 为 x 方差的平方根 S1


k5=0;
s2total=0;
for y5=x
    k5=k5+1;
```

```
        if k5>sizexd2
        else
            s2total=s2total+(err1(k5)-err1avg)^2;
        end
end
s2suqare=s2total ./sizexd2;
%s2suqare 残差数列 err1 的方差 S2

Cval=sqrt(s2suqare ./s1suqare);
Cval
%nnn=0.6745 * s1sqrt
%Cval C 检验值

k5=0;
pnum=0;
for y5=x
        k5=k5+1;
        if abs(err1(k5)-err1avg)<0.6745*s1sqrt
                pnum=pnum+1;
                %ppp=abs(err1(k5)-err1avg)
        else
        end
end
pval=pnum ./sizexd2;
pval
%p 检验值

%arr1=x41fcast(1:6)
```

附录 D 作业人员作业环境预警系统建设方案

D.1 背 景

研究表明，目前我国矿难的绝大多数原因系人为因素。其中，作业人员因为长期待在地底，工作高度紧张而产生一些负面情绪及心理异常，从而导致一些误操作造成的矿难占绝大多数。基于这一现象，本系统将更多地关注于作业人员本身，实时了解作业人员当前的身心状况，减少及避免因作业人员的误操作导致的矿难。更好地体现"以人为本"的管理理念，以及国际上关于采矿最新提出的"安全健康"的生产理念。

本系统是作业人员作业环境预警系统平台。借助于当前先进的传感器技术，已经可以很方便地采集到人的各项数据（环境因素、生理指标、心理指标等）。把作业人员一段时间的数据放到系统中，通过当前远程医疗的一些成果，经过数据分析，建立了各环境因素对人可靠性（在规定的时间内、规定的条件下，无差错地完成规定任务的能力）影响系数的数学模型，这样就为系统建设提供了理论支撑，运用 IBM 的 domino 语言开发设计了人的可靠度分析评价系统，便于实时有效地检测作业人员，借助医院先进的传感器技术，把作业人员的当前环境因素录入系统，系统自动计算出该矿井该工作面复杂环境条件下人的可靠度并进行预警提醒。

D.2 目标和建设内容

通过本次项目建设，结合煤矿企业的生产特点，运用现代化技术（传感技术、互联网技术、医疗技术相结合），来提高煤矿企业的安全管理水平，管理调节好煤矿企业员工的身心健康，也降低了煤矿企业的管理人员成本，从而达到科技、高效、安全、健康的采矿目的。

适用范围：煤矿企业。

系统功能描述：

（1）作业人员数据接入（人员信息、地理位置、环境因素、个体差异、生理指标、心理指标等）；

（2）作业人员数据统计分析；

（3）作业人员可靠度计算和预警（根据数学建模，设置可靠度公式）。

前期准备工作：

（1）确定监控企业和员工；

（2）医疗监控设备；

（3）系统平台搭建（硬件、网络、软件）。

D.3　系统说明

本系统是基于 IBM Domino 服务器搭建的协同办公平台上建设的作业人员作业环境预警系统。OA 系统采用多层体系结构，底层的 Lotus Domino 是一个强大的群件系统，既是数据存放的载体，提供数据存储服务，也是 HTTP 服务器，同时作为应用服务器提供应用程序运行的平台。

1. 架构预览

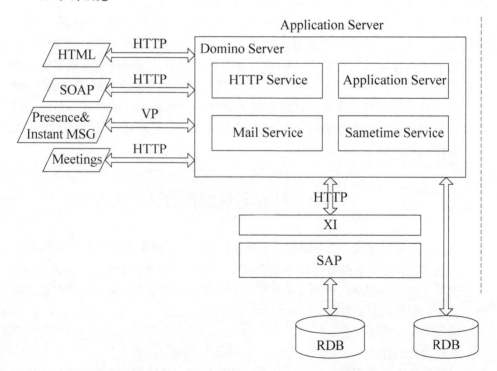

2. 组件关系

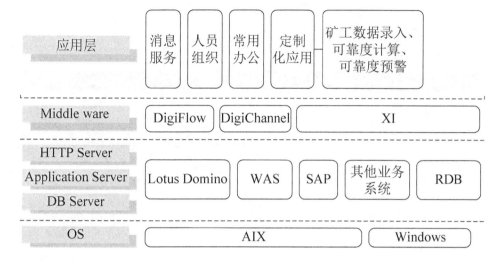

3. 软件架构

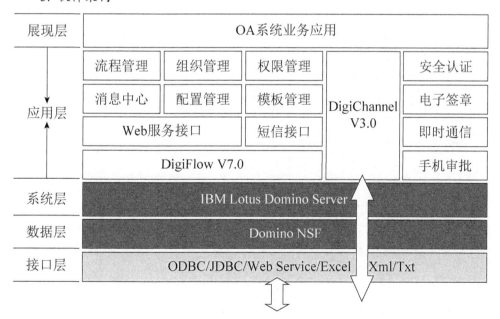

D.4 统 计 分 析

1. 作业人员可靠度分析

矿工复杂环境条件下人的可靠性分析评价系统				
矿井及工作面名称				
温度	40	（℃）	该温度下人的可靠度为	0.935662957709849
湿度	100	（℃）	该湿度下人的可靠度为	0.968555029434417
噪声	200	（℃）	该噪声下人的可靠度为	0.941576237639466
照度	80	（℃）	该照度下人的可靠度为	0.997602879307878
综计算该矿井该工作面复杂环境条件下人的可靠度为			0.850653818697521	

2. 代码

```
%REM
Agent agtSave
Created 2018-02-19 by admin/digiwin
Description:Comments for Agent
%END REM
Option Public
Option Declare
Use "GeneralLib"
Dim grpallpsns As String
Sub Initialize
On Error GoTo err_handle

Dim db As NotesDatabase
Dim doc As NotesDocument

Set db=session.Currentdatabase
Set doc=session.Documentcontext

Dim arrKey As Variant
Dim strType As String
Dim dx1 As Double
```

```
Dim dx2 As Double
Dim dx3 As Double
Dim dx4 As Double
Dim dx5 As Double
Dim dx6 As Double
Dim dx7 As Double
Dim dx8 As Double
Dim dx9 As Double
Dim dx10 As Double
Dim dx11 As Double
Dim dx12 As Double
Dim dx13 As Double

arrKey=Split(doc.Request_Content(0),"^")
strType=arrKey(0)
dx1=CDbl(arrKey(1))"Temperature":'温度
dx2=CDbl(arrKey(2))"Humidity":'湿度
dx3=CDbl(arrKey(3))"Noise": '噪声
dx4=CDbl(arrKey(4))"Illumination":'照明

dx5=dx1*dx1
dx6=dx2*dx2
dx7=dx3*dx3
dx8=dx1*dx2
dx9=dx1*dx3
dx10=dx1*dx4
dx11=dx2*dx3
dx12=dx2*dx4
dx13=dx3*dx4

Dim dTotle As Double

dTotle=0
Select Case strType
Case "SystolicPressure":'收缩压
```

```
    dTotle=186.045-2.226*dx1-1.4803*dx2+1.2915*dx3+0.0035*
dx4+0.1088*dx5+0.0094*dx6-0.0047*dx7-0.0262*dx8-0.0325*dx9+
0.0062*dx11
    Case "DiastolicPressure":'舒张压
    dTotle=-164.772+7.5282*dx1+2.1355*dx2+1.5581*dx3-0.0338
*dx4-0.0599*dx8-0.0366*dx9+0.0002*dx10-0.0084*dx11+0.0003*
dx12
    Case "HeartRate":'心率
    dTotle=31.414+2.1827*dx1-0.6923*dx2+0.7789*dx3-0.0087*
dx4+0.0036*dx8-0.0221*dx9+0.0003*dx10+0.0036*dx11+0.0005*
dx12-0.0005*dx13
    Case "RespiratoryRate":'呼吸率
    dTotle=-8.8822+1.4971*dx1+0.1973*dx2+0.1468*dx3-0.0006*
dx4-0.0008*dx7-0.0078*dx8-0.0059*dx9-0.0015*dx11
    Case "BodyTemperature":'体温
    dTotle=47.738-0.2991*dx1-0.1403*dx2-0.0867*dx3+0.00003*
dx4+0.0045*dx5+0.0011*dx6+0.0003*dx7-0.0009*dx8+0.0022*dx9-
0.0002*dx11
    Case "Rate-pressureProduct":'率压积
    dTotle=173.6527-0.599*dx1-3.1822*dx2+1.1567*dx3+0.0251*
dx4+0.1593*dx5+0.0156*dx6-0.0392*dx8-0.0701*dx9+0.0006*dx10
+0.0176*dx11-0.0006*dx13
    End Select

    ContentType "",""
    Print CStr(dTotle)
    Exit Sub
    err_handle:
    ShowError("agtAjaxComKKD")
    End Sub
```